中等职业教育规划教材

机械加工技术

主　编　刘本锁
副主编　韩永辉
编　者　刘本锁　韩永辉　张瑞玲　王达
主　审　刘淑敏

机械工业出版社

为适应中等职业教育的发展，根据教育部“机械加工技术”课程教学大纲要求，由机械工业出版社组织编写本书。

本书包括金属切削原理与刀具、机床夹具设计、金属切削机床概论、机械制造工艺学、数控机床及现代制造技术等内容，全书共分为十章，内容包括：机械加工的概念、金属切削的基本知识、金属切削机床及刀具、夹具、机械加工工艺规程的制定、典型零件的加工、机械加工精度、装配工艺基础、设备维修工艺基础和现代制造技术。

本书适合中等职业学校机械加工技术专业、机械制造与控制专业、机电一体化专业、模具设计与制造专业等机械类专业使用，也可供职业培训或相关技术人员参考使用。

图书在版编目（CIP）数据

机械加工技术/刘本锁主编. —北京：机械工业出版社，2006.2（2019.6 重印）

中等职业教育规划教材

ISBN 978-7-111-18311-2

Ⅰ. 机…　Ⅱ. 刘…　Ⅲ. 机械加工－专业学校－教材　Ⅳ. TG506

中国版本图书馆 CIP 数据核字（2005）第 161108 号

机械工业出版社（北京市百万庄大街 22 号　邮政编码 100037）

责任编辑：崔占军　王海峰　版式设计：张世琴

责任校对：张　媛　封面设计：陈　沛　责任印制：李　昂

北京机工印刷厂印刷

2019 年 6 月第 1 版第 11 次印刷

184mm×260mm · 13.25 印张 · 326 千字

标准书号：ISBN 978-7-111-18311-2

定价：33.00 元

电话服务

客服电话：010－88361066

010－88379833

010－68326294

网络服务

机　工　官　网：www.cmpbook.com

机　工　官　博：weibo.com/cmp1952

金　　书　　网：www.golden-book.com

机工教育服务网：www.cmpedu.com

前　言

为适应中等职业教育的发展，根据教育部“机械加工技术”课程教学大纲要求，由机械工业出版社组织编写本书。

本书从培养高素质操作者和中初级专业技术人才出发，以工艺为主线，对传统教学内容和课程体系进行了重组和调整，将“金属切削原理与刀具”、“机床夹具设计”、“金属切削机床概论”、“机械制造工艺学”等课程有机结合起来，注重综合工程实践应用能力的培养。

本书力求反映新技术、新工艺、新标准，结合生产实际，突出实用性，充分体现“以素质为核心，以能力为基础”的教学模式。

本书适合中等职业学校机械加工技术专业、机械制造与控制专业、机电一体化专业、模具设计与制造专业等机械类专业使用，也可供职业培训或相关技术人员参考使用。

本书由刘本锁任主编，韩永辉任副主编，参加本书编写的还有张瑞玲、王达。全书共分十章，其中绪论、第一、二、三章由刘本锁编写，第五、八、九、十章由韩永辉编写，第四章由张瑞玲编写，第六、七章由王达编写。本书由廊坊市工业学校高级讲师刘淑敏任主审。

本书在编写过程中，得到机械工业出版社、廊坊市工业学校、华北机电学校等单位领导的大力支持和帮助，在此谨表示衷心感谢。中等职业教育教学改革任重道远，需要做大量的工作，由于编者水平有限，本书难免有不妥之处，敬请各位同仁批评指正。

编　者

目　　录

绪　论

一、机械制造工业的作用

机械制造业的主要任务是完成机械产品的决策、设计、制造、装配、销售、售后服务等，其中包括对半成品零件的加工技术、加工工艺的制定及工艺装备的设计制造。机械制造工业是国民经济各部门的装备部，它不仅为传统产业的改造提供现代化的装备，同时也为新兴的产业群提供从未有过的技术装备。机械制造业的发展直接影响和制约着工业、农业、交通、科研和国防各部门的生产技术和整体水平，从而影响着一个国家的综合生产能力和国家的强盛。世界发达国家的机械制造业都非常先进。美国在经历了生产衰退、产品的市场竞争力明显下降的教训之后，于20世纪80年代末期明确提出："振兴美国经济的出路在于振兴美国的制造业"以及"经济的竞争归根结底是制造技术和制造能力的竞争"。可见，机械制造工业是国民经济发展的基础，是国家经济实力和科技水平的综合体现，是每一个大国任何时候都不能掉以轻心的关键行业。21世纪是科学技术、综合国力竞争的年代，是制造业全球化的年代，因此，我们必须大力发展机械制造业及机械制造技术。在未来的竞争中，谁掌握先进的制造技术，谁就拥有控制市场的主动权。

二、机械制造工业的发展

机械制造业有着悠久的历史，早在公元前几个世纪，制造业的萌芽就已经出现了。人们当初利用人力或畜力加工石料、木料，并逐渐过渡到加工金属。在15世纪出现了畜力驱动的原始铣床，用来加工天文仪器上的大铜环。18、19世纪相继出现了蒸汽机驱动和电力驱动的金属切削机床及相应的刀具，加工范围、精度、效率都达到了一定水平。随着电子技术、计算机技术的发展，20世纪40年代后相继出现了数控机床、加工中心、柔性制造单元、柔性制造系统、计算机集成制造系统等，同时由于新的、高效率的刀具材料不断发展，使机械制造业进入了一个崭新的发展阶段。

促进机械制造业发展的有信息技术、自动检测技术、自动控制技术、管理科学、计算机技术、经济学、物理学、生物学、数学等，机械制造业发展方向主要有：机械制造工艺方法进一步完善与开拓，除了传统技术不断发展外，各种特种加工方法不断开拓创新，如激光加工、电加工等；加工技术向高精度发展，出现了精密、超精密加工技术和纳米加工技术；加工技术向高度自动化方向发展，数控技术、柔性制造系统、计算机集成制造系统以及敏捷制造等先进制造技术都得到充分的应用和发展。

我国的机械制造业起步较晚，解放前，几乎没有什么像样的机械工业，解放后经过几十年的建设，我国的机械工业得到了很大的发展，取得了长足的进步，现已建成100多个行业的机械制造工业体系，国民经济各部门的机电设备已基本能自行设计制造，但与世界发达国家还有很大差距。产品更新换代周期长、质量差、生产率低、经济效益差是机械行业普遍存在的问题，其中落后的机械制造水平是造成上述问题的主要原因之一。因此，我国机械制造业面临着严峻的考验，只有不断培养高水平的技术人才和提高现有人员的素质，才能使我国的机械制造业赶上世界先进水平。

三、本课程的主要任务和要求

“机械加工技术”是中等职业学校机械加工技术专业的一门主干课程。本课程的主要任务是：使学生具备机械加工高素质操作者所必须的机械加工技术的基本知识和基本技能，为培养学生的创新意识和解决机械加工方面的实际问题打下必要的基础。

学习本课程后，要求达到以下目标。

1. 知识目标

1）了解机械加工及装配的工艺知识。

2）掌握金属切削加工的基本原理及一般机械加工方法。

3）掌握机械加工主要设备的结构特点，了解不同设备的基本运动和加工范围。

4）了解零件加工工艺路线制定的知识；

5）了解与本课程相关的技术政策和标准，了解机械加工新技术的发展趋势。

2. 能力目标

1）初步具备常见零件加工工艺的实施能力。

2）初步具备根据加工对象合理选择普通机床和工艺装备的能力。

3）初步具备一般加工设备的维护及常见机械故障的判断和排除的能力。

本课程是一门与生产实践密切相关的课程，因此必须加强实践性环节，即通过生产实习、现场教学、课程设计、电化教学、课程实验等环节来更好地体会和加深理解所学内容，并在理论与实际相结合中，培养学生分析和解决实际问题的能力。

第一章　机械加工的概念

机械是由零件装配而成的，而零件可用毛坯或型材经机械加工而成。机械加工是在机床上改变工件尺寸和形状的一种加工形式。这种加工一般是在常温状态下进行的，故称冷加工。相对应的还有热加工。

机械加工可分为有切屑加工和无切屑加工。有切屑加工就是将采用铸造、锻造或焊接方法制造的毛坯或型材，切去一部分金属，以达到尺寸、形状和表面质量的要求；无切屑加工是指通过在工件表面施加压力改变工件尺寸和形状的一种加工手段。

第一节　基本概念

一、机械产品生产过程与机械加工工艺过程

1．机械产品生产过程

从原材料到该机械产品出厂的全过程，称为机械产品生产过程。它包括原材料的运输和保管；生产准备工作；毛坯制造；机械加工与热处理；部件和产品的装配；检验；油漆和包装等。上述过程中与原材料变成产品有直接关系的过程称为直接生产过程，如毛坯制造、机械加工与热处理等，与原材料变成产品有间接关系的过程称为辅助生产过程，如生产准备、运输、保管、机床与工艺装备的维修等。

由于市场全球化、需求多样化以及制造信息化等原因，企业间采用动态联盟，实现异地协同设计制造的生产模式是目前制造业发展的新趋势。

2．机械加工工艺过程

在生产过程当中改变生产对象的形状、尺寸、相对位置和性质等，使其成为成品或半成品的过程称为机械制造的工艺过程。它包括毛坯制造工艺过程、热处理工艺过程、机械加工工艺过程、装配工艺过程等。机械加工工艺过程是指利用机械加工的方法直接改变毛坯形状、尺寸和表面质量，使之成为合格零件的工艺过程，装配工艺过程是指把零件装配成机器

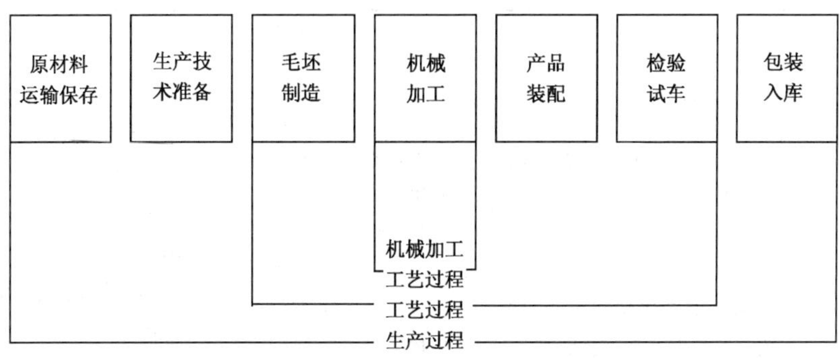

图 1-1　生产过程、工艺过程和机械加工工艺过程

并达到装配要求的过程。

机械产品的生产过程、工艺过程和机械加工工艺过程间的关系如图 1-1 所示。

二、生产纲领和生产类型

1. 生产纲领

企业在计划期内应当生产的产品数量和进度计划称为生产纲领。

零件的年生产纲领可按下式计算

$$N = Qn(1 + a + b) \tag{1-1}$$

式中 N——零件的生产纲领（件/年）；

Q——产品的生产纲领（台/年）；

n——每台产品中该零件的数量（件/台）；

a——备品的百分率（%）；

b——废品的百分率（%）。

生产纲领的大小对生产组织和零件加工工艺过程起着重要作用，它决定了各工序所需专业化和自动化的程度，决定了应选用的工艺方法和工艺装备。

2. 生产类型

生产类型是指企业（或车间、工段、班组、工作地）生产专业化程度的分类。一般分为大批大量生产、中批量生产和单件小批量生产三种类型。

根据生产类型不同，无论在生产组织、生产管理、车间布局还是在毛坯、工具、加工方法以及工人的熟练程度等方面，要求均有不同。表 1-1 列出了生产类型与生产纲领的关系，表 1-2 列出了各种生产类型的主要工艺特征。

表 1-1 生产纲领与生产类型的关系

生产类型	零件的年生产纲领/件		
	重型零件	中型零件	轻型零件
单件生产	<5	<10	<100
小批生产	5～100	10～200	100～500
中批生产	100～300	200～500	500～5000
大批生产	300～1000	500～5000	5000～50000
大量生产	>1000	>5000	>50000

表 1-2 各种生产类型的工艺特征

工艺特征	生产类型		
	单件小批	中 批	大批大量
零件的互换性	用修配法，钳工修配，缺乏互换性	大部分具有互换性，装配精度要求较高时，灵活应用分组装配法和调整法，同时还保留某些装配法	具有广泛的互换性，少数装配精度较高处，采用分组装配法和调整法
毛坯的制造方法与加工余量	木模手工造型或自由锻造。毛坯精度低，加工余量大	部分采用金属模铸造或模锻。毛坯精度和加工余量中等	广泛采用金属模机器造型、模锻或其他高效加工方法。毛坯精度高，加工余量小

（续）

工艺特征	生产类型		
	单件小批	中　批	大批大量
机床设备及其布置方式	通用机床。按机床类别采用机群式布置	部分通用机床和高效机床。按工件类别分工段排列设备	广泛采用高效专用机床及自动机床。按流水线和自动线排列设备
工艺装备	大多采用通用夹具、标准附件、通用刀具和万能量具。靠划线和试切法达到精度要求	广泛采用夹具，部分靠找正装夹，达到精度要求。较多采用专用刀具和量具	广泛采用专用高效夹具、复合夹具、专用量具或自动检测装置。靠调整法达到精度要求
对工人技术要求	需技术水平较高的工人	需一定技术水平的工人	对调整工的技术水平要求较高，对操作工的技术水平要求较低
工艺文件	有工艺过程卡，关键工序要工序卡	有工艺过程卡，关键工序要工序卡	有工艺过程卡和工序卡，关键工序要调整卡和检验卡
成本	较高	中等	较低

三、机械加工工艺过程的组成

机械加工工艺过程一般由一个或若干个顺序排列的工序组成。

一个或一组工人，在一个工作地对同一个或同时对几个工件所连续完成的那一部分工艺过程，称为工序。设备（或工作地）、工件和连续作业构成工序的三个要素，其中任何一个要素的变化即构成新的工序。

工序的划分与生产类型有关，如图 1-2 所示的阶梯轴，当单件小批量生产时，工艺过程见表 1-3；当中批量生产时，工艺过程见表 1-4。

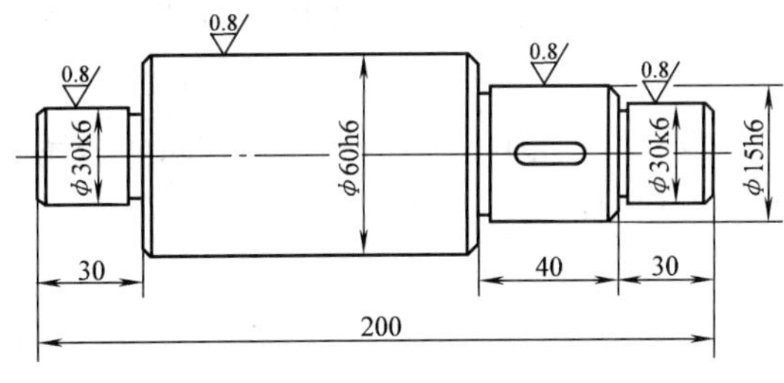

图 1-2　阶梯轴

表 1-3　阶梯轴加工工艺过程（单件小批量生产）

工序号	工序内容	设备
1	车端面，钻中心孔、车全部外圆、车槽与倒角	车床
2	铣键槽、去毛刺	铣床
3	磨外圆	外圆磨床

工序可分为安装、工位、工步、进给等工艺过程。

1．安装

安装是指工件经一次装夹后所完成的那一部分工序。同一工序中，工件可能安装一次（表1-4 中的工序3），也可能安装几次（表1-4 中的工序2 至少需要两次安装）。为减少安装误差，提高生产率，零件在加工中应尽量减少安装次数。

表 1-4 阶梯轴加工工艺过程（中批量生产）

工序号	工序内容	设备	工序号	工序内容	设备
1	铣端面、钻中心孔	铣端面、钻中心孔机床	4	去毛刺	钳工台
2	车外圆、车槽与倒角	车床	5	磨外圆	外圆磨床
3	铣键槽	铣床			

2. 工位

为减少安装次数，在大批量生产时，常采用回转夹具、回转工作台或移动夹具，使工件在一次安装中先后处于几个不同位置进行加工。工件在一次安装中相对于机床或刀具每占据一个加工位置所完成的那部分工艺过程，称为工位。如图 1-3 所示，利用回转工作台在一次安装中顺次完成装卸工件、钻孔、扩孔和铰孔四个工位加工。

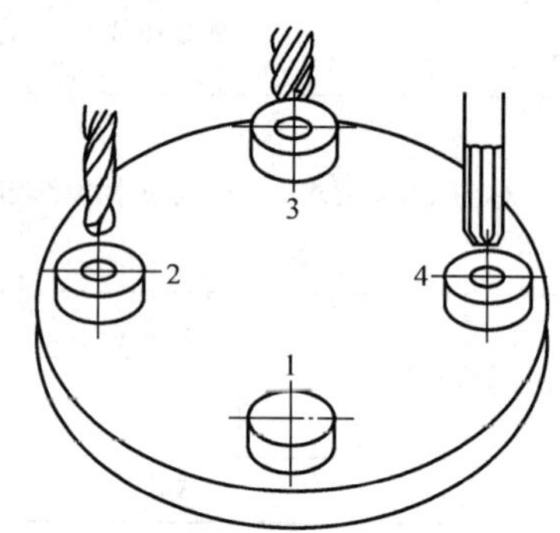

图 1-3 多工位加工
1—装卸工件 2—钻孔
3—扩孔 4—铰孔

3. 工步与复合工步

工步是指加工表面（或装配时的连接表面）和加工（或装配）工具不变的条件下所完成的那部分工艺过程。一道工序可以包括一个或几个工步。如表 1-4 的工序 2 中包括车各外圆表面及车槽等工步，而工序 3 当采用键槽铣刀铣键槽时，就只有一个工步。为提高生产率，用几把刀具同时加工一个工件的几个表面的工步称为复合工步。工艺文件中，复合工步记为一个工步。如表 1-4 中的工序 1 中，采用两面同时加工的方法，所以该工序具有两个复合工步。

4. 进给

在一个工步中，有时因所需切除的金属层较厚而不能一次切完，需分几次切削，则每进行一次切削称为一次进给。

第二节 工件定位基准

零件是由若干几何表面组成的，这些表面之间有一定的相互位置和尺寸要求，在加工中，必须以某个（或几个）表面为依据加工其他表面，以保证图样规定的要求。

一、基准的定义

基准就是零件上用以确定其他点、线、面位置所依据的那些点、线、面。

二、基准的分类

基准按其功用不同，可分为设计基准和工艺基准。前者用在产品零件的设计图上，后者用在机械制造的工艺过程中。

1. 设计基准

设计图样上所采用的基准称为设计基准。如图 1-4 所示，轴心线 *O-O* 是各外圆和内孔的设计基准；端面 *A* 是端面 *B*、*C* 的设计基准。

2. 工艺基准

零件在工艺过程中所采用的基准称为工艺基准。按其用途可分为工序基准、定位基准、测量基准和装配基准。

(1) 工序基准 在工序图上，用以确定本工序被加工表面加工后的尺寸、形状、位置的基准，称为工序基准，它是该工序所要达到加工尺寸的起点。

(2) 定位基准 加工中用作定位的基准称为定位基准。如图1-4所示，用内孔装在心轴上磨削 ϕ40h6 外圆表面时，内孔中心线就是定位基准。

定位基准又可分为粗基准和精基准。没有加工过的毛坯表面作为定位基准称为粗基准；已加工过的表面作为定位基准称为精基准。

(3) 测量基准 零件测量时所采用的基准称为测量基准。

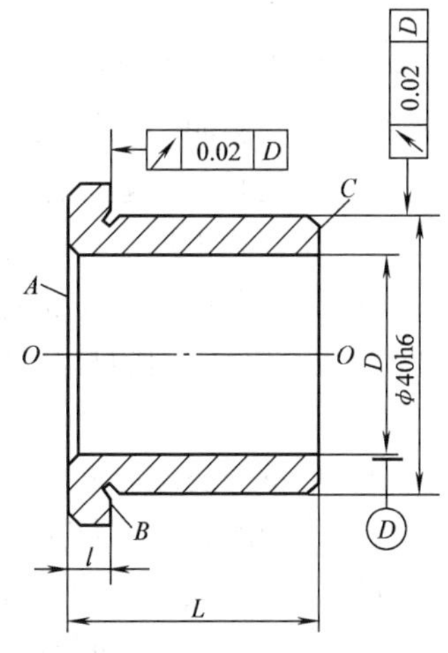

图1-4 钻套

(4) 装配基准 装配时用来确定零件或部件在产品中的相对位置所采用的基准称为装配基准。如图1-4所示，ϕ40h6 外圆及端面 B 即为装配基准。

工艺基准是在加工、测量、装配时使用的，必须是实在的。然而作为基准的点、线、面，有时并不一定存在（如几何中心、对称面或对称线等），往往通过具体表面来体现，这些表面称为定位基面。如图1-4所示钻套的中心线并不存在，而是通过内孔表面来体现的，所以钻套的内表面就是定位基面。

第三节 机械加工的劳动生产率

制定机械加工工艺规程的基本原则是优质、高效、低成本，即在保证零件质量要求的前提下，尽量提高劳动生产率和降低成本。

劳动生产率是指单位时间内所生产的合格产品的数量，或者是指用于制造单件产品所消耗的劳动时间。

一、时间定额

1. 时间定额的概念

时间定额是在一定生产条件下，规定生产一件产品或完成一道工序所消耗的时间。它是安排作业计划、成本核算、确定设备数量、人员编制及规划生产面积的重要依据。

2. 时间定额的组成

在机械加工中，完成一个工件的一道工序所需的时间，称为单件工序时间 T_d，简称为单件时间。它由下述部分组成：

(1) 基本时间 T_j 直接改变生产对象的尺寸、形状、相对位置、表面状态或材料性质等工艺过程所消耗的时间，称为基本时间。对切削加工而言，就是切除余量所花费的时间（包括刀具的切入、切出时间）。

(2) 辅助时间 T_f 实现工艺过程所必须进行的各种辅助动作所消耗的时间，称为辅助时间。如装卸工件、开停机床、进退刀具、测量工件及改变切削用量等。

基本时间和辅助时间的总和称为作业时间。它是直接用于制造产品或零部件所消耗的时间。

（3）工作地点服务时间 T_b　指工人在工作时为照顾工作地点及保持正常的工作状态所消耗的时间。例如，在加工过程中，更换和刃磨刀具、润滑和擦试机床、清除切屑等所消耗的时间。这段时间一般按作业时间的2% ~7%来计算。

（4）休息和生理需要时间 T_x　工人在工作班内为恢复体力和满足生理上的需要所消耗的时间称为休息和生理需要时间。这段时间一般按作业时间的2%估算。

以上四部分时间的总和称为单件时间 T_d，即

$$T_d = T_j + T_f + T_b + T_x \tag{1-2}$$

（5）准备与终结时间 T_e　工人为了生产一批产品或零部件，进行准备和结束工作所消耗的时间称为准备与终结时间。如一批零件开始加工时，要熟悉工艺文件，领取毛坯和刀具，安装刀具、夹具，调整机床和工艺装备；加工结束后，又要拆下和归还工艺装备，发送成品等。准备与结束时间对一批工件来说只消耗一次。若工件的批量为 n，则分摊到每个零件上的准备与结束时间为 T_e/n。零件的批量越大，则 T_e/n 越小。对于大批大量生产，该值可忽略不计。因此，成批生产的单件时间为

$$T_d = T_j + T_f + T_b + T_x + T_e/n \tag{1-3}$$

大批大量生产的单件时间为

$$T_d = T_j + T_f + T_b + T_x \tag{1-4}$$

二、提高劳动生产率的工艺措施

提高劳动生产率是一个综合性的技术问题，它涉及到产品的结构设计、毛坯制造、加工工艺、组织管理等各个方面。因此，必须广泛开展技术革新和技术改造，积极采用新技术、新设备、新工艺和新材料，以达到优质、高产、低消耗。

提高劳动生产率应缩短单件时间，而要缩短单件时间就应缩短各个组成部分的时间，特别应缩短其中占比重较大的那部分时间。

1．缩短基本时间

（1）提高切削用量　随着各种新型刀具材料和各种高性能机床的出现，切削用量得到很大提高。增大切削速度、进给量和背吃刀量都能缩短基本时间。现在，高速切削的切削速度可以达到600 ~1000m/min，高速磨削速度可以达到100m/s以上，背吃刀量达20mm以上，磨削深度达10mm以上。

（2）减少工作行程　在切削加工过程中可以采用多刀切削、多件加工、工步合并等措施来减少工作行程，如图1-5所示。

2．缩短辅助时间

缩短辅助时间的方法是：使辅助动作实现机械化和自动化，以及使辅助时间和基本时间重合。

（1）直接缩短辅助时间　采用先进高效的夹具。在大批大量生产时，采用高效的气动、液动夹具来缩短装卸工件的时间。单件小批量生产中，可采用组合夹具及可调夹具来缩短装卸工件的时间，使辅助时间与基本时间重合。

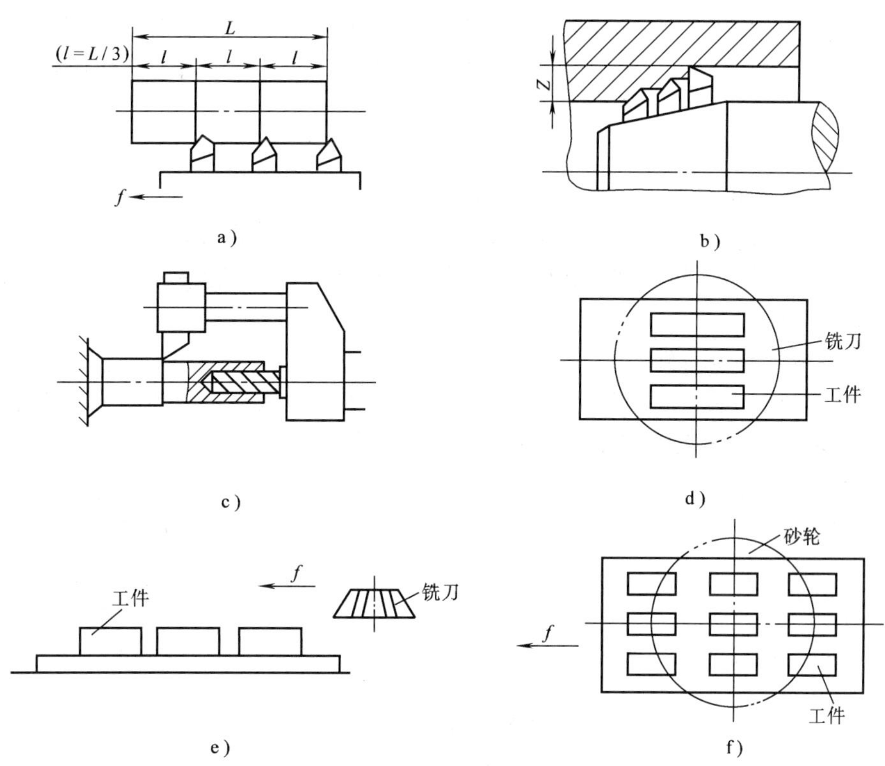

图 1-5　减少工作行程的方法

a)，b) 多刀车削（外圆、内孔）　c) 工步合并（转塔车床加工）

d)，e)，f) 多件加工（铣削、磨削）

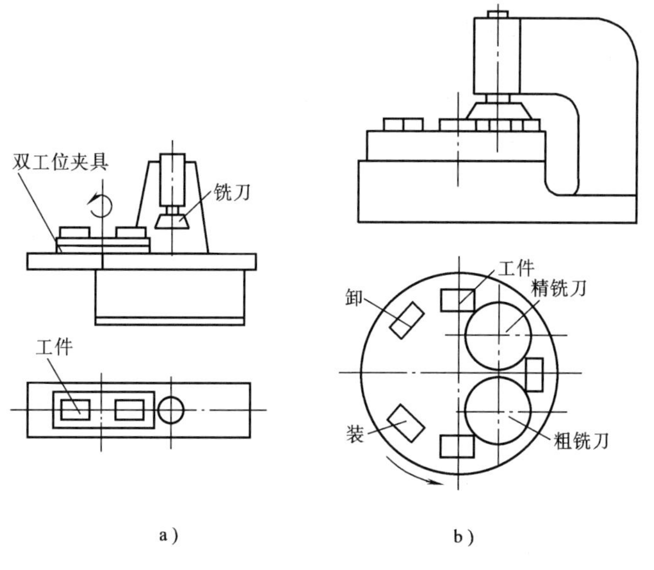

图 1-6　转位夹具与回转工作台加工

a) 转位夹具加工　b) 回转工作台加工

（2）间接缩短辅助时间 采用转位夹具、移动式或回转式工作台，可使工件在被加工的同时对另一工件实行装卸，从而使装卸工件的时间完全与基本时间重合，如图 1-6 所示。此外，可采用主动检测装置或数字显示装置在加工过程中进行实时测量，从而使测量时间与基本时间重合。

3．缩短布置工作地时间

减少换刀次数和每次换刀时间可缩短布置工作地时间。提高刀具的寿命可减少换刀次数；采用各种快换刀夹、刀具微调机构、专用对刀样板及自动换刀装置等可减少换刀时间，如在车床和铣床上采用可转位硬质合金刀片刀具，既减少了换刀次数，又可减少刀具装卸、对刀和磨刀的时间。

4．缩短准备和终结时间

减少机床、夹具和刀具的调整时间，采用刀具的微调机构和对刀辅助工具等可缩短准备和终结时间。在成批生产中，通过扩大产品生产批量缩短准备和终结时间。

5．高效及自动化加工

对于大批大量生产，可采用流水线、自动线的生产方式，广泛采用自动机床、组合机床及自动传送装置，以提高生产率。

对于单件小批量生产，多采用数控加工中心、柔性制造单元及柔性制造系统，实现单件小批量生产的自动化，提高生产率。

思考与练习题

1-1 何谓机械加工？它分为哪两大类？

1-2 什么是机械产品生产过程？它包括哪些内容？

1-3 机械制造的工艺过程包括哪些？什么是机械加工工艺过程？

1-4 何谓生产纲领和生产类型？生产类型分为哪几类？

1-5 简述工序、安装、工位和工步的含义。

1-6 简述基准的含义，并说明可分为哪几类？

1-7 解释劳动生产率的概念。

1-8 何谓时间定额？单件时间包括哪些内容，如何计算？

1-9 提高劳动生产率的工艺措施有哪些？

第二章　金属切削的基本知识

金属切削加工是依靠刀具和工件的相对运动，切除多余部分，达到符合工件技术要求的形状、尺寸和表面质量的加工。实现这一切削过程必须具备以下三个条件：工件和刀具之间的相对运动，即切削运动；具有一定切削性能的刀具材料；刀具具有适当的几何角度，即切削角度等。

第一节　切削运动和切削要素

一、切削运动

切削运动是指在切削过程中刀具和工件之间的相对运动。因为它是形成各种不同形状表面的运动，所以也称为表面成形运动。切削运动一般情况下要具备主运动和进给运动。

1. 主运动

在切削加工时，直接切除工件上多余金属层，使之变为切屑，以形成工件新表面的运动，称为主运动。主运动的速度最高，消耗的功率最大。主运动只有一个，它由工件或刀具

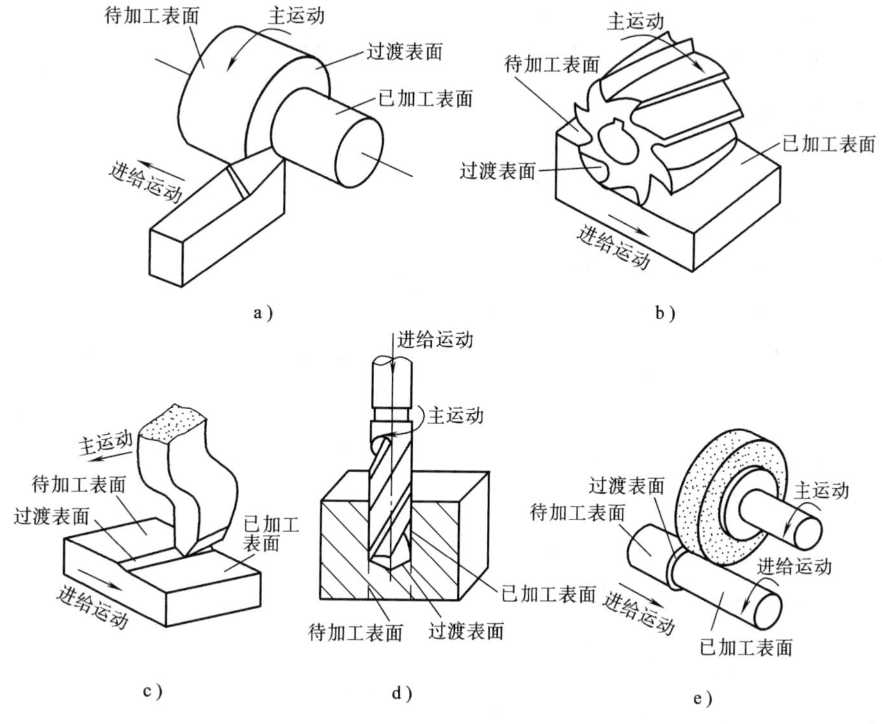

图 2-1　切削运动和加工表面

a）车削　b）铣削　c）刨削　d）钻削　e）磨削

完成，可以是旋转运动，也可以是直线运动，如图2-1所示。

2. 进给运动

不断地将多余金属层投入切削，使之变成切屑的运动，称为进给运动。进给运动的速度较低，消耗的功率较小。进给运动可以有一个、两个或两个以上，还可以没有（如拉削），它由工件或刀具完成，如图2-1所示。

3. 辅助运动

机床上除表面成形运动以外的所有运动都是辅助运动，包括机床的快进快退、送料、定位、夹紧、转位分度、调位、切入等运动，其功用是实现机床加工过程中所必需的各种辅助动作。

二、工件加工表面

在切削加工过程中，通常工件上有三个不断变化的表面：待加工表面、已加工表面和切削表面（或称过渡表面），如图2-1所示。

1. 待加工表面

工件上有待切削的表面称为待加工表面，随着切削的继续，待加工表面逐渐减少直至全部切除。

2. 切削表面

工件上由切削刃形成的那部分表面称为切削表面，它在切削中不断变化，但总处在待加工表面和已加工表面之间。

3. 已加工表面

工件上经刀具切削后产生的表面称为已加工表面，它随着切削的继续而逐渐扩大。

三、切削要素

切削要素包括切削用量和切削层横截面要素。

1. 切削用量

切削用量系切削速度、进给量及背吃刀量的总称，如图2-2a所示。它是调整机床、计算切削力、切削功率、时间定额及核算工序成本的重要参数。

(1) 切削速度（v_c） 指刀具切削刃上选定点相对于工件的主运动的瞬时速度，单位为m/min，当主运动为旋转运动时，切削速度为

$$v_c = \frac{\pi d_w n}{1000} \quad (2\text{-}1)$$

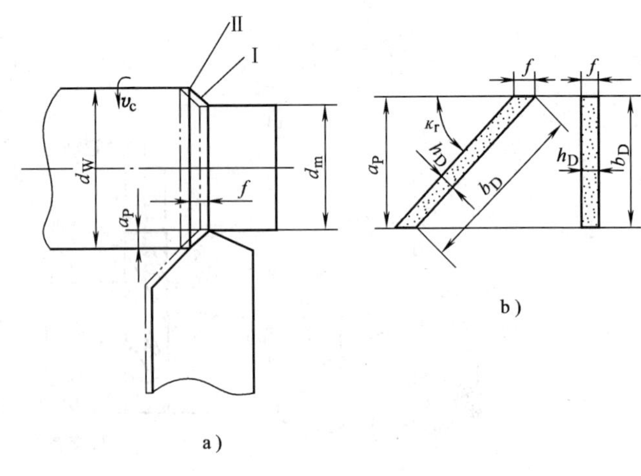

图2-2 车外圆时的切削层要素

式中 d_w——工件待加工表面直径（mm）；

n——主运动的转速（r/min）。

(2) 进给量f 指刀具（或工件）在进给运动方向上相对于工件的位移量。单位是mm/r

或 mm/行程（如刨床），它的大小反映着进给速度 v（单位为 mm/min）的大小，关系为

$$v = fn \tag{2-2}$$

（3）背吃刀量 a_p　指工件上待加工表面与已加工表面之间的垂直距离（单位为 mm）。

$$a_p = \frac{(d_w - d_m)}{2} \tag{2-3}$$

式中　d_m——工件已加工表面的直径（mm）。

2. 切削层横截面要素

切削过程中，刀具的切削刃在一次进给中从工件待加工表面上切除的金属层，称为切削层。切削层的轴向剖面称为切削层横截面，如图 2-2b 所示。切削层横截面要素包括切削宽度、切削厚度和切削面积三个要素。

（1）切削宽度（b_D）　在切削层横截面内，平行于切削表面度量的切削层尺寸，单位为 mm。

$$b_D = \frac{a_p}{\sin k_r} \tag{2-4}$$

（2）切削厚度（h_D）　在切削层横截面内，垂直于切削表面度量的切削层尺寸，单位为 mm。

$$h_D = f\sin k_r \tag{2-5}$$

（3）切削面积（A_D）　切削层截面的实际面积，单位为 mm^2，即

$$A_D = fa_p = b_D h_D \tag{2-6}$$

第二节　刀具材料与刀具的几何形状

刀具材料通常是指刀具切削部分的材料。刀具切削性能的好坏，取决于刀具的材料、几何参数及刀具结构的选择和设计是否合理等因素。

一、刀具材料

1. 刀具材料应具备的性能

切削加工中生产率和刀具耐用度的高低、刀具消耗、加工精度、加工成本等，很大程度上都取决于刀具材料的合理选择，一般而言，刀具材料应具备以下性能：

（1）具有较高的硬度和耐磨性　刀具要从工件上切去多余的金属，其硬度必须高于工件材料的硬度，一般在 60HRC 以上。耐磨性是材料抵抗磨损的能力，一般情况下刀具材料的硬度越高，其耐磨性就越好。

（2）要有足够的强度和韧性　在切削过程中，刀具要承受切削力、冲击和振动，刀具材料必须有足够的抗弯强度和冲击韧度，以避免崩刃和折断。

（3）较高的耐热性和化学稳定性　耐热性是指刀具材料在高温下保持硬度、耐磨性、强度和韧性的能力。刀具材料耐热性好，则允许的切削速度高，抵抗塑性变形能力强。化学稳定性是指刀具材料在高温下不易和工件材料及周围介质发生化学反应的能力，化学稳定性越好，刀具的磨损越小。

（4）良好的工艺性和经济性　刀具材料应具有可加工性、可刃磨性、可焊接性、可热处

理性及良好的导热性。刀具材料应便于刀具的制造，原材料丰富，价格低廉。

2. 常用刀具材料的种类和用途

（1）碳素工具钢　用于低速、尺寸小的手动刀具，如丝锥、板牙、锯条、锉刀等。

（2）合金工具钢　用于手动或刃形较复杂的低速刀具，如丝锥、板牙、拉刀等。

（3）高速钢　高速钢是以钨、铬、钒、钴为主要合金元素的高合金含量的合金工具钢，允许切削速度比上述两种均高，故称高速钢。其强度高、韧性好，工艺性好，故在复杂、小型及刚性较差的中、低速切削的刀具中占主导地位，钻头、丝锥、成形刀具、拉刀、齿轮刀具等均采用这类材料。

高速钢分为两大类：普通高速钢和高性能高速钢，前者用于一般材料的切削，后者用于难加工材料的加工。

（4）硬质合金　硬质合金是由高硬度的难熔金属碳化物（如 WC、TiC、TaC、NbC 等）和金属粘结剂（如 Co、Ni 等）经粉末冶金方法制成的。其硬度、耐磨性、耐热性高于高速钢，但其韧性差，抗弯强度低。它用于高温、高速下切削的刀具，如车刀、铣刀等。硬质合金主要分为钨钴类（YG）和钨钴钛类（YT）。钨钴类适用于加工铸铁及非铁金属材料；钨钴钛类适用于加工钢材。

（5）陶瓷　陶瓷硬度高，耐磨性、耐热性、化学稳定性好，抗粘结力强，但它的抗弯强度低，故陶瓷刀具一般用于高硬度材料的精加工。

（6）人造金刚石　它是碳的同素异形体，是通过合金触媒的作用在高温高压下由石墨转化而成。其硬度很高，耐磨性极好；但耐热温度较低，与铁族金属的亲和力大，故用于制作精加工非铁金属及非金属的刀具，如车刀、铣刀和镗刀的刀片。

（7）立方氮化硼　它是由立方氮化硼经高温高压转变而成。其硬度高，耐热性、化学稳定性和磨削性能好，但焊接性能差，用于淬硬钢、耐磨铸铁、高温合金等难加工材料的半精加工和精加工。

二、刀具的几何形状

不论刀具结构如何复杂，就其单刀齿切削部分来讲，都可以看成由外圆车刀的切削部分演变而来，现以外圆车刀为例，说明刀具切削部分的几何形状，如图 2-3 所示，外圆车刀由刀杆、刀体（切削部分）组成。

1. 刀具切削部分的组成

刀具切削部分由一个刀尖、两条刀刃、三个刀面构成。

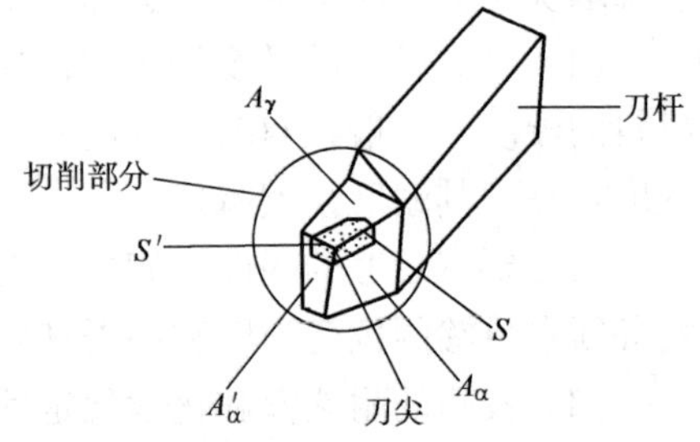

图 2-3　车刀的组成

（1）前刀面 A_γ　刀具上切屑流过的表面。

（2）主后面 A_α　与工件上过渡表面相对的表面。

（3）副后面 A'_α　与工件上已加工表面相对的表面。

（4）主切削刃 S　前刀面和主后面的交线，完成主要的切削工作。

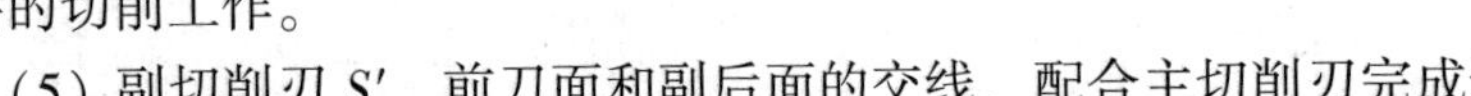

（5）副切削刃 S'　前刀面和副后面的交线，配合主切削刃完成切削工作。

(6) 刀尖　主切削刃和副切削刃的交点。实际应用中，往往磨成圆弧形（或一段直线），称为过渡刃，以增强刀尖的强度与耐磨性，如图2-4所示。

2. 车刀切削部分的角度

刀具的角度是影响加工质量及生产率的重要因素。为了定义和测量车刀的角度，需要建立刀具角度的正交平面参考系。

(1) 正交平面参考系的平面　如图2-5所示，过主切削刃上某选定点的三个相互垂直的基准平面，即主切削平面、基面和正交平面。

1) 基面 p_r　通过切削刃上选定点，垂直于该点切削速度方向的平面。通常平行车刀的安装面（底面）。

2) 主切削平面 p_s　通过切削刃上选定点，垂直于基面并与主切削刃相切的平面。

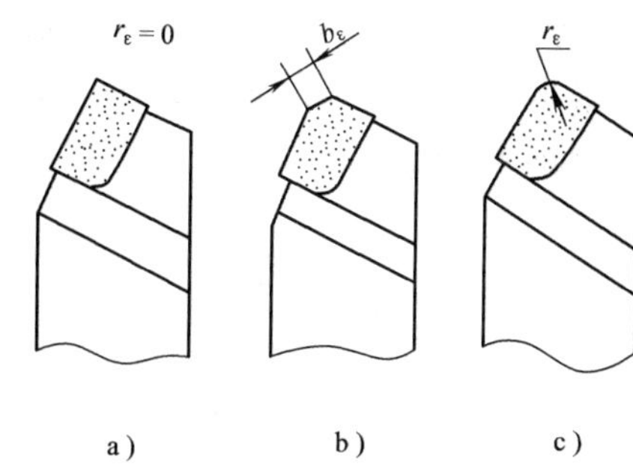

图2-4　刀尖形状

a) 切削刃的实际交点　b) 倒角刀尖　c) 修圆刀尖

3) 正交平面 p_o　通过切削刃上选定点，同时与基面和主切削平面垂直的平面。

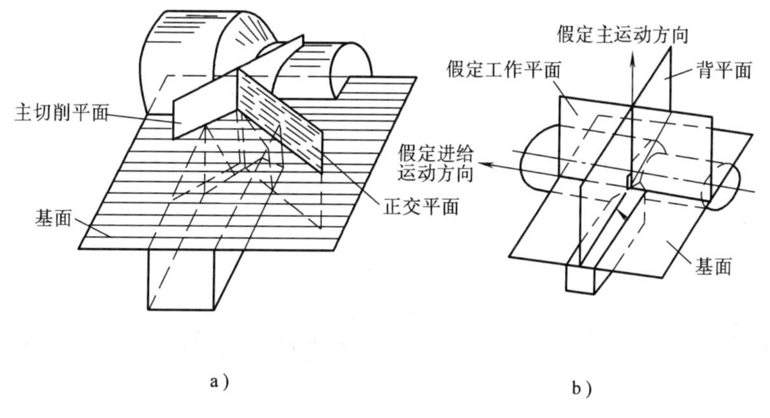

图2-5　刀具的辅助平面

(2) 刀具的几何角度　刀具的切削性能、锋利程度及强度主要是由刀具几何角度决定的。其中前角、后角、主偏角和刃倾角是主切削刃上四个最基本的角度，如图2-6所示。

1) 前角 γ_0　在正交平面内，前刀面与基面的夹角。前角大，刃口锋利，易切削；但前角过大，强度低，散热差，易崩刃。

2) 后角 α_0　在正交平面内，主后面与主切削平面间的夹角。后角增大可减少刀具后面与工件间的摩擦。但后角过大，切削刃强度会降低。

3) 楔角 β_0　在正交平面内，前刀面与主后面间的夹角，$\beta_0 = 90° - (r_0 + \alpha_0)$。

4) 主偏角 κ_r　在基面内，主切削刃在基面的投影与进给运动速度方向之间的夹角。主偏角增大，进给力增大，机床振动小，适合细长件加工。但参与切削的主切削刃变短，散热差，刀具磨损加快。

5) 副偏角 κ_r'　在基面内，副切削刃在基面的投影与进给运动速度反方向之间的夹角。副偏角增大可减少副切削刃与工件已加工表面的摩擦，散热好，但表面粗糙度变大。

6）刀尖角 ε_r 在基面内，主、副切削刃在基面上的投影之间的夹角，$\varepsilon_r = 180° - (\kappa_r + \kappa_r')$。

7）刃倾角 λ_s 在主切削平面内，主切削刃与基面之间的夹角。当刀尖位于主切削刃上的最高点时，λ_s 为正值；当刀尖位于主切削刃上的最低点时，λ_s 为负值。刃倾角的作用是控制排屑方向。

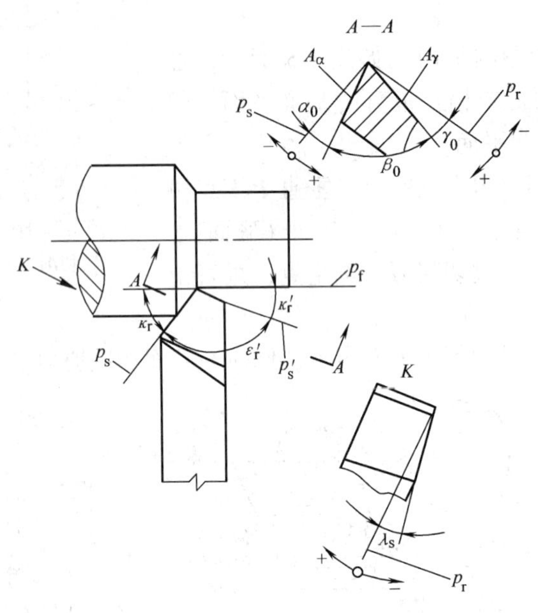

图 2-6 刀具的主要角度

第三节 刀具的磨损和耐用度

刀具在切削过程中，切削刃、刀面与工件、切屑产生强烈摩擦，使刀具磨损。刀具磨损到一定程度时，工件表面的粗糙度数值将增大，切屑颜色和形状发生变化，并伴有振动现象，因此刀具的磨损将直接影响切削生产率、加工质量和成本。

一、刀具磨损形式

刀具前刀面、后刀面和切削刃的材料在切削过程中逐渐损耗的现象，称为正常磨损。由于冲击、振动、热效应等原因致使刀具崩刃、破裂而损坏，称为非正常磨损。刀具的正常磨损形式一般有以下几种：

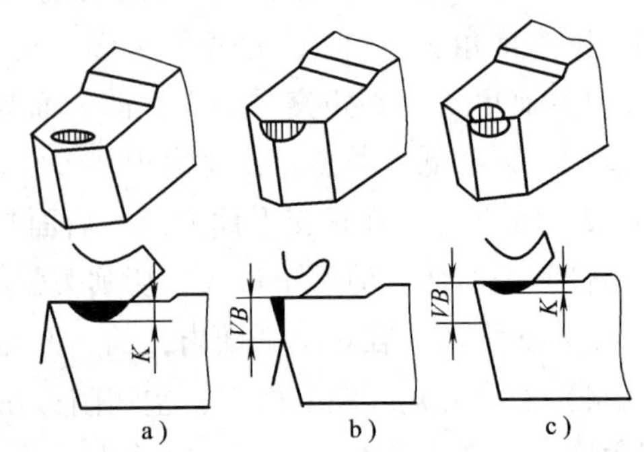

图 2-7 刀具磨损的形式

1. 刀具前刀面产生月牙洼磨损

用较高的切削速度和较大的切削厚度切削塑性金属，或在刀具上出现积屑瘤的情况下，刀具后刀面还没出现明显的磨损，前刀面却已磨出一道沟，这条沟称为月牙洼，如图 2-7a 所示。

2. 刀具后刀面产生带状磨损

在切削脆性金属，或用较低的切削速度和较小的切削厚度切削塑性金属时，在前刀面只有轻微的磨损，在后刀面却磨出了明显的痕迹，形成一个小棱面的磨损，如图 2-7b 所示。

3. 前、后刀面同时磨损

在切削塑性金属时，经常出现如图 2-7c 所示的前后刀面同时磨损的情况。通常以后面磨损区中部的平均磨损量表示磨损的程度。

二、刀具磨损的原因

1. 机械磨损（也称磨料磨损）

工件材料中含有比刀具材料更硬的硬质点或粘附有积屑瘤碎片等，就会在刀具表面上产生划痕，使刀具磨损。在低速切削时，机械磨损是造成刀具磨损的主要原因。

2. 粘结磨损

工件或切屑的表面与刀具表面之间的粘结点，因相对运动，刀具上的微粒被切屑或工件带走而造成的磨损。

3. 氧化磨损

在一定的温度条件下（700～800℃），刀具、工件和切屑的新表面会氧化而生成一层氧化膜，若刀具上的氧化膜强度较低，会被工件或切屑擦掉而形成氧化磨损。

4. 扩散磨损

在高温（900～1000℃）作用下，使工件与刀具材料中合金元素在固态下相互扩散置换造成的刀具磨损，称为扩散磨损。刀具材料中的 C、Co、W 易扩散到切屑和工件中去，工件中的 Fe 也会扩散到刀具中来，改变了原材料的成分和结构，使刀具材料变脆，从而加剧了刀具的磨损。

5. 相变磨损

当切削温度达到或超过刀具材料的相变温度时，刀具材料中的金相组织将发生变化，硬度显著下降，引起的刀具磨损称为相变磨损。

用硬质合金刀具进行切削，低温时以机械磨损为主，温度升高时粘结磨损速度加快，温度进一步升高，氧化磨损和扩散磨损加剧；高速钢刀具低温时以机械磨损为主，温度升高时发生粘结磨损，达到相变温度时即出现相变磨损。因此，切削温度是影响刀具磨损的主要原因。

三、刀具磨损过程和刀具磨钝标准

1. 刀具的磨损过程

刀具磨损过程可分为三个阶段，如图 2-8 所示。

（1）初期磨损阶段（*AB* 段） 在开始切削的短时间内，磨损较快，这是由于刀具表面粗糙不平或表层组织不耐磨引起的。

（2）正常磨损阶段（*BC* 段） 随着切削时间增长，磨削量以较均匀的速度加大，这是由于刀具表面磨平后，接触面积增大，压强减小所致。后刀面的磨损量与切削时间近似地成比例增加。正常切削时，这个阶段时间较长。

（3）急剧磨损阶段（*CD* 段） 当刀具的磨损增加到一定限度后，切削力与切削温度迅速增高，磨损速度加剧。生产中为了合理使用刀具，保证加工质量，应该在发生急剧磨损之前就及时换刀。

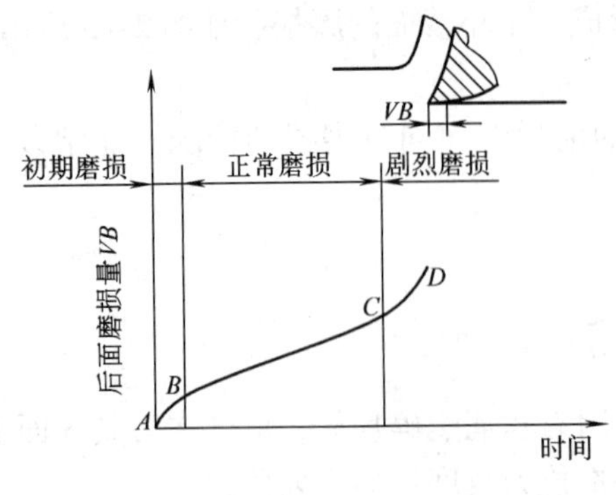

图 2-8　刀具磨损过程

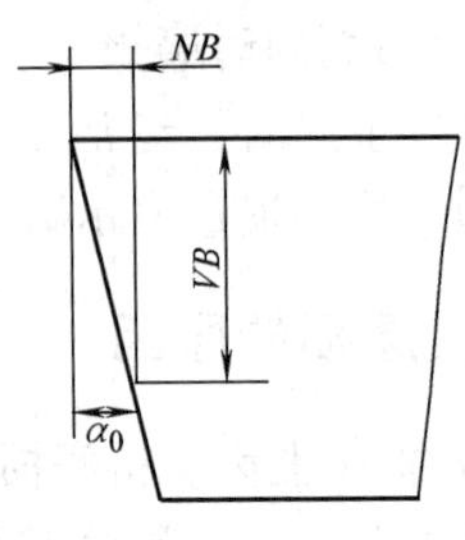

图 2-9　车刀的磨损量

2．刀具的磨钝标准

刀具磨损到一定限度后就不能继续使用，这个磨损限度称为磨钝标准。

ISO 标准规定以 1/2 作用主切削刃处后面上测得的磨损带宽度 *VB* 作为刀具磨损标准。在自动化生产中使用的精加工刀具，一般以工件径向的刀具磨损量 *NB* 为刀具的磨钝标准，如图 2-9 所示，磨钝标准的具体数值可从切削手册中查得。

四、刀具耐用度

刃磨后的刀具从开始切削直到磨损量达到磨钝标准为止总的切削时间（即两次刃磨之间的切削时间），称为刀具耐用度。也可用达到磨钝标准前加工出的零件数量或切削路程的长度表示。

刀具寿命是指一把新刀具从开始使用到报废为止的切削时间，它是刀具耐用度与刃磨次数的乘积。

若磨钝标准相同，刀具耐用度大，表示刀具磨损慢。因此影响刀具磨损的因素，也就是影响刀具耐用度的因素。

工件材料的强度、硬度越高，导热性越差，刀具磨损越快，刀具耐用度就会越低；切削用量增加时，刀具磨损加剧，刀具耐用度降低，其中影响最大的是切削速度，其次是进给量，影响最小的是背吃刀量；刀具材料的耐磨性、耐热性越好，耐用度就越高；适当增大前角、刀尖圆弧半径或减小主偏角，会增加刀具的耐用度，若前角、圆弧半径过大或主偏角过小，反而使刀具耐用度降低。

第四节　切　削　力

切削加工时，工件材料抵抗刀具切削所产生的阻力，称为切削力。切削力产生于被加工材料的弹性、塑性变形和切屑、工件表面对刀具表面的摩擦力。切削力对机床、夹具和刀具的设计和使用，都有很重要的意义。

一、切削力的分析

为了实际应用或作为设计机床、夹具和刀具的依据，把作用于刀具上的切削合力 F 分解为互相垂直的 F_c、F_f 和 F_p 三个分力，如图 2-10 所示。

1）主切削力 F_c　它垂直于基面，与切削速度 v_c 的方向一致，又称为切向力，它消耗功率最多，用于计算刀具强度，设计机床零件，确定机床功率等。

2）进给力 F_f　它在基面内，并与进给方向相反，它用于设计机床进给机构和进给功率等。

3）背向力 F_p　它在基面内，并与进给方向相垂直，它用于计算与加工精度有关的工件挠度和刀具、机械零件的强度等，也是在切削过程中使工件产生振动的力。

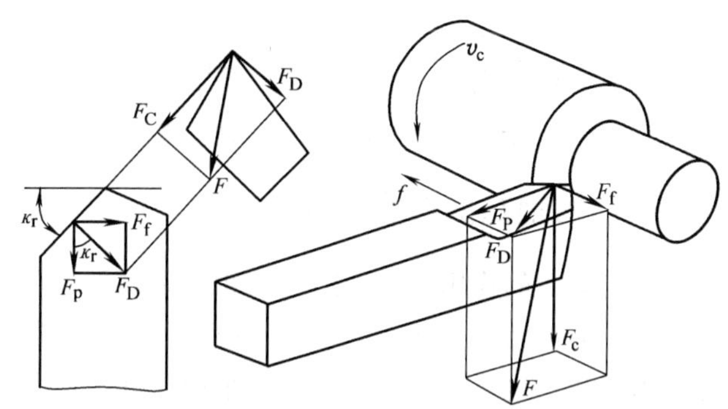

图 2-10　切削力的分解

由图 2-10 可知

$$F = F_c^2 + F_D^2 = F_c^2 + F_p^2 + F_f^2 \tag{2-7}$$

一般情况下，F_c 最大，F_p 和 F_f 小些。它们的大致关系为：

$$F_f = (0.1 \sim 0.6) F_c$$

$$F_p = (0.15 \sim 0.7) F_c$$

有关切削力和切削功率的计算可根据相关切削手册或经验公式计算。

二、影响切削力的因素

1. 工件材料的影响

工件材料的强度、硬度、冲击韧度和塑性越大，则切削力越大。加工硬化程度大，切削力也会增大。工件的化学成分、热处理状态及切削前的加工状态等都对切削力的大小产生影响。

2. 切削用量的影响

切削用量中的背吃刀量和进给量越大，切削面积也越大，切削力随之增大。切削速度对切削力的影响不大，加工塑性材料时，在中速和高速下，随着切削速度的增加，切削力减小。

3. 刀具几何参数的影响

在刀具几何参数中，前角对切削力的影响最大。前角增大，变形系数减小，切削力减小。材料塑性越大，前角对切削力的影响越大。

负倒棱可提高刀具的寿命，但它会使切削变形增加，切削力增大。

主偏角对切削力的影响较小，但对进给力和背向力的分配比例有明显的影响。

4. 切削液的影响

切削液具有润滑作用，使切削力降低。其润滑作用越好，切削力下降的越明显，在较低的切削速度下，其润滑作用更突出。

另外，刀具材料和工件材料之间的亲和力及刀具的磨损也对切削力有影响。

第五节　切削热和切削温度

切削热和切削温度直接影响刀具的磨损和使用寿命，最终影响工件的加工精度和表面质量。所以研究切削热和切削温度具有重要的意义。

一、切削热的产生与传散

在切削力的作用下，切削层金属发生弹性变形和塑性变形，这是切削热的一个来源。另外，切屑与前刀面、工件与后刀面间消耗的摩擦功也将转化为热能，这是切削热的另一个来源，如图 2-11 所示。由于切削时所消耗的机械功率的大部分（99%）转化为热能，所以单位时间内产生的切削热为

$$Q = F_c v_c \tag{2-8}$$

式中　Q——单位时间内产生的切削热（J/s）；

F_c——主切削力（N）；

v_c——切削速度（m/s）；

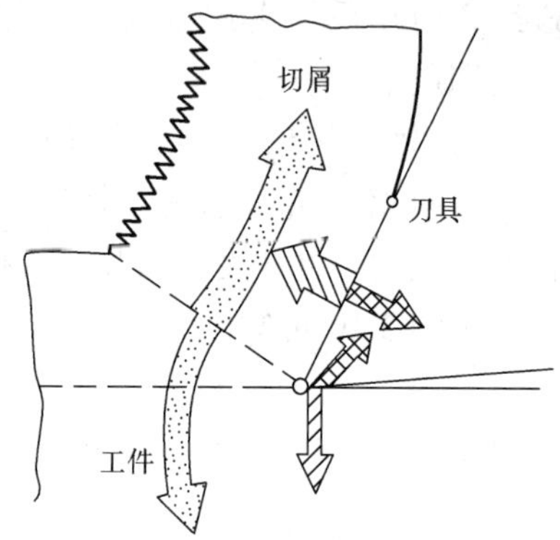

图 2-11　切削热的来源

因加工方法不同，由切屑、工件、刀具和周围介质传出的切削热的百分比是不同的。表 2-1 所示为车削和钻削时，切屑、工件、刀具和周围介质分别传出切削热的百分比。

表 2-1　切削热中切屑、工件、刀具和周围介质传出的百分比（%）

加工方法	散热渠道			
	切屑（Q_c）	刀具（Q_t）	工件（Q_w）	介质（Q_s）
车削	50 ~ 86	40 ~ 10	9 ~ 3	1
钻削	28	52. 5	14. 5	5

另外，切削速度对通过各途径的传热比例也有一定的影响，切削速度越高，切屑带走的热量越多，传入工件中的热量越少，传入刀具的热量则更少。

二、切削温度

1. 切削温度的概念

通常所说的切削温度是指切屑、工件和刀具接触区的平均温度。切削温度的高低，取决于产生热量的多少和传散热量的快慢。

切削塑性材料时，刀具上温度最高处是在距离刀尖一定长度的地方，该处由于温度高而首先开始磨损。这是因为切屑沿前刀面流出时，热量积累越来越多，而热传散又十分不利时，在距离刀尖一定长度的地方的温度达到最大值；切削脆性材料时，最高切削温度将在刀尖处且靠近后刀面的地方，磨损也将首先从此开始。

测量切削温度有多种方法，目前应用较为广泛的是热电偶法。此外，还有红外线辐射测温法，显微硬度分析法，金相结构分析法等。在实际生产中，常常凭经验目测切屑的颜色来判断切削温度。银白色切屑温度最低，约为200℃；深蓝色切屑温度为600℃左右，切屑颜色越深，切削温度就越高。

2．影响切削温度的主要因素

切削条件中对切削温度影响较大的因素有切削用量、刀具角度、工件材料和冷却条件等。

（1）工件材料的影响　工件材料是影响切削温度的基本因素。工件材料的强度和硬度越高，消耗的切削功就越多，切削温度也就越高。工件材料的导热系数越低，切削区的热量传出越少，切削温度就越高。脆性材料的强度一般较低，切削时塑性变形小，与前刀面的摩擦也小，切削温度一般比塑性材料低。

（2）切削用量的影响　切削速度增高，切削温度明显增高，但不成正比，切削速度增加一倍时，切削温度增高30%～45%；进给量增加时，切削温度也增加，但影响较小，进给量增加一倍时，切削温度增高15%～20%；背吃刀量对切削温度的影响是切削用量中最小的一个，背吃刀量增加一倍，切削温度只增高5%～8%。

（3）刀具角度的影响　凡是能减少切削过程产生热量和改善刀具散热条件的因素，都能降低切削温度。从减少产生热量的角度分析，前角减小时，切削变形功增加，产生热量增加，切削温度增高；从散热角度分析，前角过大，散热条件差，温度反而增高。因此，适当增大前角，可降低切削温度。主偏角增大，切削刃工作长度缩短，切削热相对集中在刀尖处，散热条件差，切削温度升高。

（4）其他因素的影响　刀具磨损后，刀具后面与加工表面摩擦加大，切削刃变钝使刃区前方对切屑的挤压作用增大，切屑变形增大，切削温度急剧升高。

合理使用切削液，可以减小刀具与切屑、刀具与工件接触面上的摩擦并带走大量切削热，从而有效地降低切削温度。

刀具材料对切削温度也有一定影响，切削导热性差的工件材料时，应选用导热性好的刀具材料，以降低切削温度。

第六节　切　削　液

一、切削液的作用

1．切削液的冷却作用

切削液能带走切削时产生的切削热量的大部分，使切削温度降低，从而有效地减少刀具磨损。冷却能力的好坏，取决于切削液的热导率、比热容、汽化热、流量、流速等。常用的切削液中水溶液的冷却效果最好，乳化液其次，切削油较差。

2．切削液的润滑作用

切削液的润滑作用是通过在切屑、工件与刀具的接触面之间形成油膜而达到的。油膜可以减少金属表面的直接接触、降低摩擦系数、减少切屑变形、抑制积屑瘤的生长、减小已加工表面的粗糙度值并提高刀具的耐用度。

3．切削液的清洗与防锈作用

切削液的清洗作用是将粘附在机床、夹具、刀具上的细碎切屑和磨料磨粉清除，以减小刀具的磨损，防止划伤已加工表面和机床导轨。清洗性能的好坏，取决于切削液的油性、流动性和使用压力。

切削液的防锈作用是为了保护工件、机床、刀具不被周围介质所腐蚀。防锈作用的强弱，取决于切削液本身的成分与添加剂的作用。例如，油比水的防锈能力强，加入防锈剂可有效提高防锈能力。

二、切削液的种类

生产中常用的切削液有三类：水溶液、乳化液、切削油。

1．水溶液

水溶液是由水加入一定量的添加剂制成的。其冷却作用、清洗作用较强，润滑作用和防锈能力较差，主要用于磨削。

2．乳化液

乳化液是由水和油加乳化剂均匀混合而成的。乳化液既能起冷却作用，又能起润滑作用。浓度低的乳化液冷却、清洗作用强，适于粗加工和磨削使用；浓度高的乳化液润滑作用强，适于精加工时使用。为了提高其润滑和防锈性能，将乳化液加入一定量的油性添加剂、极压添加剂和防锈添加剂，配成极压乳化液或防锈乳化液。

3．切削油

切削油的主要成分是矿物油，少数采用植物油或复合油。纯矿物油不能在摩擦界面上形成坚固的润滑膜，常常加入油性添加剂、极压添加剂和防锈添加剂以提高润滑和防锈效果。切削油的主要作用是润滑，它可大大减少切削时的摩擦热，降低工件的表面粗糙度值。

三、切削液的选用

根据工件材料、刀具材料、加工方法和加工要求，来选择合适的切削液。高速钢刀具粗加工时，应选用以冷却性能为主的切削液来降低切削温度；硬质合金刀具粗加工时，可不用切削液，必要时采用低浓度的乳化液和水溶液连续充分地浇注。高速钢刀具在中、低速精加工时，应选择润滑性能好的极压切削油或高浓度的极压乳化液。硬质合金刀具精加工时的切削液与粗加工基本相同，但应适当提高润滑性能。切削高强度钢和高温合金等难加工材料时，对冷却和润滑要求较高，应尽量采用极压切削油或极压乳化液。加工铜、铝及其合金时不能用含硫的切削液。

四、切削液的加注方法

1．浇注法

浇注法是目前最常用的方法，设备简单，使用方便，但冷却效果较差，切削液消耗量大。为了达到有效的冷却、润滑和冲屑的目的，应使切削液具有较大的压力和流量。车削和铣削时切削液的流量一般为 10～20L/min。

2．高压法

深孔加工时，应采用高压冷却法，此时，高压下的切削液可直接喷射到切削区，起到冷却润滑的作用，并使碎断的切屑随液流排出孔外，深孔加工中使用的工作压力为0.98～9.8MPa，流量为50～150L/min，高速钢刀具切削难加工材料时，高压冷却法也能收到较好的冷却效果。

3. 喷雾法

喷雾冷却法是利用入口压力为0.3～0.6MPa的压缩空气使切削液雾化，并高速喷向切削区，当微小的切削液滴碰到灼热的刀具、切屑时便很快汽化，带走大量热量，从而有效地降低切削温度。这种方法冷却效果最佳，该方法可用于难加工材料的切削和超高速切削，也可用于一般的切削加工，以提高刀具的耐用度。

思考与练习题

2-1　何谓金属切削加工？

2-2　简述主运动和进给运动的含义。

2-3　切削加工时工件上形成的三个表面是如何定义的？

2-4　切削用量包括哪三个要素？如何计算？

2-5　切削层横截面要素有哪些？

2-6　刀具材料应具备哪些性能？

2-7　试述常用刀具材料的种类和用途。

2-8　试述刀具切削部分的组成。

2-9　正交平面参考系的平面有哪些？它们是如何定义的？

2-10　刀具的主要角度有哪些？它们对切削加工有何影响？

2-11　刀具的磨损形式有哪些？是如何形成的？

2-12　刀具磨损的原因有哪些？刀具的磨损过程分为哪三个阶段？

2-13　何谓刀具耐用度和刀具寿命？它们之间有何联系？

2-14　何谓切削力？它是如何产生的？又如何分解？

2-15　影响切削力的因素有哪些？

2-16　切削热从何而来？如何散热？

2-17　何谓切削温度？实际生产中如何根据切屑的颜色判断切削温度？

2-18　切削液分为哪几种？有何作用？

2-19　如何正确选用和加注切削液？

第三章　金属切削机床及刀具

在机械加工过程中，由机床—夹具—刀具—工件组成的系统，称为工艺系统。它是保证零件加工质量的关键。

第一节　概　　论

一、金属切削机床的概念、分类

金属切削机床是用切削的方法将金属毛坯加工成具有特定尺寸、形状和表面质量的机器零件的机器，它是制造机器的机器，所以又称“工作母机”或“工具机”，习惯上简称机床。它是加工机器零件的主要设备，约占机器总工作量的40%～60%。

目前，我国按机床的应用范围可分为通用机床、专门化机床和专用机床。通用机床是指可加工多种工件，完成多种工序、使用范围广的机床；专门化机床是指用于加工形状相似而尺寸不同的工件上特定工序的机床；专用机床是指用于加工特定工件的特定工序的机床。按机床的精度等级可分为普通机床、精密机床和高精度机床。按机床加工性质和所用刀具分类，机床可分为12大类：车床（C）、钻床（Z）、镗床（T）、磨床（M）、齿轮加工机床（Y）、螺纹加工机床（S）、铣床（X）、刨插床（B）、拉床（L）、特种加工机床（D）、锯床（G）及其他机床（Q）。随着机床技术的发展，其分类方法也将不断发展，现代机床正向着数控化方向发展，数控机床的功能日趋多样化，工序更加集中。

二、数控机床的概念、组成、分类及特点

1. 数控机床的概念、组成

数控机床是综合应用了计算机技术、自动控制、精密测量和机械设计等方面的最新成就而发展起来的一种典型的机电一体化产品。

数控机床是在数控系统的控制下，按事先安排的工艺流程，准确而自动地实现规定加工动作的金属切削机床。

数控机床一般由控制介质、数控装置、伺服驱动系统、辅助装置、反馈装置和机床本体组成。如图3-1所示，其中实线部分表示开环系统；为提高加工精度，加入图中虚线以表示检测反馈系统，称闭环系统。

2. 数控机床的分类

按工艺用途数控机床分为数控车床、车削中心、数控铣床、数控钻床、数控镗床、加工中心等。

按系统控制功能分为点位控制、直线控制和轮廓控制数控机床。点位控制数控机床只控制一个点到另一个点的准确定位，在移动过程中不加工，一般先快速移动，当接近终点时，再慢速趋近终点，如数控钻床、数控坐标镗床以及数控冲床；直线控制数控机床不仅要控制

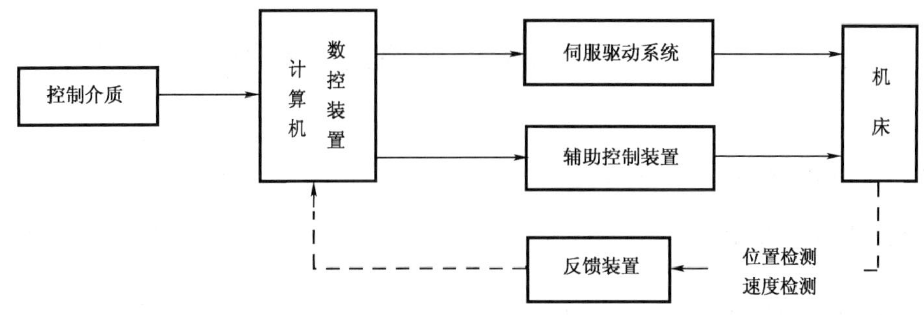

图 3-1　数控系统的组成

点的准确定位，而且要控制刀具以一定的速度沿坐标轴平行方向进行切削加工，如简易数控车床、镗铣床等；轮廓控制数控机床能实现同时对两个以上的坐标轴连续控制，它不仅能够控制移动部件的起点和终点，而且能控制整个加工过程中每一个点的速度与位置，如数控铣床、数控车床、数控磨床和加工中心等。

按伺服系统控制方式分为开环、闭环、半闭环伺服系统。开环伺服系统无检测反馈装置，不能补偿系统误差，故适用于精度、速度要求不高的场合；闭环伺服系统是在机床移动部件上安装直线位置检测反馈装置，可控制比开环伺服系统更高的精度和速度，主要用于精度高、速度高的精密和大型数控机床；半闭环伺服系统安装角位移检测反馈装置，通过检测伺服电动机的转角间接地测量移动部件位移量，其控制精度介于开环和闭环之间，应用广泛。

3．数控机床的特点

与通用机床相比，数控机床主要有以下特点：

(1) 良好的柔性和广泛的通用性　在数控机床上改变加工对象时，只需改变相应加工程序，不必对机床作任何调整，为单件、小批量及试制新产品创造了有利条件。

(2) 加工精度高，加工质量稳定　数控加工的尺寸精度通常在 0.005 ~ 0.1mm 之间，目前最高的尺寸精度可达 ±0.0015mm，不受零件复杂程度的影响，加工中消除了操作者的人为误差，提高了同批零件尺寸的一致性，使产品质量稳定。

(3) 自动化程度高　在数控机床上加工零件时，除了手工装卸工件外，全部加工过程都由机床自动完成。在柔性制造系统中，上下料、检测、诊断、对刀、传输、调度等也由机床自动完成，这样减轻了工人的劳动强度，改善了劳动条件。

(4) 生产效率高　数控机床的加工效率高，一方面是自动化程度高，在一次装夹中能完成多表面的加工，省去了划线、检测等工序；另一方面是数控机床的运动速度高，空行程时间短。

(5) 易于建立计算机通信网络　由于数控机床是使用数字信息，易于与计算机辅助设计和制造（CAD/CAM）系统连接，形成产品设计、制造、销售等密切结合的一体化系统。

目前，数控机床的价格还较昂贵，在我国主要用于加工精度要求较高、形状较复杂、要求频繁改型的小批量生产的工件。随着机床成本的不断降低和数控技术的日益普及，我国的数控机床使用范围会越来越大。

第二节 机床传动的基本知识

一、机床的基本组成

为了实现加工过程中所必需的各种运动，机床应具备以下三个基本部分：

1．动力源

提供运动和动力的装置称为动力源，如各种电动机。可以几个运动共用一个动力源，也可以每个运动单独使用一个动力源。

2．传动装置

传递运动和动力的装置称为传动装置。它可以改变运动性质、方向和速度，通过它将动力源和执行件或执行件与执行件之间联系起来，并保持某种确定的运动关系。机床的传动装置有机械、液压、气压、电气等多种形式。

3．执行件

执行运动的部件称为执行件，如主轴、刀架、工作台等。其任务是带动工件或刀具完成旋转或直线运动，并保持准确的运动轨迹。

二、传动链

传动链是指由动力源、传动装置和执行件按一定的规律所组成的传动联系。机床加工过程中所需的各种运动都是通过相应的传动链来实现的。根据传动链的性质，传动链可分为两类。

1．外联系传动链

外联系传动链是联系动力源和执行件之间的传动链。它使执行件得到预定速度的运动，并传递一定的动力。其传动比的变化，只影响生产率或表面粗糙度，不影响工件表面形状的形成。如卧式车床的从电动机到机床主轴之间的传动链是外联系传动链。

2．内联系传动链

内联系传动链是联系两个执行件，使它们保持传动联系的传动链。其传动比要求严格，否则将影响工件表面形状的形成。例如，在卧式车床上用螺纹车刀车削螺纹时，要求主轴转一转，刀具准确移动一个螺纹的导程，否则影响螺纹的螺距误差。所以，车削螺纹传动链属于内联系传动链。

机床的传动链中使用多种传动机构，常用的有带传动、定比齿轮副、齿轮齿条、丝杠螺母、蜗杆蜗轮、滑移齿轮变速机构、离合器机构、交换齿轮、挂轮架以及电器、液压、气动和机械无级变速器等传动机构。

三、传动系统及传动系统的表达

1．传动系统

实现一台机床加工过程中全部切削运动和辅助运动的所有传动链，就组成了一台机床的传动系统。机床有多少个运动，就有多少条传动链。

2．传动系统的表达

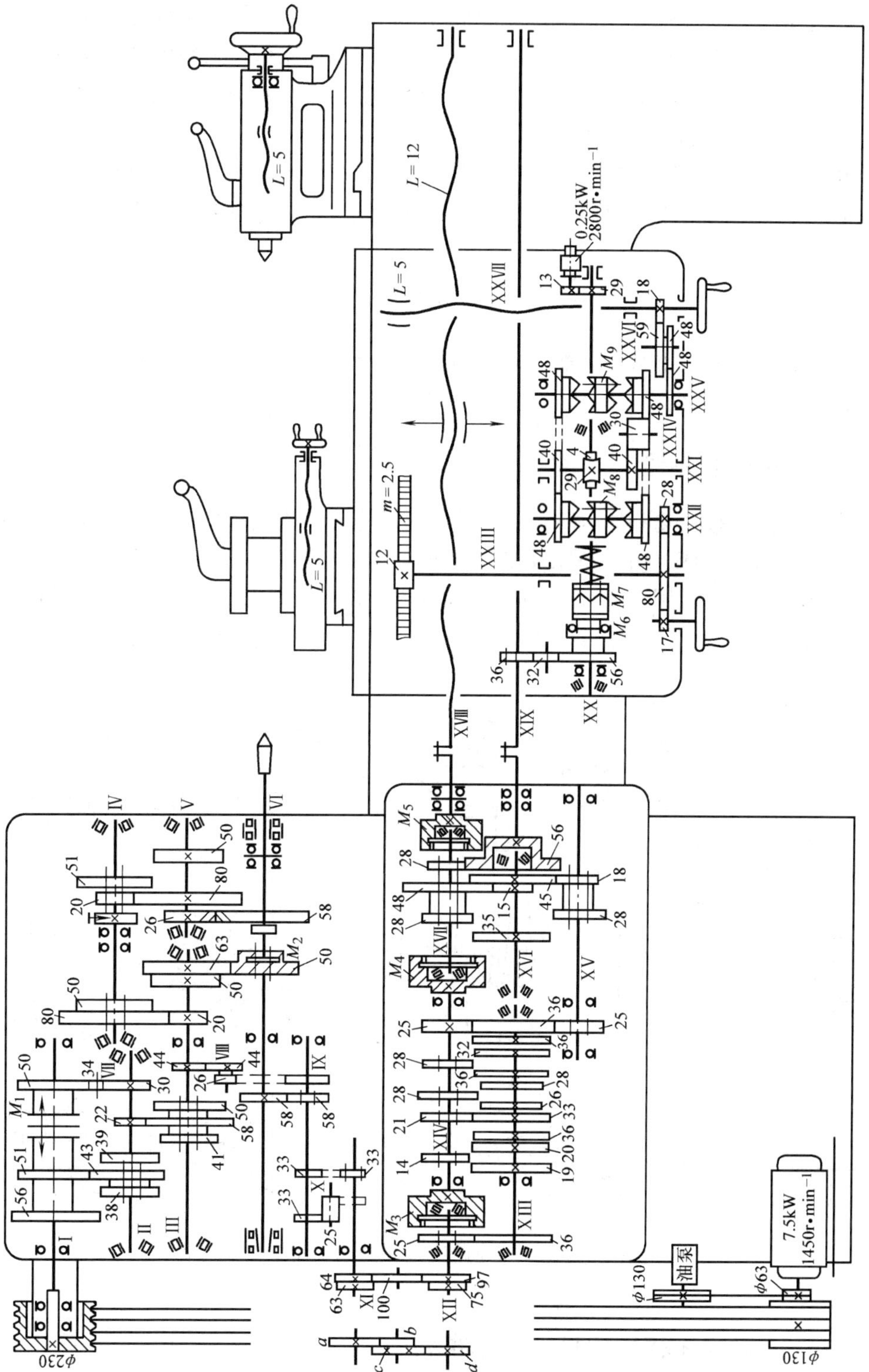

图3-2　CA6140型卧式车床的传动系统图

通常可用规定的简单符号（GB/T4460—1984）按运动传递的先后顺序表示一台机床的传动系统，其图形称为机床的传动系统图，它能清晰地表示机床传动系统中各个零件及其相互联系，但该图只表示传动关系，不代表各传动元件的实际尺寸和空间位置。如图 3-2 所示为 CA6140 型卧式车床的传动系统图。

转速分布图与传动系统图一样，也是表达机床传动系统、分析传动链的重要工具。转速图更直观地表明主轴的每一级转速是如何传动的以及各变速组之间的内在联系。

第三节　车床和车刀

车床是切削加工的主要设备，它能完成多种切削加工，因此，在机械制造中，车床是应用最为广泛的机械加工设备。

一、车床的种类和用途

车床的种类很多，按用途和结构不同，可分为卧式车床、立式车床、转塔车床、多轴自动和半自动车床、多刀车床、仿形车床及专门化车床、数控车床、车削中心等。

车床主要用于加工各种回转表面（内、外圆柱面、圆锥面、成形表面等）及回转体的端面，车削各种螺纹，也可用于钻孔、扩孔、铰孔，用丝锥、板牙进行内外螺纹的加工，如图 3-3 所示。

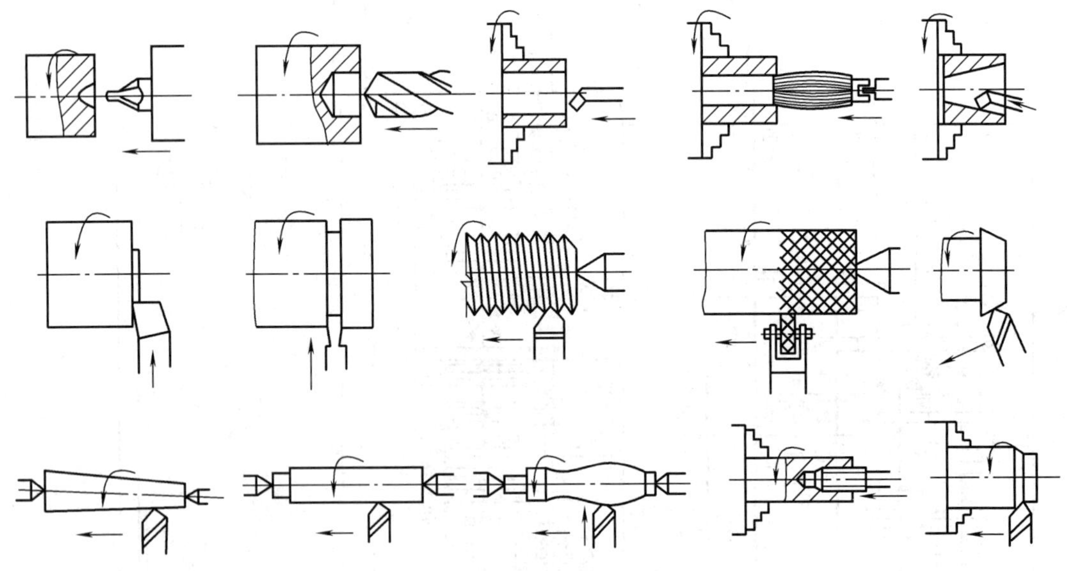

图 3-3　卧式车床所能加工的典型表面

二、CA6140 卧式车床的型号和总体布局

我国机床的型号，是按照 1995 年 8 月实施的（GB/T15375—1994）标准编制的。每一台机床的型号必须反映出机床的类别、结构特性和主要技术参数等。例如，CA6140 表示床身上最大回转直径为 400mm 的卧式车床。卧式车床的最大工件长度有 750mm、1000mm、

1500mm、2000mm 等四种。CA6140 型卧式车床的外形如图 3-4 所示。其主要组成部件及其功用如下：

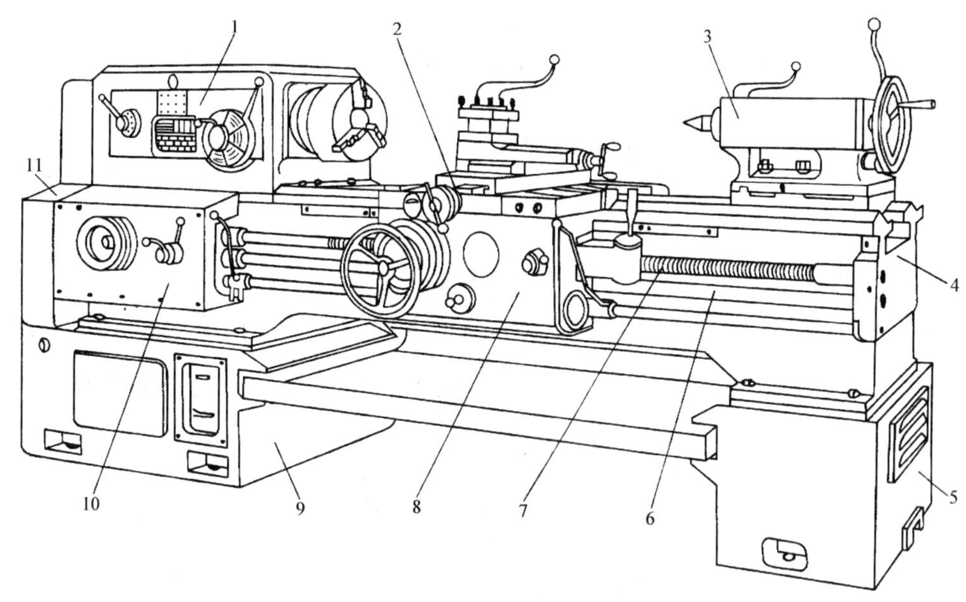

图 3-4　CA6140 型卧式车床外形

1—主轴箱　2—刀架　3—尾座　4—床身　5、9—床腿　6—光杠　7—丝杠
8—溜板箱　10—进给箱　11—交换齿轮变速机构

1. 主轴箱

主轴箱 1 固定在床身 4 左上部，内部装有主轴和变速及传动机构。工件通过卡盘等夹具装夹在主轴前端。主轴箱的功用是支承主轴部件，并使主轴部件及工件以所需速度旋转。

2. 刀架

刀架 2 可沿床身 4 上的导轨作纵向移动。刀架由几层组成，其功用是装夹车刀，实现纵向、横向或斜向运动。

3. 尾座

尾座 3 安装于床身尾座导轨上，可沿导轨纵向调整位置。其功用是用后顶尖支承长工件，也可以安装钻头、铰刀等孔加工刀具进行孔加工。

4. 进给箱

进给箱 10 固定在床身左端前侧。进给箱中装有变速装置，用以改变机动进给量或被加工螺纹的螺距。

5. 溜板箱

溜板箱 8 安装在刀架部件底部。溜板箱通过光杠或丝杠接受来自进给箱的运动，并将运动传给刀架部件，从而使刀架实现纵、横向进给或车螺纹运动。

6. 床身

床身 4 固定在左右床腿 9 和 5 上，用以支承其他部件，并使它们保持准确的相对位置。

三、CA6140 型卧式车床的传动系统

CA6140 型车床的传动系统如图 3-2 所示。整个传动系统主要由主运动传动链、车螺纹传动链、纵向进给传动链、横向进给传动链及快速移动传动链组成。图中 L 为螺纹的螺距，m 为齿轮齿条的模数。

分析传动系统图一般采用“抓两头，连中间”的方法，即首先明确此传动链的首端件和末端件（“抓两头”），然后再找出它们之间的传动联系（“连中间”），这样就很容易找出运动的传动路线。

1. 主运动传动链

运动由电动机（7.5kW、1450r/min）经 V 形带轮传动副$\frac{\phi130}{\phi230}$传至主轴箱中的轴 Ⅰ，轴Ⅰ上装有双向摩擦片式离合器 M_1，其作用是使主轴正、反转或停止，也起到安全保护作用。主运动传动链的传动路线表达式为：

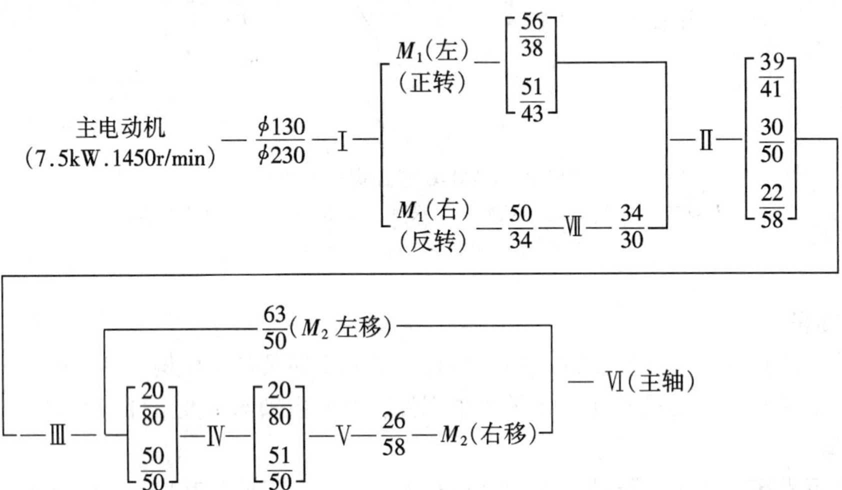

由传动路线表达式可以看出，主轴可获得 2×3×（1+2×2）=30 级转速，由于轴Ⅳ与轴Ⅴ间的四种传动比为

$$u_1=\frac{20}{80}\times\frac{20}{80}=\frac{1}{16}\qquad u_2=\frac{50}{50}\times\frac{20}{80}=\frac{1}{4}$$

$$u_3=\frac{20}{80}\times\frac{51}{50}\approx\frac{1}{4}\qquad u_4=\frac{50}{50}\times\frac{51}{50}\approx 1$$

其中，u_2 和 u_3 近似相等，所以实际上只有 3 种不同的传动比，此时主轴正转只能获得 2×3×[1+(2×2－1)]＝24 种不同的转速。

同理,主轴反转时有 3×[1+(2×2－1)]＝12 种不同的转速。

主轴反转时，轴Ⅰ-Ⅱ间的传动比比正转时大，所以反转速度高于正转。主轴反转主要用于车螺纹时，不断开主轴和刀架间传动联系的情况下，使刀架退至起始位置，以免在下一次切削时发生乱扣现象。采用高速，可节省辅助时间。

2. 螺纹进给传动链

在 *CA*6140 型卧式车床上除可以加工米制、英制、模数制和径节制四种标准螺纹外，还

可以加工大导程、非标准和较精密的螺纹，这些螺纹可以是右旋的，也可以是左旋的。

CA6140 型车床车削螺纹的传动路线表达式为：

$$
\text{主轴Ⅵ}-\left[\begin{array}{c}
\dfrac{58}{58} \\
\text{(正常螺纹导程)} \\
\dfrac{58}{26}-\text{Ⅴ}-\dfrac{80}{20}-\text{Ⅳ}-\left[\begin{array}{c}\dfrac{50}{50}\\ \dfrac{80}{20}\end{array}\right]-\text{Ⅲ}-\dfrac{44}{44}-\text{Ⅷ}-\dfrac{26}{58} \\
\text{(扩大螺纹导程)}
\end{array}\right]-\text{Ⅸ}-\left[\begin{array}{c}
\dfrac{33}{33} \\
\text{(右螺纹)} \\
\dfrac{33}{25}-\text{Ⅹ}-\dfrac{25}{33} \\
\text{(左螺纹)}
\end{array}\right]-
$$

$$
-\text{Ⅺ}-\left[\begin{array}{c}
\left[\begin{array}{c}
\dfrac{63}{100}-\dfrac{100}{75} \\
\text{(米、英制螺纹)} \\
\dfrac{64}{100}-\dfrac{100}{97} \\
\text{(模数、径节螺节)}
\end{array}\right]-\text{Ⅻ}-\left[\begin{array}{c}
\dfrac{25}{36}-\text{XIII}-u_{基}-\text{XIV}-\dfrac{25}{36}-\dfrac{36}{25} \\
\text{(米制及模数螺纹)} \\
M_{3合}-\text{XIV}-\dfrac{1}{u_{基}}-\text{XIII}-\dfrac{36}{25} \\
\text{(英制及径节螺纹)}
\end{array}\right]-\text{XV}-u_{倍} \\
-\dfrac{a}{b}\cdot\dfrac{c}{d}-\text{Ⅻ}-M_{3合}-\text{XIV}-M_{4合} \\
\text{(非标准螺纹)}
\end{array}\right]-
$$

$$
-\text{XVII}-M_{5合}-\text{XVIII}\quad\text{丝杠}
$$

其中，$u_{基}$ 为基本变速组传动比$\left(\dfrac{26}{28}、\dfrac{28}{28}、\dfrac{32}{28}、\dfrac{36}{28}、\dfrac{19}{14}、\dfrac{20}{14}、\dfrac{33}{21}、\dfrac{36}{21}\right)$；

$u_{倍}$ 为增倍变速组传动比$\left(\dfrac{18}{45}\times\dfrac{15}{48}、\dfrac{18}{45}\times\dfrac{35}{28}、\dfrac{28}{35}\times\dfrac{15}{48}、\dfrac{28}{35}\times\dfrac{35}{28}\right)$；

通过 $u_{基}$ 和 $u_{倍}$ 使标准螺纹螺距按分段等差数列排列。

3. 纵向和横向进给传动链

在加工外圆和端面时，可使用纵、横向进给传动链。为避免丝杠磨损过快，机动进给运动是由光杠经溜板箱传动的。其传动路线表达式如下：

$$
\cdots\text{XVII}-\dfrac{28}{56}-\text{XIX}-\dfrac{36}{32}\times\dfrac{32}{56}-M_6-M_7-\text{XX}-\dfrac{4}{29}-\text{XXI}-
$$

$$
-\left[\begin{array}{l}
\left[\begin{array}{c}\dfrac{40}{48}M_8\uparrow \\ \dfrac{40}{30}\times\dfrac{30}{48}M_8\downarrow\end{array}\right]-\text{XXII}-\dfrac{28}{80}-\text{XXIII}-\text{齿轮齿条 12(纵向进给)} \\
\left[\begin{array}{c}\dfrac{40}{48}M_9\uparrow \\ \dfrac{40}{30}\times\dfrac{30}{48}M_9\downarrow\end{array}\right]-\text{XXV}-\dfrac{48}{48}\times\dfrac{59}{18}-\text{XXVII (丝杠)(横向进给)}
\end{array}\right.
$$

CA6140 型车床纵向和横向进给量各有 64 种，有 4 种类型：正常进给量（0.08～1.22mm/r），共 32 级；较大进给量（0.86～1.59 mm/r），共 8 级；细进给量（0.028～0.054 mm/r），共 8 级，用于高速精车；加大进给量（1.71～6.33 mm/r），共 16 级，用于强力切削或宽刃精车。

当主轴箱及进给箱中的传动路线相同时，所得到的横向进给量是纵向进给量的一半。

4. 刀架快速移动传动链

刀架的纵、横向快速移动由装在溜板箱右侧的快速电动机（0.25kW、2800r/min）带动。电动机的运动由齿轮副13/29传至轴XX，然后沿机动工作传动路线，传至纵向进给齿轮齿条副或横向进给丝杠，获得刀架在纵向或横向的快速移动。轴XX左端的超越离合器M_6能保证快速移动与工作进给不发生干涉。

四、CA6140型车床的主要操纵机构

1. 双向摩擦片式离合器、制动器及其操纵机构

双向摩擦片式离合器装在Ⅰ轴上，如图3-5所示。

双向摩擦片式离合器由内摩擦片3、外摩擦片2、止推片10及11、压块8及空套齿轮1等组成。离合器左、右两部分结构是相同的。左离合器用来传动主轴正转，用于切削加工，需要传递的转矩大，所以片数多；右离合器传动主轴反转，主要用于退刀，传递转矩较小，故片数较少。

图3-5a所示为左离合器。内摩擦片3的孔是花键孔，装在Ⅰ的花键轴上，可随轴旋转；外摩擦片2的孔是圆孔，直径略大于花键外径，其外圆上有4个凸起部分，嵌在空套齿轮1的缺口中。内、外摩擦片相间安装。当杆7通过销5向左推动压块8时，将内、外摩擦片挤紧，通过内外摩擦片间的端面摩擦力传递转矩，从而拨动齿轮1转动，使主轴正转。同理，当压块8向右时，使主轴反转。压块处于中间位置时，左、右离合器都脱开，主轴停转。

离合器的位置，由手柄18操纵（如图3-5b所示）。向上扳手柄18，杆20向外，使曲柄21和扇形齿轮17顺时针转动。齿条22向右移动，其左端拨叉23卡在滑套12的环槽内，使滑套12也向右移动。滑套12内孔的两端为锥孔，中间为圆柱孔。当滑套12右移时，将元宝销6的右端压下，元宝销6作顺时针方向转动，其下端的凸缘便推动装在轴Ⅰ的内孔中的拉杆7向左移动，并通过销5带动压块8向左压紧，主轴正转。同理，将手柄18扳至下端位置时，右离合器压紧，主轴反转。当手柄18处于中间位置时，离合器脱开，主轴停止转动。为了操纵方便，在溜板箱的左右两侧各安装了一个操纵手柄。

摩擦式离合器还能起到过载保护的作用。当机床过载时，摩擦片打滑，就可避免损坏机床。摩擦片磨损后，压紧力减小，传递的转矩减小，可用一字头旋具将弹簧销4按下，同时拧动压块8上的螺母9，直至螺母压紧离合器的摩擦片。调好位置后，使弹簧销4重新卡入螺母9的缺口中，防止螺母松动。

制动器装在轴Ⅳ上，在离合器脱开时制动主轴，以缩短辅助时间。其结构如图3-5b、图3-5c所示。制动盘16是一个钢制圆盘，与轴Ⅳ花键联接。制动带是一条钢带，内侧有一层酚醛石棉以增加摩擦。制动带的一端与杠杆14连接，另一端通过调节螺钉13等与箱体连接。为操作方便避免出错，制动器和摩擦离合器共用一套操纵机构。当离合器脱开时，齿条22处于中间位置，这时齿条22上的凸起正处于与杠杆14下端相接触的位置，使杠杆14逆时针方向摆动，将制动带拉紧。齿条22凸起的左、右两边都是凹槽，便于接通主轴的正反转。左、右离合器中任一个接通时，杠杆14都按顺时针方向摆动，使制动带放松。制动带的拉紧程度由调节螺钉13调整，调整后应检查在压紧离合器时制动带是否松开。

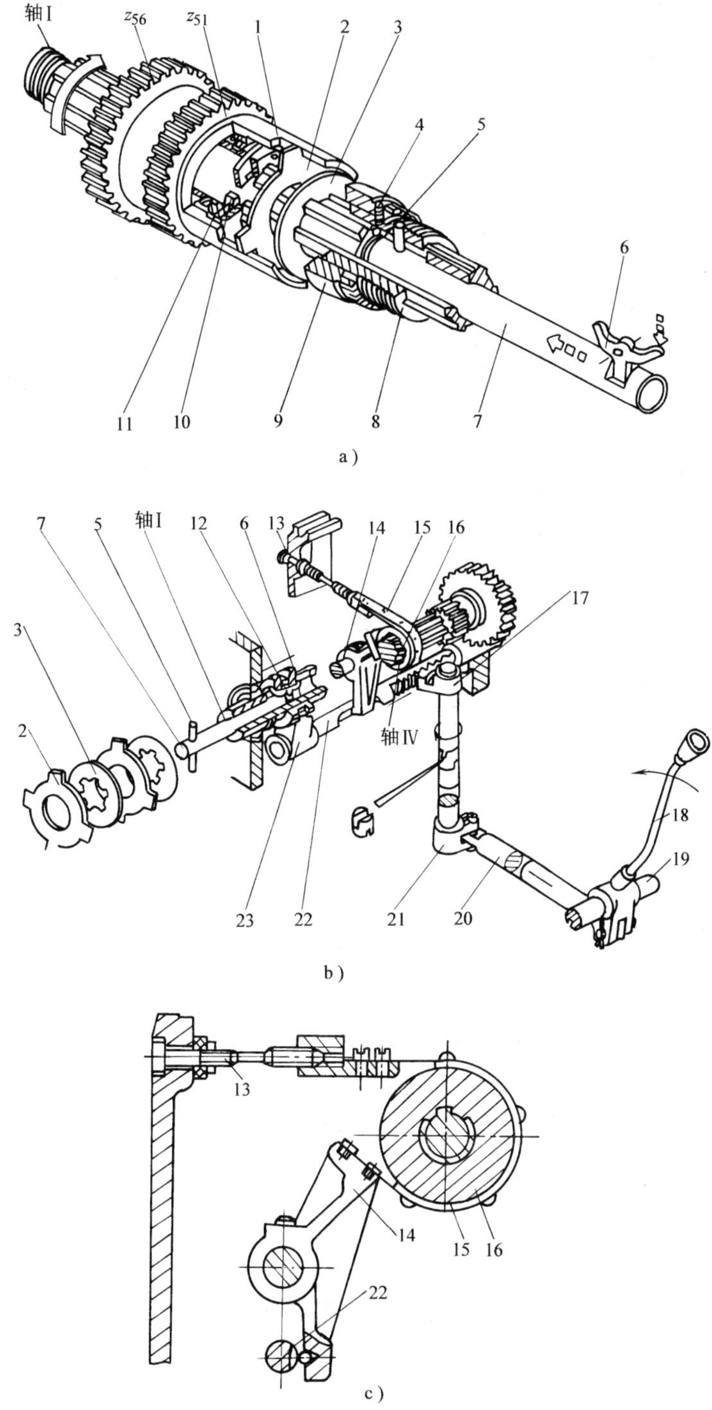

图 3-5　摩擦离合器、制动器及其操纵机构

1—空套齿轮　2—外摩擦片　3—内摩擦片　4—弹簧销　5—销　6—元宝箱　7—拉杆　8—压块　9—螺母　10，11—止推片　12—滑套　13—调节螺钉　14—杠杆　15—制动带　16—制动盘　17—扇形齿轮　18—手柄　19—销　20—杆　21—曲柄　22—齿条　23—拨叉

2．变速操纵机构

主轴箱共设置三套变速操纵机构。图3-6为主轴变速箱中的一种变速操纵机构。轴Ⅱ上的双联滑移齿轮和轴Ⅲ上的三联滑移齿轮共用一个手柄操作。变速手柄每转一转，变换全部6种转速，故手柄共有均布的6个位置。

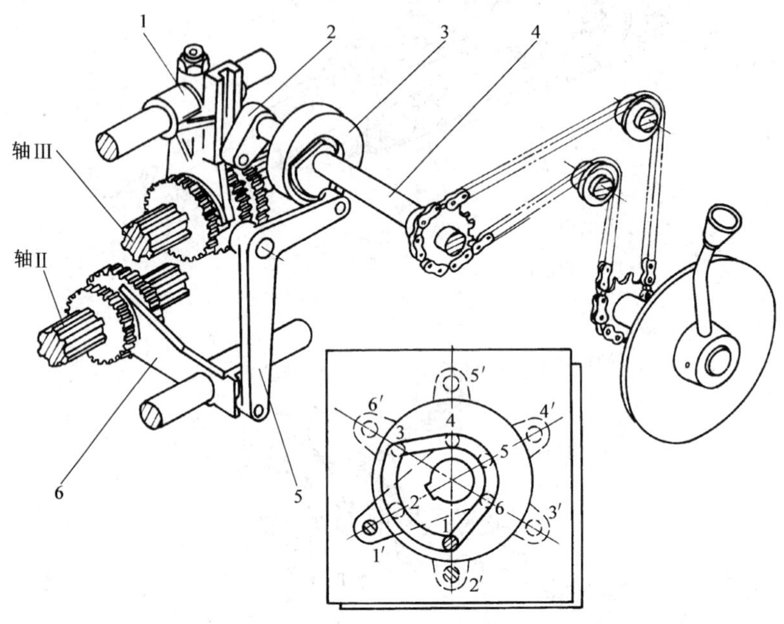

图3-6　轴Ⅱ—轴Ⅲ滑移齿轮变速操纵机构
1，6—拨叉　2—曲柄　3—凸轮　4—轴　5—杠杆

变速手柄装在主轴箱的前壁上，通过链传动轴4，轴4上装有盘形凸轮3和曲柄2，凸轮3上有一条封闭的曲线槽（由两段半径不同的圆弧和直线组成），其上有6个变速位置，如图3-6所示。位置1、2、3，杠杆5上端的滚子处于凸轮槽曲线的大径圆弧处，杠杆5经拨叉6将轴Ⅱ上的双联滑移齿轮移向左端位置，位置4、5、6则将双联滑移齿轮移向右端位置。

曲柄2随轴4转动，带动拨叉1拨动轴Ⅲ上的三联滑移齿轮，使它们处于左、中、右三个位置。顺次地转动手柄，就可使两个滑移齿轮的位置实现6种组合，从而使Ⅲ轴得到6种转速。

3．纵、横向操纵机构

如图3-7所示，在溜板箱右侧，有一个集中操纵手柄1。当手柄1向左、右、前、后扳动时，刀架便相应地向左、右、前、后移动。当需要快速移动时，按住手柄顶端的按钮，同时向需要移动的方向扳动即可。

当手柄1向左或向右扳动时，手柄1下端缺口拨动拉杆3向右或向左轴向移动，通过杠杆4，拉杆5使圆柱凸轮6转动，凸轮上有螺旋槽，槽内嵌有固定在滑杆7上的滚子，由于螺旋槽的作用，使滑杆7轴向移动，从而带动拨叉8也移动，控制双向牙嵌式离合器M_8接合，刀架实现向左或向右的纵向机动进给运动。

向前或向后扳动手柄1时，手柄1的方块嵌在转轴2右端缺口，于是转轴2向前或向后

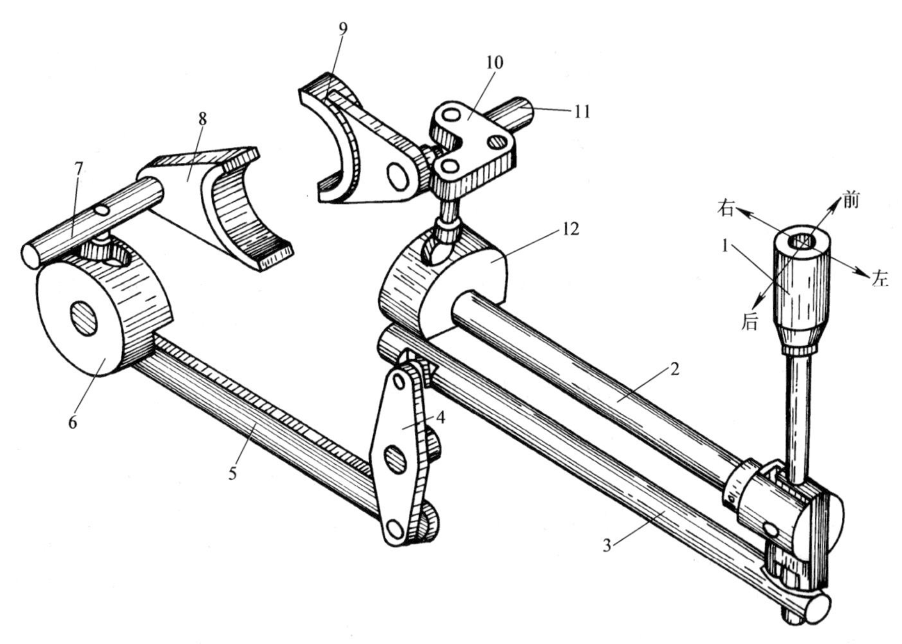

图 3-7　纵、横向机动进给操纵机构
1—手柄　2—转轴　3，5—拉杆　4，10—杠杆　6，12—凸轮　7，11—滑杆　8，9—拨叉

转动一个角度，圆柱凸轮 12 也摆动一个角度，由于凸轮螺旋槽的作用，杠杆 10 作摆动，拨动滑杆 11，使拨叉 9 移动，双向牙嵌式离合器 M9 接合，从而接通了相应方向的横向机动进给运动。

此外，CA6140 车床溜板箱中还使用了超越式离合器和安全式离合器。超越式离合器用于正常机动进给和快速移动的自动转换。机动进给时，当进给力过大或刀架移动受阻时，为避免损坏传动机构，在溜板箱中设置了安全离合器。

五、卧式车床常见故障及其排除方法

卧式车床常见故障及其排除方法见表 3-1。

表 3-1　卧式车床常见故障及其排除方法

序号	故障内容	产生原因	排除方法
1	圆柱工件加工后外径发生锥度	(1)主轴箱主轴轴线对溜板移动导轨的平行度超差 (2)床身导轨倾斜精度超差或装配后发生变形 (3)床身导轨面严重磨损，主要的三项精度均已超差 (4)两顶尖支持工件时水平面内不对中产生锥度 (5)刀具的影响，刀具严重磨损 (6)由于主轴箱温升过高，引起机床热变形 (7)地脚螺栓松动	(1)重新找正主轴箱主轴轴线的安装位置，使工件在允许的误差范围之内 (2)使用调整垫铁来重新找正床身导轨的倾斜精度 (3)刮研导轨甚至大修 (4)调整尾座两侧的横向螺钉 (5)刃磨刀具，正确选择主轴转速和进给量 (6)降低油温，并定期换油，检查液压泵进油管是否堵塞 (7)调整并紧固地脚螺栓

（续）

序号	故障内容	产生原因	排除方法
2	圆柱形工件加工后，外径发生椭圆和棱圆	（1）主轴轴承间隙过大 （2）主轴轴颈的圆度超差 （3）主轴轴承（套）的外径（圈）有椭圆，或主轴箱体轴孔有椭圆，或两者的配合间隙过大	（1）调整主轴轴承的间隙 （2）若滑动轴承有足够的调整余量，可将主轴的轴颈进行修磨，以达到圆度之内的公差 （3）修整主轴箱体的轴孔，并保证它与滚动轴承外圈的配合精度；如采用的是滑动轴承，其轴承必须更换新的轴承套
3	精车外径时，在圆周表面上每隔一定长度距离上重复出现一次波纹	（1）溜板箱的纵向进给小齿轮与齿条啮合不良 （2）光杠弯曲或光杠、丝杠、操纵杠等三孔不在同一平面上 （3）溜板箱内某一传动齿轮损坏或由于节径振动而引起啮合不良 （4）主轴箱、进给箱中的轴弯曲，或齿轮损坏	（1）如波纹间的距离与齿条的齿距相同，即可认为这种波纹是由齿轮—齿条引起的，应设法使齿轮—齿条的齿形正确，保证正常的啮合间隙及齿面全宽上啮合 （2）将光杠拆下校直，装配时要保证三孔同轴及在同一平面上，溜板在移动时不得有抖动的现象 （3）检查与找正溜板箱内传动齿轮，已损坏时必须更换 （4）校直传动轴，用手转动各轴，在空转时应无轻重现象
4	精车外径时，圆周表面上与主轴轴线平行或成某一角度重复出现有规律的波纹	（1）主轴上的传动齿轮齿形误差或啮合不良 （2）主轴箱上的带轮外径（带槽）振动缝不符合要求	（1）调整主轴轴承，使齿轮副的啮合间隙不得太小或太大，在正常情况下保持在0.5 mm左右 （2）消除带轮的偏心振摆，调整它的滚动轴承间隙
5	精车外径时，圆周表面上在固定的长度上有一节波纹凸起	（1）床身导轨在固定的长度位置上有碰伤凸痕等 （2）齿条表面在某处凸出或齿条之间的接触不良	（1）修去碰伤、凸痕等毛刺 （2）将两齿条的接缝配合仔细找正，遇到齿条上某一齿特粗或特细时，可经修正与其他单齿的齿厚相同
6	精车外径时，圆周表面上出现有规律的波纹	（1）因为电动机旋转不平衡引起机床摆动 （2）因为带轮等旋转零件的振幅太大引起机床的摆动 （3）刀具与工件之间引起的振动	（1）找正电动机转子的平衡，有条件时进行动平衡检查 （2）找正带轮，对其外径、带轮三角槽进行光整车削 （3）设法减少振动 ① 刀具进行刃磨，保持切削性能 ② 找正刀尖的安装位置 ③ 建议刀杆伸出刀架的长度 $L \leqslant 1.5B$（B为刀宽）

（续）

序号	故障内容	产生原因	排除方法
7	精车外径时，圆周表面有混乱的波纹	(1)主轴滚动轴承的滚道磨损 (2)主轴的轴向间隙过大 (3)用卡盘夹持工件切削时，因卡盘法兰内孔、内螺纹与主轴前端的定心轴颈螺纹配合松动引起工件不稳定，或卡爪呈喇叭孔形状使工件夹紧不稳 (4)方刀架座因夹紧刀具而变形，结果其底面与小溜板箱的表面接触不良 (5)上、下溜板的滑动表面之间间隙过大	(1)更换主轴的滚动轴承 (2)调整主轴后端推力球轴承的间隙 (3)产生这种现象时可改变工件的夹持方法，用尾座支持住进行切削。如乱纹消失，即可肯定是卡盘法兰的磨损所致。这时可按主轴的定心轴颈及前端螺纹配制新的卡盘法兰。若卡爪呈喇叭孔形状时，一般加垫片即可解决 (4)在夹紧刀具时用涂色方法检查刀架与小溜板接合面的接合精度，应保持方刀架座在夹紧刀具时仍保持与它均匀地全面接触，否则刮研修正 (5)将所有导轨副的镶条、压板均调整到合适的配合，使移动平衡、轻便，用0.04mm的塞尺检查时插入的深度应≤10mm，以克服由于床鞍在床身导轨上纵向移动时受齿轮—齿条及切削力的颠覆力矩而沿导轨斜面跳跃之类的缺陷
8	精车外径时，主轴每转一转，在圆周表面上有一处振痕	(1)主轴的滚动轴承某几粒滚珠磨损严重 (2)主轴上的传动齿轮节圆径向圆跳动误差过大	(1)将主轴滚动轴承拆卸后，用千分尺逐粒测量滚珠，如确系某几粒滚珠磨损严重时，必须更换轴承 (2)清除主轴齿轮的节圆径向圆跳动误差，严重时更换齿轮副
9	精车后工件的端面中间凸起	(1)溜板移动对主轴线的平行度超差 (2)溜板的上下导轨垂直度超差	(1)找正主轴箱的主轴线的位置，在保证工件正常合格的情况下，要求主轴轴线向前偏移 (2)经过大修以后的机床出现该项误差时，必须重新刮研床鞍下导轨面
10	精车后的工件端面，在测量车刀本身运动轨迹的前半径范围内，表面平面度误差发生读数差值	测量车刀本身运动轨迹时，在工件的端面前半径内，百分表的读数应该是不变的，如果出现读数差，则说明溜板导轨面直线度超差	测量溜板上导轨面的直线度误差，如存在误差应刮研
11	精车后工件端面有圆跳动误差	主轴轴向间隙或轴向窜动量较大	调整主轴的轴向间隙及窜动量
12	精车大端面工件时，每隔一定距离重复出现一次波纹	(1)溜板上导轨研损致使刀架下滑座移动时，出现间歇等不稳定现象 (2)横向丝杠弯曲 (3)刀架下滑座的横向丝杠与螺母的间隙过大	(1)刮研配合导轨及镶条 (2)校直横向丝杠 (3)按空运转试验中的调整方法调整丝杠与螺母间的间隙
13	精车大端面工件时，端面出现螺旋形波纹	主轴后端的推力轴承中某一粒滚珠尺寸特大	检查该轴承，确定是它引起的波纹时，可更换新的推力球轴承。若轴承中至少有三粒滚珠的绝对尺寸相近时，可采用解体选配法来解决

（续）

序号	故障内容	产生原因	排除方法
14	车螺纹时，螺距不均及乱螺纹	(1)机床的螺母丝杠磨损、弯曲 (2)开合螺母磨损，与丝杠不同轴，造成啮合不良或间隙过大，又因其燕尾导轨磨损而造成开合螺母闭合时不稳定 (3)由主轴经过交换齿轮而来的传动链间隙过大 (4)丝杠的轴向间隙过大 (5)米制、英制手柄挂错或拨叉位置不对或交换齿轮架上的交换齿轮挂错	(1)(2)可按图样的要求修理及调整丝杠与开合螺母的间隙 (3)检查各传动链的啮合间隙，凡属可以调整的均予以调整 (4)调整丝杠边联接轴的轴向间隙及其窜动 (5)检查手柄、拨叉、交换齿轮的齿数是否正确
15	精车螺纹表面有波纹	(1)因机床导轨磨损而使溜板倾斜下沉，造成螺母丝杠弯曲，与开合螺母的啮合不良 (2)丝杠托架支承孔磨损，使其回转中心线不稳定 (3)丝杠的轴向间隙过大 (4)进给箱交换齿轮轴弯曲、扭曲 (5)所有的滑动导轨面间有间隙 (6)方刀架与小溜板接触不良 (7)车削长螺纹工件时，因工件本身弯曲而引起表面波纹 (8)因电动机机床本身固有频率而引起的振荡	(1)校正丝杠、光杠、操纵杠三者支承的同轴度 (2)镗托架支承孔并镶条 (3)调整丝杠的轴向间隙 (4)更换进给箱的交换齿轮轴 (5)调整导轨间隙及镶条、溜板压板等 (6)修刮刀架座底面，使其四个角上的接触到位 (7)校直工件或多次时效处理，清除内应力 (8)摸索掌握该振动区规律
16	用小溜板进刀精车锥孔时，呈喇叭形或表面粗糙	(1)小溜板移动燕尾导轨直线度超差 (2)小溜板移动对主轴轴线平行度超差 (3)主轴径向回转精度不高	(1)、(2)均要刮研导轨 (3)调整主轴的轴向间隙，提高主轴的回转精度
17	用切断刀车槽时，产生“颤动”或外径强力切削时产生“颤动”	(1)主轴轴承的径向间隙过大 (2)主轴孔的后轴承端面不垂直 (3)主轴轴线的径向圆跳动误差过大 (4)工件夹持中心孔不符合要求	(1)调整主轴轴承的间隙 (2)检查并找正后端面使垂直度达到要求 (3)将主轴的径向圆跳动调整至最小值，如滚动轴承的圆跳动无法避免时，可采用角度选配法来减少主轴的径向跳动 (4)找正工件毛坯后再钻中心孔
18	强力切削时，主轴转数低于铭牌上的转数或发生自动停车现象	(1)摩擦离合器调整过松或磨损 (2)离合器操纵手柄接头松动 (3)摩擦离合器操纵手柄套和离合器磨损 (4)摩擦离合器轴上的弹簧垫圈或锁紧螺母松动 (5)主轴箱内集中操纵手柄的销子或滑块磨损，手柄定位弹簧过松而使齿轮脱开 (6)电动机传动带调得过松	(1)调整摩擦离合器，修研或更换摩擦片 (2)紧固接头上的螺钉 (3)修焊或更换摩擦离合器操纵手柄套和离合器 (4)调整弹簧垫圈及锁紧螺母 (5)更换销子或滑块，将弹力加大 (6)调整V形带的松紧程度

（续）

序号	故障内容	产　生　原　因	排　除　方　法
19	停车后，主轴有自转现象	(1)摩擦离合器调整过紧，停车后仍未完全脱开 (2)制动器过松或没有调整好	(1)调整摩擦离合器 (2)调整制动器的制动带
20	尾座锥孔内的钻头顶尖等顶不出来	尾部丝杠头部磨损	焊接加长丝杠顶端
21	主轴箱液压泵不注油	(1)过滤器或油管堵塞 (2)液压泵活塞磨损，压力过小或油量过小 (3)进油管漏压	(1)清洗滤油器，疏通油路 (2)修复或更换活塞 (3)拧紧管接头

六、车刀

1. 常用车刀的种类、结构形式和用途

常用的车刀按其用途不同，可分为外圆车刀、端面车刀、切断刀、内孔车刀、螺纹车刀、成形车刀和机夹车刀等。常用车刀的形状和用途如图 3-8 所示。

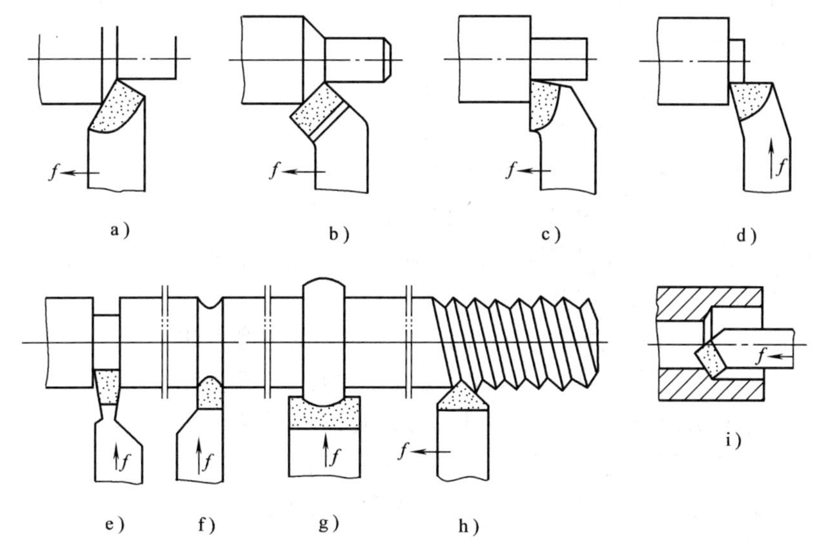

图 3-8　常用车刀的种类、形状和用途

a）直头外圆车刀　b）45°弯头外圆车刀　c）90°外圆车刀　d）端面车刀
e）切断刀　f）圆弧槽车刀　g）成形车刀　h）螺纹车刀　i）内孔车刀

（1）直头外圆车刀　如图 3-8a 所示，主要用于车削工件外圆，也可切外圆倒角。

（2）弯头车刀　如图 3-8b 所示，用于车削工件外圆、端面或倒角。

（3）90°外圆车刀　如图 3-8c 所示，用于车削工件外圆、轴肩或端面。

（4）车槽或切断刀　如图 3-8e 所示，用于切断工件，或在工件上车槽。

（5）内孔车刀　如图 3-8i 所示，用于车削工件的内孔。

(6) 螺纹车刀　如图3-8h所示，用于车削各种螺纹。

(7) 成形车刀　如图3-8f、g所示，用于车削台阶处的圆角、圆槽或各种特殊的成形面。

车刀中应用最广泛的是硬质合金车刀。硬质合金车刀有焊接式和机械夹固式两种结构形式，而机械夹固式又分为普通机夹式和可转位式两种。

制作焊接式车刀时，先在碳钢（一般为45钢）刀杆上按所要求的车刀切削角度开出刀片槽，然后用钎焊法将刀片焊在刀片槽中，最后用砂轮进行刃磨。焊接式车刀结构简单紧凑，刚性好，几何参数可根据加工条件和要求灵活地选择，但焊接加热和刃磨会降低刀片的切削性能，影响其寿命，甚至使刀片发生裂纹而报废。

普通机夹式车刀采用机械方法将普通硬质合金刀片夹固在刀杆上。这种结构可以避免刀片因焊接而产生裂纹的问题，且刀杆可重复使用，也便于刀片的集中刃磨，但刀杆结构较复杂，刃磨裂纹不能完全消除。

硬质合金可转位车刀是一种高效能车刀，它采用特制的可转位刀片，并以机夹的方法将刀片直接紧固在刀杆上。可转位刀片通常制成三角形、正四边形、正五边形、菱形和圆形等。这种车刀由刀杆、刀片、刀垫和夹固元件组成，如图3-9所示。当刀刃磨损后，只需调换另一个刀刃即可继续切削，从而大大缩短了换刀和磨刀时间，可提高劳动生产率。

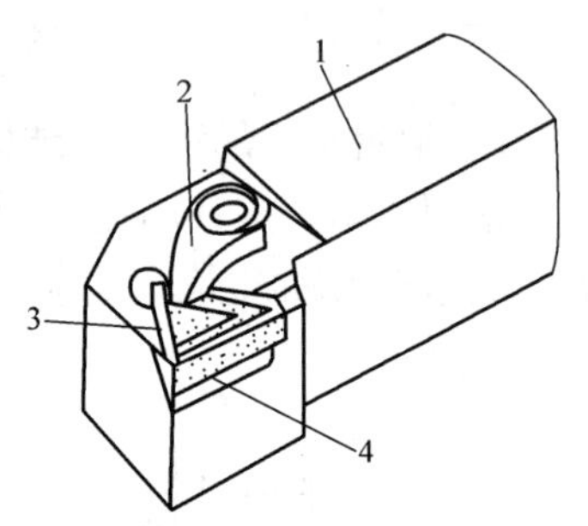

图3-9　硬质合金可转位车刀
1—刀杆　2—夹固元件
3—刀片　4—刀垫

2. 车刀的刃磨方法

刃磨车刀的方法有机械刃磨与手工刃磨两种。目前在中小型企业中，还是以手工刃磨为主。刃磨高速钢车刀宜采用粒度为46～60、中软至中等硬度的白色氧化铝砂轮。刃磨硬质合金车刀的刀片宜采用粒度为60～80、软至中软硬度的绿色碳化硅砂轮；刃磨刀杆应采用粒度为36～46的普通氧化铝砂轮。粗磨时，宜采用小粒度号的砂轮；精磨时，宜采用大粒度号的砂轮。

现以粗车钢件的90°硬质合金偏刀为例，说明车刀的刃磨方法。

(1) 粗磨后刀面　先磨去刀杆底部和后刀面上的焊渣，随后在刀片后刀面、副后刀面下面的刀杆部分，分别磨出一个比后角、副后角约大2°的后角（如图3-10所示），以便刃磨刀片处的后角。当砂轮刚磨到硬质合金刀片时即可结束。

粗磨后角、副后角时，要同时控制主、副偏角。刃磨方法与磨刀杆后角一样，磨到硬质合金刀片全磨出为止。

(2) 磨前刀面　用砂轮的端面磨去前刀面的焊渣，此时要控制好刃倾角。

卷屑槽一般用砂轮的棱角磨出，如砂轮棱角上圆弧过大时，要修整砂轮。刃磨的起始位置与主切削刃的距离为卷屑槽的一半左右，与刀尖的距离为卷屑槽长度的一半左右。刃磨时，车刀转过一个角度，使车刀侧面与砂轮端面交角大致等于前角。车刀要握稳，刃磨时应顺着刀杆方向缓慢移动，特别是接近刀刃时，用力要轻。注意不要把主刀刃磨掉。如图3-11所示。

为提高刀具的寿命，需磨出负倒棱。磨负倒棱要用很细的砂轮（粒度号为100～200），并控制刃倾角 λ_s 与倒棱前角 γ_{01}。操作时，动作要非常轻微，当磨到负倒棱宽度略大于要求尺寸时，即停止，如图3-12所示。负倒棱也可用油石磨出。

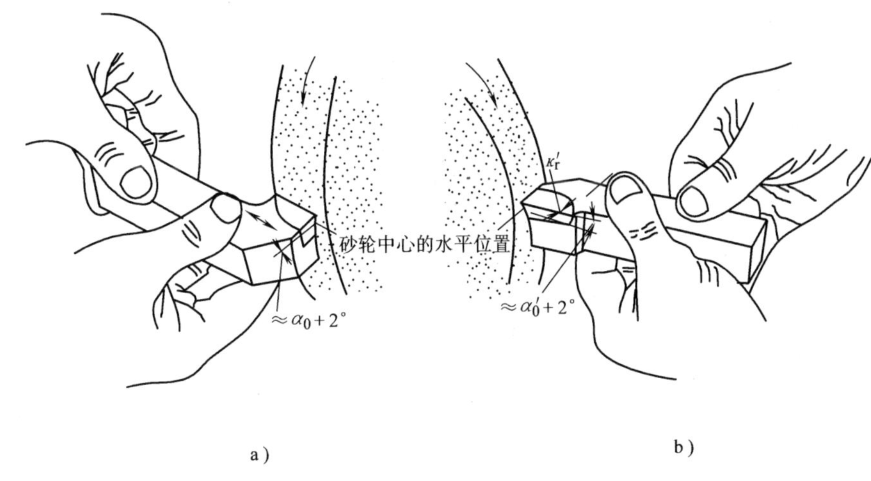

图 3-10　磨刀杆后角

a）磨主后刀面　b）磨副后刀面

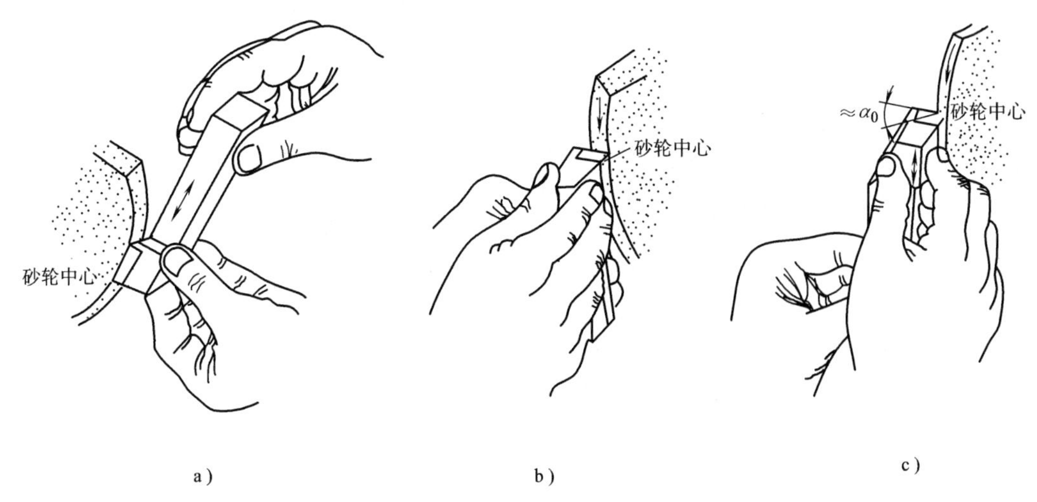

图 3-11　磨卷屑槽

a）在砂轮左角上刃磨　b）在砂轮右角上刃磨　c）在砂轮外圆上刃磨

（3）精磨后刀面　砂轮机导板倾斜一个后角或副后角，将车刀后刀面或副后刀面轻轻靠住砂轮端面，沿刀刃方向缓慢移动，磨出主、副刀刃，如图 3-13 所示。

为提高刀具寿命磨出过渡刃（直线或圆弧过渡），为降低工件的表面粗糙度，需磨修光刃（将一段副刀刃的副偏角磨成 0°）。

3．刃磨刀具时的注意事项

1）握刀姿势要正确，手要稳不能抖动，用力要均匀，大小应适当。

2）磨刀时，人应站在砂轮的侧面，同时要戴上防护眼镜，以防碎屑飞入眼中。

3）砂轮必须装有防护罩，待砂轮旋转平稳后方能磨刀。

4）托架与砂轮之间的间隙应小于 3mm，否则刀具挤入间隙，易使砂轮破碎发生危险。

5）磨刀具的砂轮，不要磨其他物件。

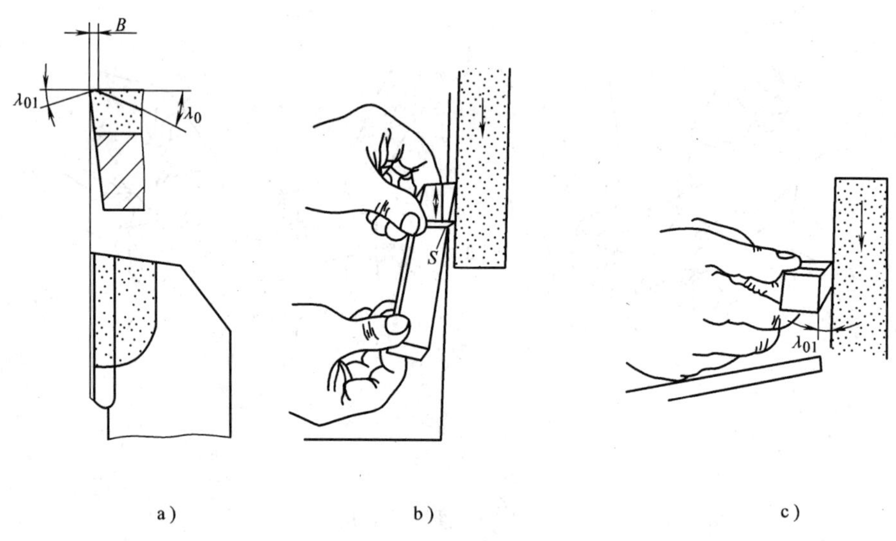

图 3-12 磨负倒棱

a）负倒棱 b）沿主刀刃方向刃磨位置 c）垂直主刀刃方向刃磨位置

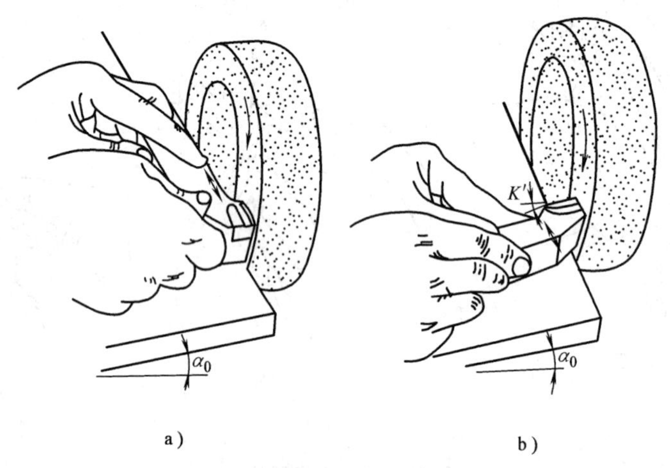

图 3-13 精磨后角与副后角

a）磨后角 b）磨副后角

6）磨碳素钢、合金钢及高速钢刀具时，要经常冷却，不能让刀头烧红而失去硬度。

7）磨硬质合金刀具时，不要进行冷却，否则，会使刀片碎裂。

8）在盘形砂轮上磨刀时，尽量避免使用砂轮的侧面；在杯形砂轮上磨刀时，不准使用砂轮的内圈。

9）磨刀具时，应将刀具往复移动，不要固定在砂轮的某一处，否则，磨成凹槽，影响砂轮的正常使用和刀具的表面质量。

4. 车刀的安装

为保证车刀正常的工作，安装车刀时，应使车刀刀尖与主轴轴线等高，刀杆的对称线与车床的回转轴线垂直。车刀刀杆在方刀架上伸出长度尽量小，一般应小于刀杆高度的两倍，以提高刀杆的刚度，防止切削振动。调整车刀高度所用垫片要平整，一般不超过3片。车刀与方刀架必须夹紧，需逐个交替拧紧方刀架上的压紧螺钉。

七、数控车床

数控车床用于加工回转体零件，它是数控机床中产量最大的品种之一。

图3-14是CK3263B型数控车床的外形，其布局具有代表性，机床在全封闭防护罩的保护下自动工作。底座1上装有后斜床身5，倾斜式导轨6与平面成75°夹角，刀架4装在主轴的右上方，刀架的位置决定了主轴的旋向与卧式车床相反。数控车床集中了粗、精加工工序，切屑量多，切削力大。倾斜式床身有利于排屑，箱式结构能提高床身的刚度。导轨6镶钢，具有较好的耐磨性。主轴箱位于床身的左部。床身中部为刀架溜板，分上、下两层，底层为纵溜板，可沿床身导轨6作纵向移动；上层为横向溜板，可沿纵向溜板作横向移动（沿床身倾斜方向）。刀架溜板上装有转塔刀架3，刀架有8个工位，可装12把刀具。转塔刀架在加工过程中可按加工程序自动转位。2是操作台。

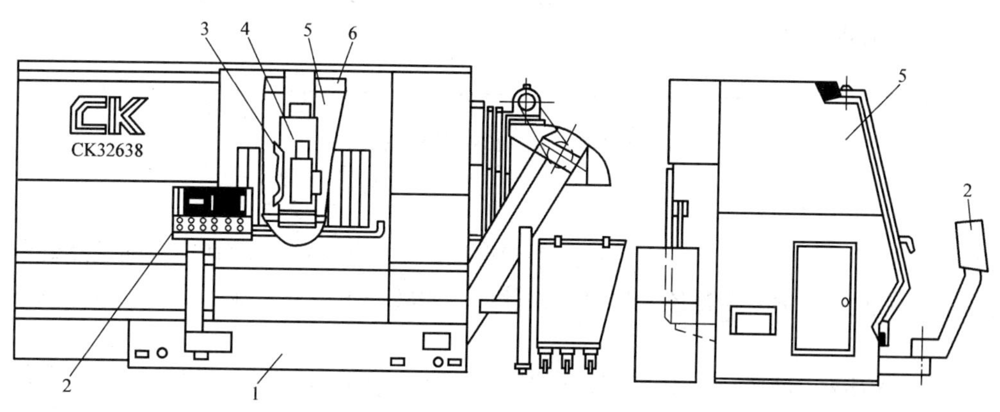

图3-14 数控车床外形

1—底座 2—操作台 3—转塔刀架 4—刀架 5—后斜床身 6—倾斜式导轨

图3-15是这种机床的传动系统图。主电动机 M_1 是直流电动机，也可用交流变频调速电动机。主电动机经带传动和两个双联滑移齿轮变速机构驱动主轴。在切削端面和阶梯轴时，希望随着切削直径的变化，主轴转速也随之变化，以维持切削速度不变。这时切削不能中断，滑移齿轮不能移动，可以在任意一段速度内由电动机实现无级变速。

数控车床切削螺纹时，主轴和刀架之间为内联系传动链。主轴经一对齿数相同（$z=79$）的齿轮驱动主轴脉冲发生器 G，脉冲发生器发出两组脉冲，一组脉冲为每转1024个脉冲，另一组脉冲为每转1个脉冲。第一组脉冲（1024个）经过数控系统根据加工程序处理后，按进给量要求输出一定数量的脉冲，再由伺服机构，即伺服电动机 M_2 驱动滚珠丝杠Ⅴ实现纵向进给（Z 轴进给），或经 M_3、联轴器6、滚珠丝杠Ⅵ，实现横向进给（X 轴进给）。这样就可以进行各种螺距的螺纹加工或进行进给量以mm/r为计算单位的车削。如果将脉冲同时送给纵向和横向伺服电动机，使 X 轴和 Z 轴同时进给，脉冲频率又可按加工程序变化，则可加工任意回转曲面。

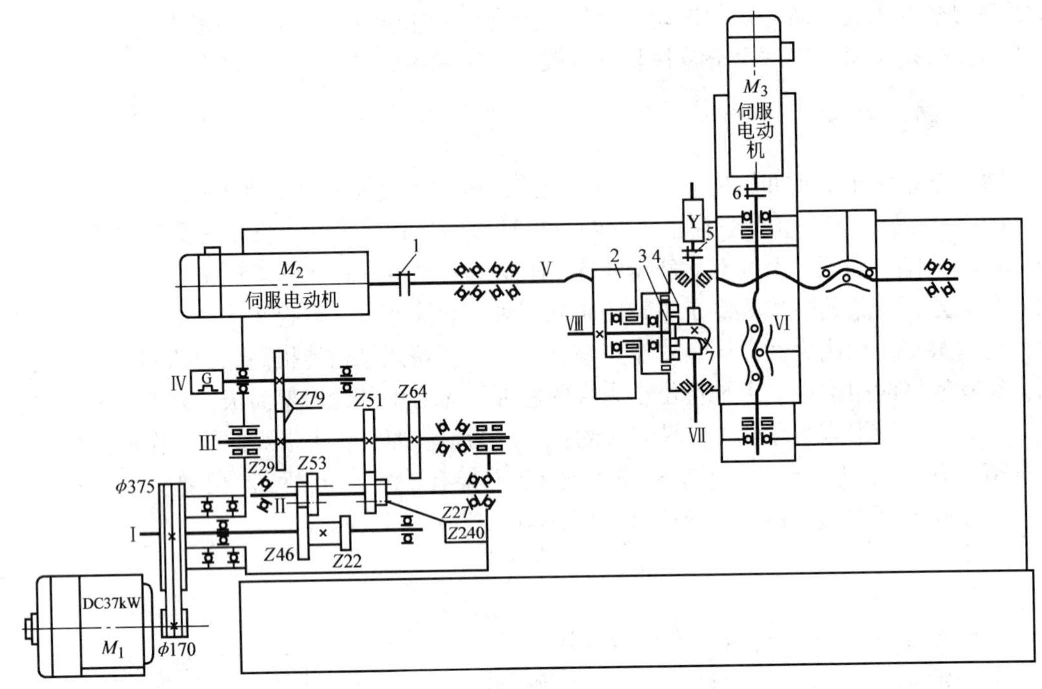

图 3-15 CK3263B 传动系统

1，5，6—联轴器 2—转塔 3—回转轮 4—销柱

螺纹往往需要多次车削，一次切完后刀架退回原处，下一刀必须在上次的起点处开始才不会乱扣。为此，脉冲发生器还发出另一组脉冲，每转一个脉冲，显示工件旋转的位置，以避免乱扣。

工位转塔刀架由液压马达 Y，通过联轴器 5 驱动凸轮轴Ⅶ，轴上装有凸轮 7，凸轮转动时，拨动回转轮 3 上的柱销 4，使回转轮 3、轴Ⅷ和转塔 2 旋转，转塔转动的角度是按照零件加工程序的要求，由微机发出指令控制的。

CK3263B 同其他的数控机床一样，全部工作循环是在数控系统控制下完成的。车削对象改变后，只需改变相应的加工程序，就可适应新的需要。

第四节 铣床和铣刀

铣床用多刃的铣刀进行连续切削，生产率和加工表面质量较高。铣床的工艺范围很广，主要是加工平面，在金属切削机床中所占的比例较大，约占金属切削机床总台数的 25%。

一、铣床的用途

铣床的用途十分广泛，在铣床上可以加工平面、沟槽、分齿零件（齿轮、链轮、棘轮、花键轴等）、螺旋形表面（螺纹、螺旋槽）及各种成形和非成形表面，此外，还可以加工内外回转表面和进行切断，如图 3-16 所示。

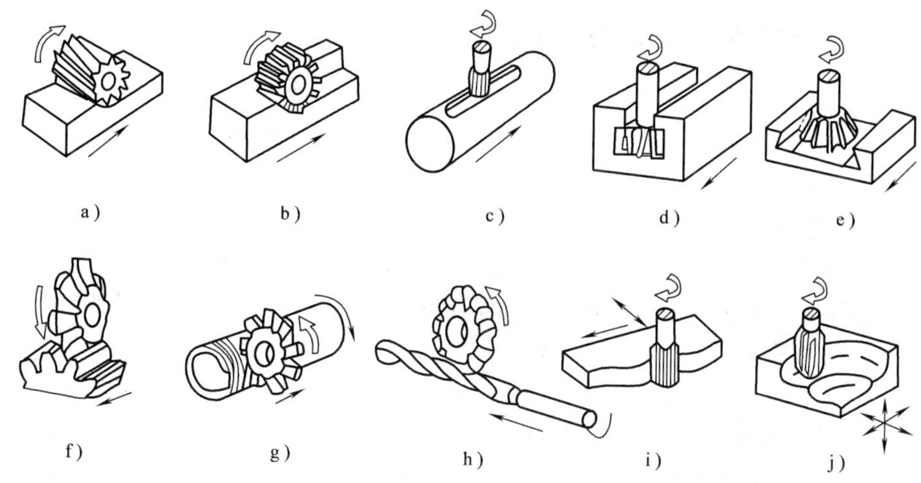

图 3-16 铣床的典型加工表面

a）铣平面 b）铣台阶 c）铣键槽 d）铣 T 形槽 e）铣燕尾槽 f）铣齿槽 g）铣螺纹 h）铣螺旋槽 i）铣二维曲面 j）铣三维曲面

二、铣床的分类及特点

铣床的类型很多，按铣床的控制方式可分为通用铣床和数控铣床；按布局和用途可分为卧式铣床和立式铣床等。常见的通用铣床和数控铣床的类型、特点和应用如表 3-2 所示。

表 3-2 常见通用铣床和数控铣床的类型、特点及应用

<table>
<tr><th colspan="2">类 型</th><th>特 点 及 应 用</th></tr>
<tr><td rowspan="6">通用铣床</td><td>工作台不升降台式铣床</td><td>工作台不能升降，可作纵向和横向进给运动及快速移动；主轴可沿轴线方向作轴向进给或调位移动；可加工大、中型工件的平面和导轨面</td></tr>
<tr><td>卧式万能升降台式铣床</td><td>主轴水平布置，工作台可作纵向、横向和垂直三个方向的进给运动或快速移动，亦可在水平面内作最大角度为 ±45°的回转；适用于加工平面、斜面、沟槽、成型表面和螺旋面等</td></tr>
<tr><td>立式铣床</td><td>主轴垂直布置，工作台可作纵向、横向和垂直三个方向的进给运动或快速移动，主轴可作轴向进给或调位移动，且能在垂直平面内调整一定角度；适用于加工平面、斜面、沟槽、台阶和封闭轮廓表面</td></tr>
<tr><td>工具铣床</td><td>有两个互相垂直的主轴，其中之一能作横向移动；工作台不作横向移动，但能在三个垂直平面内回转一定角度；适用于加工形状复杂的各类刀具的刀槽、刀齿，工具、夹具和模具等</td></tr>
<tr><td>龙门铣床</td><td>横梁和立柱上分别安装铣头，各铣头都有独立的主运动、进给运动和调位移动；工作台可作纵向进给；适用于加工大、中型工件的平面和成型表面</td></tr>
<tr><td>仿型铣床</td><td>利用靠模可加工立体成型表面，如锻模、压模、叶片、螺旋桨的曲面等</td></tr>
<tr><td rowspan="5">数控铣床</td><td>数控仿型铣床</td><td>通过数控装置将靠模移动量数字化后，可得到较高的加工精度，可进行较高速度的仿型加工</td></tr>
<tr><td>数控卧式铣床</td><td rowspan="2">利用数控装置可提高加工效率和加工精度，可以加工手动铣床难以加工的零件</td></tr>
<tr><td>数控立式铣床</td></tr>
<tr><td>数控万能工具铣床</td><td>有手动指令简易数控型、直线点位系统数控型和曲线轨迹系统数控型；操作方便、便于调试和维修</td></tr>
<tr><td>数控龙门铣床</td><td>采用数控装置，能铣削大工件大平面</td></tr>
</table>

三、X6132 型万能卧式升降台铣床

X6132 型号表示工作台面宽度为 320mm 的万能卧式升降台铣床。该机床功率大，转速高，变速范围大，刚性好，操作方便，加工范围广，对产品的适应性强。能加工中小型平面、特型表面、各种沟槽和小型箱体上的孔。

1. 主要组成部件

如图 3-17 所示，床身 2 固定在底座 1 上，用来安装和支承其他部件。床身内装有主轴部件、主变速传动装置及变速操纵机构。悬梁 3 安装在床身顶部，可沿燕尾槽导轨前后调整位置。悬梁上的刀杆支架 4 用于支承刀杆，以提高刚性。升降台 8 安装在床身前侧面的垂直导轨上，可作上下移动。升降台内装有进给运动传动装置和操纵机构。升降台的水平导轨上装有床鞍 7，可沿主轴轴线方向横向移动。床鞍上装有回转盘 9。回转盘上面的燕尾形导轨上装有工作台 6，工作台可沿导轨作垂直于主轴轴线方向的纵向移动，同时，工作台通过回转盘可绕垂直轴线在 -45° ~45°范围内调整角度，以铣削螺旋表面。

2. 主要部件结构

（1）主轴部件　主轴部件用于安装铣刀并带动其旋转，是保证机床精度和表面质量的关键部件。由于铣削力呈周期性变化，容易引起振动，因此主轴部件必须具有较高的刚性和抗振性。主轴采用三支承结构以提高刚性。图 3-18 所示为 X6132 型万能卧式升降台铣床主轴部件结构，前支承 6 采用圆锥滚子轴承，用于承受径向力和向左的轴向力；中间支承 4 采用圆锥滚子轴承，用于承受径向力和向右的轴向力；后支承 2 为辅助支承，采用单列深沟球轴承，只承受径向力。

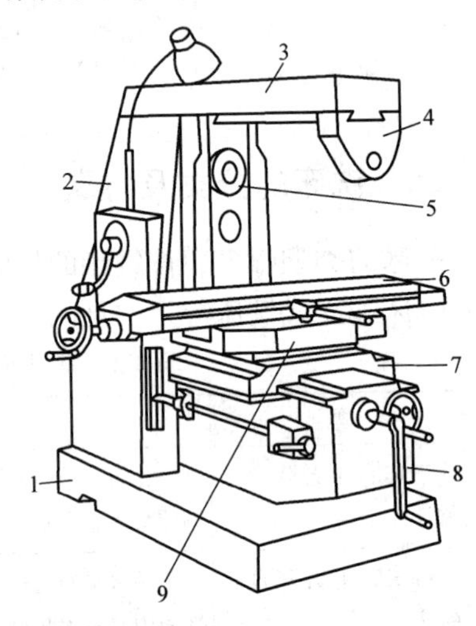

图 3-17　X6132 型万能卧式升降台铣床

1—底座　2—床身　3—悬梁　4—刀杆支架　5—主轴　6—工作台　7—床鞍　8—升降台　9—回转盘

飞轮 9 用螺钉和定位销与主轴 1 上的大齿轮紧固在一起，利用它在高速运转中的惯性，缓解由于断续切削引起的冲击振动。主轴是一空心轴，前端有 7:24 的精密锥孔，作为刀具定位用；端面键 8 用螺钉固定在径向槽中，用于传递转矩。锥孔用于刀具、刀具心轴的定心。由于 7:24 的锥度不能自锁，需用拉杆从主轴尾部通过中心孔把刀具、刀具心轴拉紧在锥孔内。

（2）孔盘变速操纵机构　X6132 型铣床的主要运动及进给运动都采用了孔盘变速操纵机构进行控制。如图 3-19 所示为利用孔盘变速操纵机构控制三联滑移齿轮的原理图。该机构由孔盘 4、齿条轴 2 和 2′、齿轮 3 及拨叉 1 组成（如图 3-19a 所示）。

孔盘 4 上划分了几组直径不同的圆周，每个圆周又划分成 18 等分。根据变速时滑移齿轮不同位置的要求，这 18 个位置对应大孔、小孔和无孔三种状态。齿条轴 2、2′上加工出直径分别为 D 和 d 的两段台肩。其中直径为 D 的台肩能穿过孔盘的大孔，直径为 d 的台肩能穿过小孔。变速时，先将孔盘右移，使其退离齿条轴，然后根据变速要求，转动孔盘一定角度，再使孔盘左移复位，复位时孔盘与齿条轴对应状态有三种：①孔盘上对应齿条轴 2 的位置无孔，而对应 2′的位置为大孔，孔盘复位时，向左推齿条轴 2，并通过拨叉将三联滑移齿

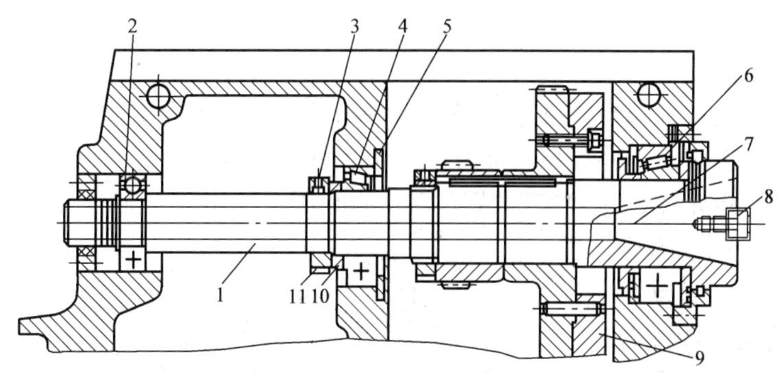

图 3-18 主轴部件结构

1—主轴 2—后支承 3—锁紧螺钉 4—中间支承 5—轴承盖 6—前支承 7—主轴前锥孔 8—端面键 9—飞轮 10—隔套 11—螺母

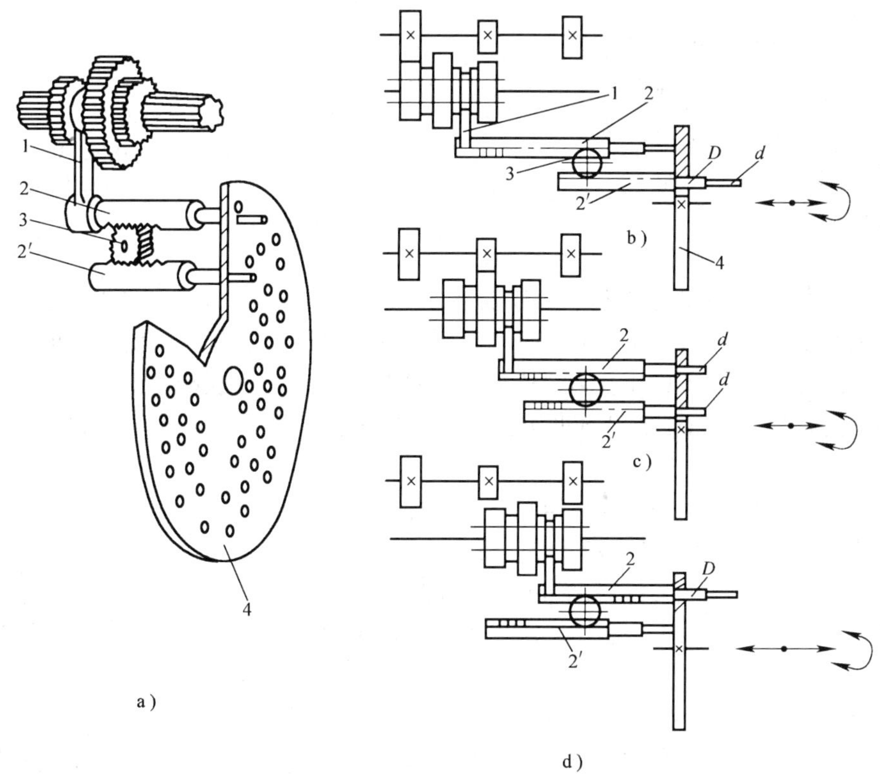

图 3-19 孔盘变速原理图

1—拨叉 2—齿条轴 3—齿轮 4—孔盘

轮推到左位。齿条轴 2′则在齿条轴 2 及小齿轮 3 的共同作用下右移，台肩 D 穿过孔盘上的大孔（如图 3-19b 所示）。②孔盘对应两齿条轴的位置均为小孔，齿条轴上的小台肩 d 穿过孔盘上的小孔，两齿条轴均处于中间位置，从而通过拨叉使滑移齿轮处于中间位置（如图 3-19c 所示）。③孔盘上对应齿条轴 2 的位置为大孔，齿条轴 2′对应无孔，这时孔盘推齿条轴 2′左移，从而通过齿轮 3 使齿条轴 2 的台肩穿过大孔右移，使滑移齿轮处于右位（如图 3-19d

所示）。

3．万能分度头

（1）用途和构造　升降台式铣床配备有多种附件，用于扩大工艺范围，万能分度头是常用的一种附件。加工时，工件装在万能分度头主轴的顶尖或卡盘上，可以完成以下工作：使工件绕轴线回转一定角度，完成等分或不等分的圆周分度工作，如加工方头、六角头、齿轮、链轮等；通过配换齿轮，由分度头带动工件连续转动，与工作台的纵向进给运动相配合，完成螺旋槽、螺旋齿轮和阿基米德螺旋线凸轮的加工；用卡盘夹持工件，使工件轴线相对于工作台倾斜一定角度，用于加工斜面和斜槽等。

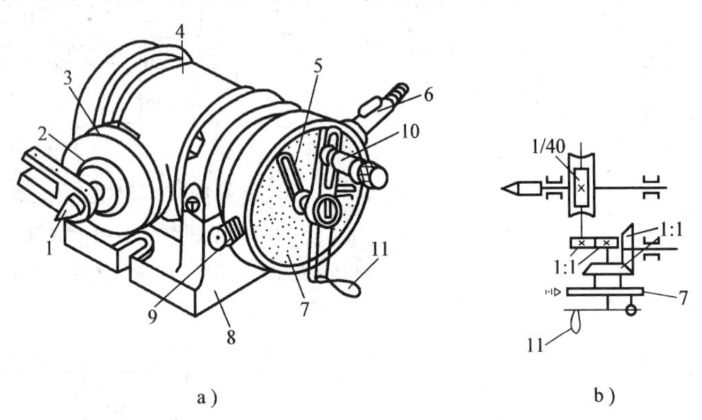

图 3-20　FW125 型万能分度头

1—顶尖　2—分度头主轴　3—刻度盘　4—壳体　5—分度叉　6—分度头外伸轴　7—分度盘　8—底座　9—锁紧螺钉　10—插销　11—分度头手柄

图 3-20 为 FW125 型万能分度头的外形及传动系统。分度头主轴 2 安装在鼓形壳体 4 内，鼓形壳体以两侧轴颈支承在底座 8 上，可绕其轴线回转 -6°～95°。分度头主轴的前端有锥孔，用于安装顶尖 1，其外部有一定位锥体，用于安装三爪卡盘。转动手柄 11，经 1/1 齿轮传动副及 1/40 的蜗杆蜗轮副，带动分度头主轴回转至所需的分度位置。分度手柄转过的转数，由插销 10 所对分度盘 7 上孔圈的小孔数目来确定。这些小孔在分度盘端面上，以不同孔数等分地分布在各同心圆上。FW125 型分度头备有三块分度盘，供分度时选用，每块盘有 8 圈孔，每圈孔数分别为：

第一块　16、24、30、36、41、47、57、59；

第二块　23、25、28、33、39、43、51、61；

第三块　22、27、29、31、37、49、53、63。

插销 10 可在手柄 11 的长槽中沿分度盘半径方向调整位置，以便插入不同孔数的孔圈内。

（2）分度方法

1）直接分度法　用于分度数目较少（如等分 2、3、4、6）或分度精度不高的场合。分度时，先脱开蜗轮蜗杆啮合，用手直接转动分度头主轴进行分度。分度数目由分度头主轴上的刻度盘 3 和固定在鼓形壳体 4 上的游标读出。分度完毕后，用锁紧装置将分度主轴紧固，以免加工时转动。

2）简单分度法　用于分度数目较多且分度时能转过三块分度盘上整个孔间距的场合。分度前松开主轴锁紧装置，将蜗轮蜗杆啮合，用锁紧螺钉 9 将分度盘 7 固定使之不能转动，通过计算选择分度盘及其上的孔圈，调整插销 10 使其对准所选分度盘的孔圈。调整分度叉使它们包含所计算的孔间距。分度时先拔出插销 10，转动手柄 11，带动分度头主轴回转至所需分度位置，然后将插销重新插入分度盘孔中。

设工件所需等分数为 z，即每次分度时分度头主轴应转过 $1/z$ 转。由传动系统（如图 3-20b 所示）可知，手柄 11 每次分度时应转的转数为

$$n_k = \frac{1}{z} \times \frac{40}{1} \times \frac{1}{1} = \frac{40}{z}\text{转}$$

上式可写成如下形式

$$n_k = \frac{40}{z} = a + \frac{p}{q} \tag{3-1}$$

式中　a——每次分度时，手柄应转的整圈数；

p——插销 10 在 q 个孔的孔圈上应转过的孔距数；

q——所选用孔圈的孔数。

例 3-1　在 FW125 型万能分度头上进行分度，分度数 $z=28$；

解　采用简单分度法

$$n_k = \frac{40}{z} = \frac{40}{28} = 1 + \frac{12}{28} = 1 + \frac{21}{49} = 1 + \frac{27}{63}$$

选择第二块盘的 28 个孔的孔圈或第三块盘的 49（63）个孔的孔圈。调整插销至相应的孔圈位置并插入，调整分度叉 5 的夹角，使其内缘在 28（49 或 63）个孔的孔圈上包含 13（22 或 28）个孔。每次分度手柄应转一转再在 28（49 或 63）孔圈上转过 12（21 或 27）个孔间距。

（3）铣螺旋槽的调整　利用万能分度头铣螺旋槽时，应进行如下调整。

1）工件以分度头主轴顶尖和尾座顶尖支承（如图 3-21a 所示），将工作台绕垂直轴线偏转一工件螺旋角 β，使铣刀旋转平面与工件螺旋槽的方向一致。根据螺旋槽的螺旋方向决定工作台偏转方向。

2）用交换齿轮 z_1、z_2、z_3 和 z_4 将工作台纵向进给丝杠与分度头主轴联系起来（如图 3-21b 所示），当工作台和工件沿工件轴线方向移动时，经丝杠、交换齿轮及分度头传动，带动工件作相应的回转运动。

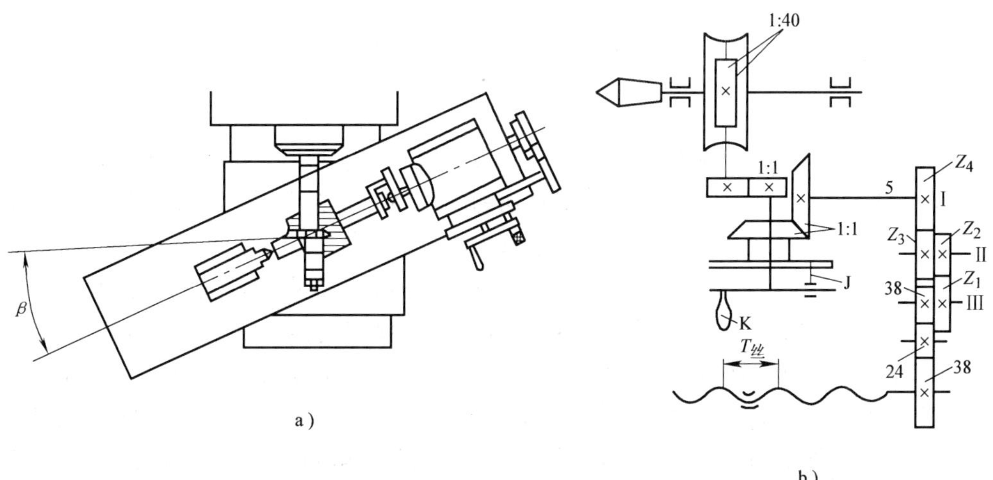

图 3-21　加工螺旋槽的调整

工件转一转，工作台带动工件移动一个工件的导程 T（即纵向进给丝杠转 $T/T_{丝}$ 转），这时即可铣出导程为 T 的螺旋槽。根据传动系统图，可列出运动平衡式

$$\frac{T}{T_{丝}} \times \frac{38}{24} \times \frac{24}{38} \times \frac{z_1}{z_2} \times \frac{z_3}{z_4} \times \frac{1}{1} \times \frac{1}{40} = 1$$

化简得

$$\frac{z_1}{z_2} \times \frac{z_3}{z_4} = \frac{40T_{丝}}{T}$$

式中 $T_{丝}$——工作台纵向丝杠导程（mm）；

T——工件螺旋槽导程（mm）。

3）对于分齿零件（如螺旋齿轮、螺旋铣刀、麻花钻头等），每加工完一个齿槽后，应将工件从加工位置退出，拔出插销 10 使分度头主轴和纵向进给丝杠断开运动联系，然后用简单分度法对工件分度。

例 3-2 在 X6132 型万能铣床上采用 FW125 型万能分度头，加工右旋螺旋齿圆柱铣刀的容屑槽，其外径 $D=63$mm，螺旋角 $\beta=30°$，齿数 $z=14$，试进行铣床及分度头的调整计算 。

解

$$T = \frac{\pi D}{\tan\beta} = \frac{\pi \times 63}{\tan 63°} = 342.8\text{mm}$$

X6132 型万能铣床纵向进给丝杠导程 $T_{丝}=6$mm。

故

$$\frac{z_1}{z_2} \times \frac{z_3}{z_4} = \frac{40T_{丝}}{T} = \frac{40 \times 6}{342.8} \approx \frac{7}{10}$$

即

$$\frac{z_1}{z_2} \times \frac{z_3}{z_4} = \frac{7}{10} = \frac{7}{5} \times \frac{1}{2} = \frac{56}{40} \times \frac{24}{48}$$

每次分度时手柄转数为

$$n_k = \frac{40}{z} = \frac{40}{14} = 2 + \frac{6}{7} = 2 + \frac{24}{28}$$

加工时，将铣床工作台沿逆时针方向偏转角度 $\beta=30°$。

四、铣刀

1. 铣刀的种类

（1）圆柱铣刀 用于卧式铣床加工平面。主要用高速钢制造，也可以镶焊螺旋形的硬质合金刀片。圆柱铣刀采用螺旋形刀齿以提高切削的平稳性，它在圆柱表面上有主切削刃，没有副切削刃。圆柱铣刀的外径、长度和孔径标志在端面上。如图 3-22a 所示。

（2）端铣刀 用于立式铣床上加工平面，其主切削刃分布在圆锥或圆柱表面上，端部切削刃为副切削刃。端铣刀主要采用硬质合金刀齿。故生产率较高。如图 3-22b 所示。

（3）盘形铣刀 盘形铣刀分为槽铣刀、两面刃铣刀、三面刃铣刀和错齿三面刃铣刀。槽铣刀仅在圆柱表面上有刀齿，两端面是一个内凹的锥面（锥角为 179°）。一般用于加工浅槽。如图 3-22c 所示；两面刃铣刀除圆柱表面有刀齿外，在一侧端面上也有刀齿，为了改善端部切削刃的工作条件，可以采用斜齿的结构，两面刃铣刀用于加工台阶面，如图 3-22d 所示；三面刃铣刀是在两侧面上都有切削刃，为了改善这种铣刀切削刃的工作条件，可采用错齿的

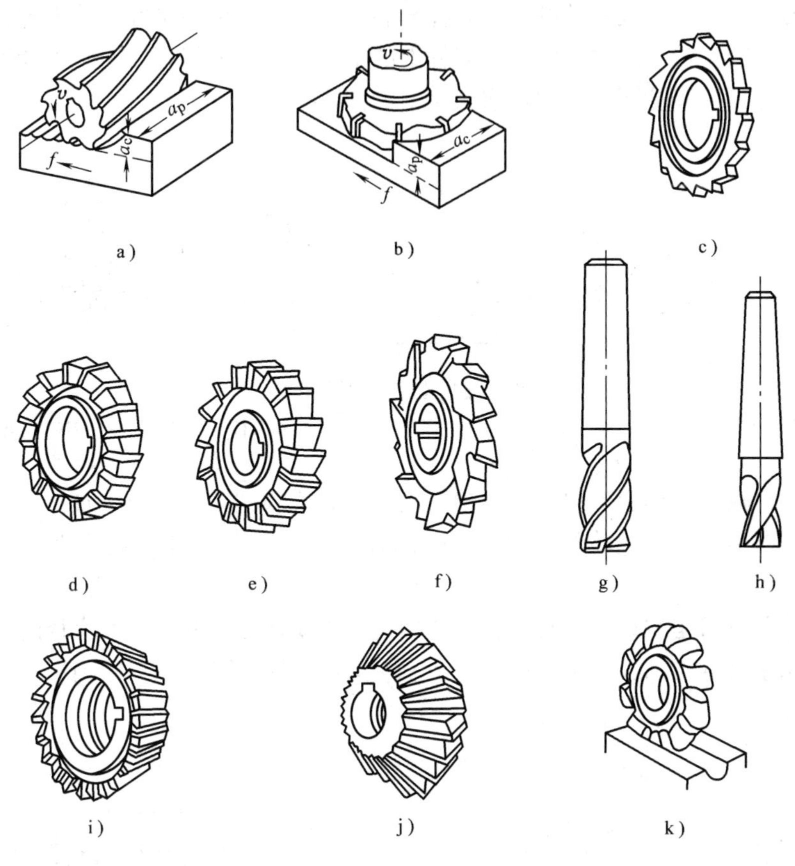

图 3-22　铣刀的类型

a）圆柱铣刀　b）端铣刀　c）槽铣刀　d）两面刃铣刀　e）三面刃铣刀　f）错齿三面刃铣刀　g）立铣刀　h）键槽铣刀　i）单角度铣刀　j）双角度铣刀　k）成形铣刀

结构，三面刃铣刀用于切槽和台阶面，如图 3-22e、图 3-22f 所示。

(4) 锯片铣刀　用于切削窄槽或切断材料，这是薄片的槽铣刀。

(5) 立铣刀　用于加工平面、台阶、槽和相互垂直的平面，利用锥柄或直柄固定在机床的主轴上。立铣刀圆柱表面上的切削刃是主切削刃，端刃是副切削刃。用立铣刀铣槽时槽宽有扩张，故应取直径比槽宽略小的铣刀（0.1mm 以内），如图 3-22g 所示。

(6) 键槽铣刀　仅有两个刀瓣，既象立铣刀又象钻头，它可以沿轴向钻孔，然后沿键槽方向运动铣出键槽的全长。键槽铣刀重磨时只磨端刃，如图 3-22h 所示。

(7) 角度铣刀　用于铣削沟槽和斜面，它分为单角度铣刀（如图 3-22i 所示）和双角度铣刀（如图 3-22j 所示）。角度铣刀大端与小端相差较大时，小端容屑空间过小，为了增大容屑空间，常常将小端的齿数减少一半。

(8) 成形铣刀　用于加工成形表面，其刀齿齿形要根据加工工件的形状来确定，如图 3-22k 所示。

2. 铣刀的安装

(1) 带孔铣刀的安装　带孔铣刀安装在刀杆上，在不影响加工的情况下，应尽量使铣刀靠近主轴或刀杆支架，以提高其刚性。刀杆套和铣刀端面的两端必须保持平行，不得有毛刺或粘有切屑，以减少铣刀的端面跳动。刀杆上的平键用于传递扭矩，对于锯片铣刀，可不使用平键，而是靠刀杆套端面摩擦力传递扭矩，如图3-23所示。

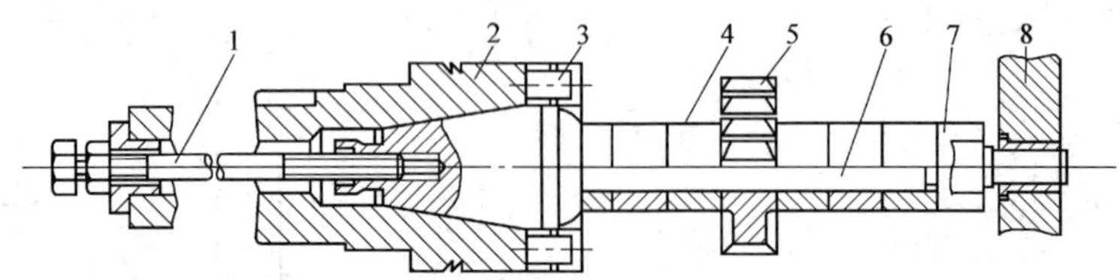

图3-23 带孔铣刀的安装

1—拉杆 2—主轴 3—端面键 4—刀杆套 5—铣刀 6 刀杆 7—螺母 8—刀杆支架

在铣刀装好后，可用手反向转动主轴，用百分表检验铣刀的跳动（如图3-24所示）。一般圆柱铣刀安装后的径向跳动不应大于0.05mm，否则，将影响工件的表面粗糙度和加剧铣刀的磨损。

另一类带孔铣刀是端铣刀，直径较小的端铣刀仍安装在刀杆上。大直径的端铣刀，则直接安装在铣床主轴的端部，以主轴端部的外圆定心，端面键传递扭矩，四个螺钉紧固（如图3-25所示）。

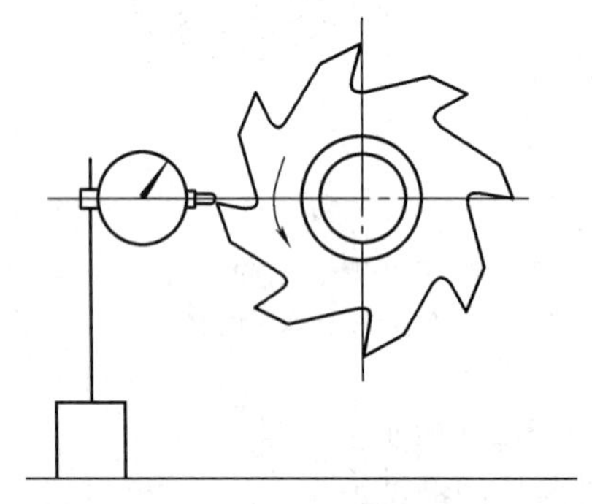

图3-24 铣刀安装后径向跳动的检验

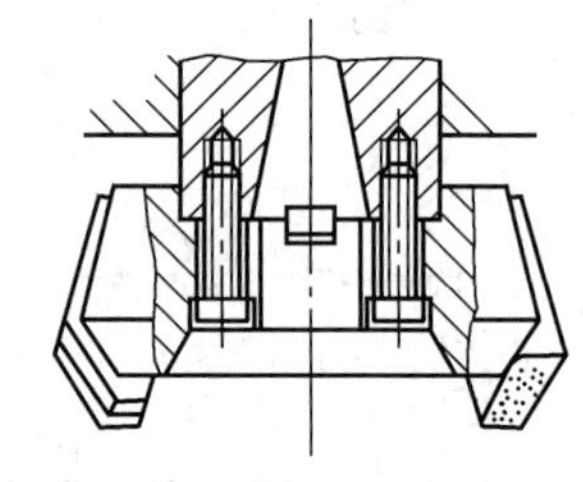

图3-25 大径端铣刀的安装

（2）带柄铣刀的安装 柱柄铣刀可用三爪卡盘或弹簧夹头安装（如图3-26所示），直径较小的柱柄铣刀也可用钻夹头安装。锥柄铣刀可直接安装在主轴锥孔中，或使用过渡锥套（如图3-27所示）。带柄铣刀安装好后，也可用百分表检验它的跳动，以保证铣刀安装正确。

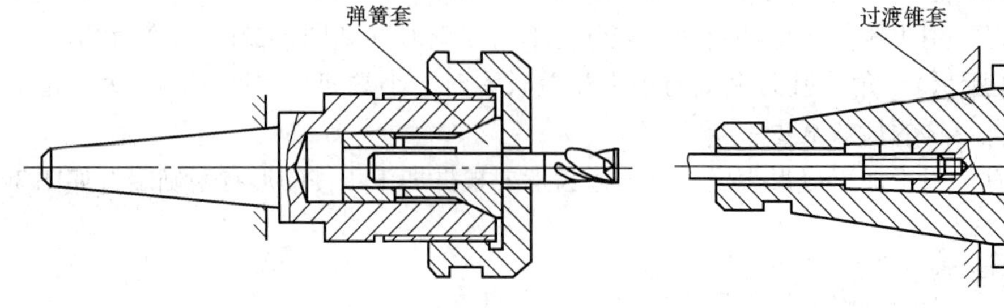

图3-26 使用弹簧夹头安装柱柄铣刀

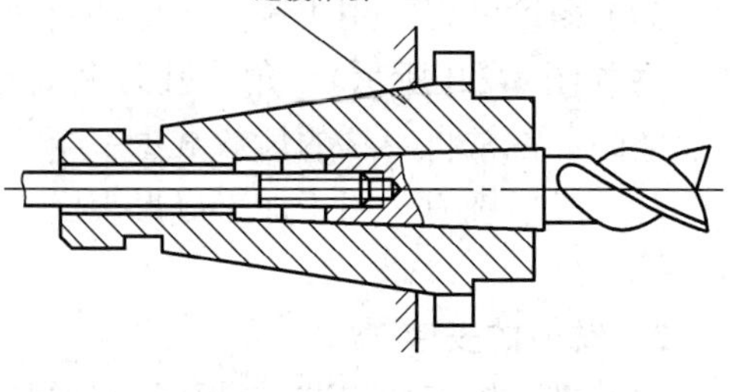

图3-27 使用过渡锥套安装锥柄铣刀

五、XK5032立式升降台数控铣床

XK5032立式升降台数控铣床可完成铣削、镗削、钻削及攻丝等功能的自动工作循环，特别适合用于加工各种形状复杂的凸轮、样板、模具等零件，其加工精度高，适应性强。

XK5032立式升降台数控铣床主要由床身立柱6、控制系统、主轴箱5、工作台3、升降台2、液压部分、气动部分及电气部分组成，如图3-28所示。主轴部件由控制系统控制，可沿床身立柱6作垂直方向的运动，摇动手柄1可使升降台2带着工作台3作垂直方向的运动，工作台由系统控制可实现纵向和横向的运动。

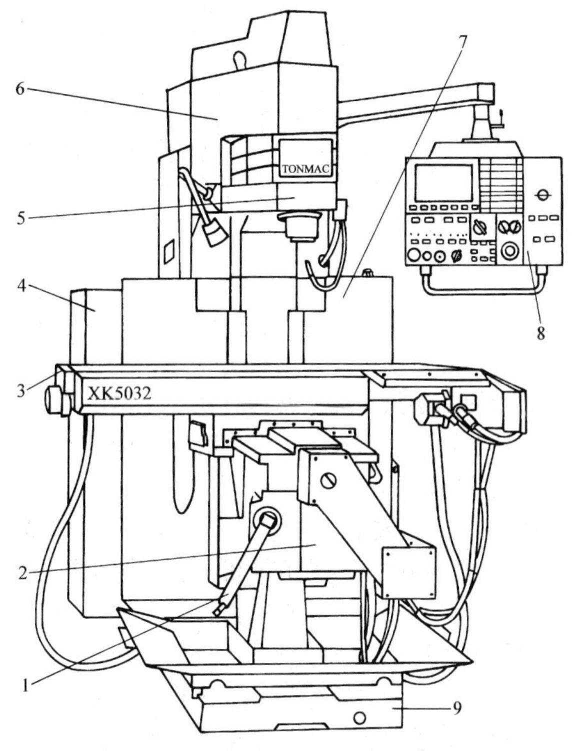

图3-28　XK5032立式升降台数控铣床外形图
1—手柄　2—升降台　3—工作台　4、7—控制箱　5—主轴箱　6—床身立柱　8—操作面板　9—床身底座

XK5032立式升降台数控铣床可实现三轴三联动控制，并可附加第四控制轴。机床工作台、床鞍及主轴套筒进给均采用宽调速交流伺服电动机，经过一对同步带轮副及滚珠丝杠螺母副驱动，提高了进给系统的刚性和定位精度。伺服电动机内装有脉冲编码器，位置及速度反馈信息均由此取得，构成半闭环控制系统。

机床主要操作均在键盘和按钮面板上。显示器用来显示输入程序内容、机床位置和已存储的各种信息。如果配有图形显示选择功能，则可模拟显示刀具中心运动轨迹，用于检验编制程序是否正确。

加工程序除用MDI方式由键盘输入外，也可利用计算机及外部设备经RS—232C通讯串行接口输入。

机床主轴变速采用交流变频调速，冷却方式为液冷。

主轴起动和停止、主轴转速、进给量等由相应指令给定，有的也可由手动操作执行。

第五节　钻、镗床及其刀具

一、钻床和麻花钻

钻床是孔加工的主要机床。加工时，刀具作旋转主运动，同时沿轴向移动作进给运动。故钻床适用于加工外形较复杂，没有固定回转轴线的孔，尤其是多孔加工，如加工箱体、机架等零件上的孔。钻床上可完成钻孔、扩孔、铰孔、锪平面以及攻螺纹等工作。使用的孔加工刀具主要有麻花钻、中心孔钻、扩孔钻、深孔钻、绞刀、丝锥、锪钻等。其加工方法如图

3-29 所示。

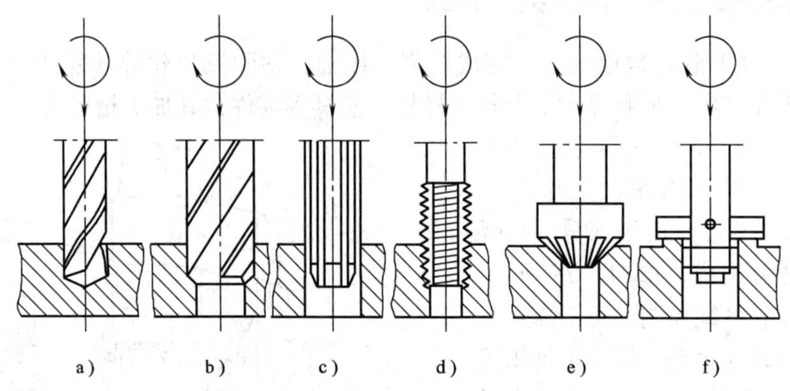

图 3-29 钻床的加工方法

a) 钻孔 b) 扩孔 c) 铰孔 d) 攻螺纹 e) 钻埋头孔 f) 锪平面

钻床的主参数是最大钻孔直径。根据用途和结构的不同，钻床可分为：立式钻床、台式钻床、摇臂钻床、深孔钻床及中心孔钻床等。

1. 立式钻床

图 3-30 为立式钻床的外形。变速器固定在立柱顶部，内装主电动机和变速机构及其操纵机构。进给箱内有进给变速机构及操纵机构。进给箱右侧的手柄用于使主轴升降。加工时工件直接或通过夹具安装在工作台上，主轴的旋转运动由电动机经变速器传动。加工时主轴既作旋转的主运动，又作轴向的进给运动。工作台和进给箱可沿立柱上的导轨调整其上下位置，以适应在不同高度的工件上进行钻削工作。立式钻床还有其他一些形式，例如有的立式钻床变速器和进给箱合为一个箱，有的立式钻床立柱截面是圆的。

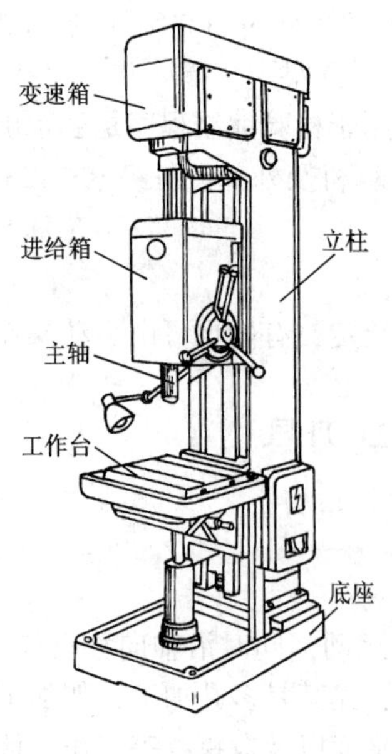

图 3-30 立式钻床外形

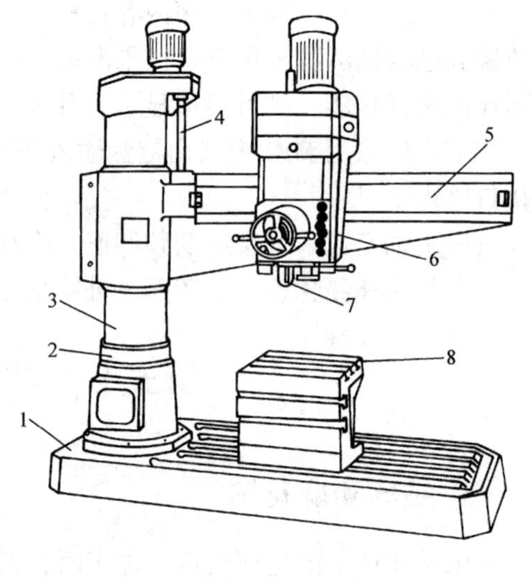

图 3-31 摇臂钻床

1—底座 2—内立柱 3—外立柱 4—丝杠 5—摇臂 6—主电机 7—主轴 8—工作台

立式钻床上用移动工件的办法使加工孔的中心与主轴的中心对中，因而操作不便，生产率不高，常用于单件、小批生产中加工中、小型工件。

2. 摇臂钻床

摇臂钻床是一种摇臂可绕立柱回转和升降，主轴箱又可在摇臂上作水平移动的钻床。图3-31为摇臂钻床外形图。工件固定在底座1的工作台8上，主轴7的旋转和轴向进给运动是由电动机通过主轴箱6来实现的。主轴箱可在摇臂5的导轨上移动，摇臂通过电动机及丝杠4的传动，可沿外立柱3上下移动，外立柱3可绕内立柱2在±180°范围内回转。由此主轴可方便地调整到加工位置，这就为单件、小批量生产中，加工大而重的工件上的孔带来了很大的方便。

3. 其他钻床

台式钻床是一种主轴垂直布置的小型钻床，钻孔直径在15mm以下。由于加工孔径较小，台钻主轴的转速可以很高，台钻小巧灵活，使用方便，但一般自动化程度较低，适用于单件、小批生产中加工小型零件上的各种孔。

深孔钻床是用特制的深孔钻头，专门加工深孔的钻床，如加工炮筒、枪管和机床主轴等零件中的深孔。为减少中心线的偏斜，通常是由工件转动作为主运动，钻头只作直线进给运动。为避免机床过高和便于排屑，深孔钻床一般采用卧式布局。为保证获得良好的冷却效果，在深孔钻床上配有周期退刀排屑装置及切削液输送装置，使切削液由刀具内部输送到切削部位。

4. 麻花钻

钻孔在孔加工中占有很大的比重。麻花钻是钻孔的主要刀具。它可在实心材料上钻孔，也可用来扩孔。尤其是加工ϕ30mm以下的孔，麻花钻是孔加工的主要刀具。

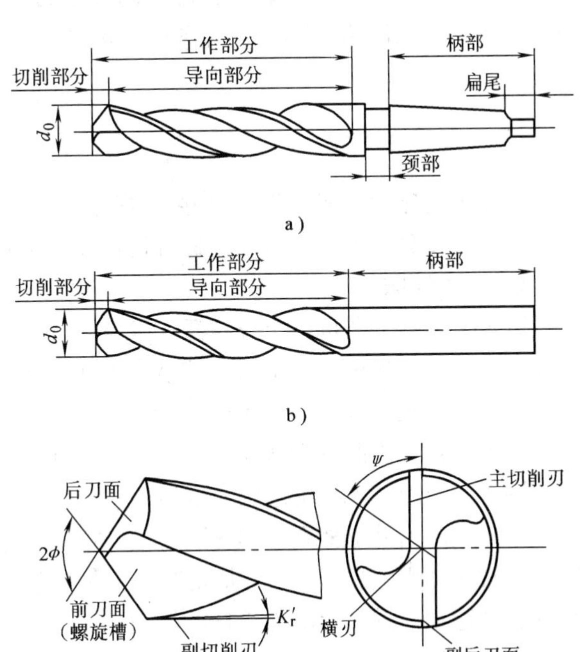

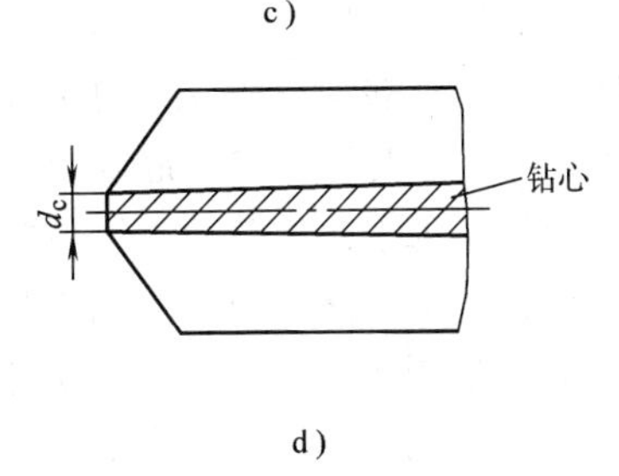

图3-32　标准高速钢麻花钻

（1）标准高速钢麻花钻的结构　标准高速钢麻花钻由工作部分、颈部及柄部三部分组成（如图3-32a所示）。

1）工作部分　工作部分分为切削部分和导向部分，分别担负切削和引导的工作，切削部分可看成由两把镗刀组成的。它有两个前刀面、两个后刀面、两个副后刀面、两个主切削刃、两个副切削刃和一个横刃，如图3-32c所示。为增加钻头的刚度和强度，工作部分的钻芯直径d_c朝柄部方向递增，如图3-32d所示。

2）刀柄　刀柄是钻头的夹持部分，用于传递转矩。有直柄和锥柄两种。前者用于小直径钻头，后者用于大直径钻头。

3）颈部　颈部用于磨锥柄时砂轮退刀，也是打印标记的地方。直柄麻花钻一般不制有颈部（如图3-32b所示）。

（2）麻花钻的修磨　由于麻花钻的结构所限，使它存在许多缺点。如前角变化太大，外圆处为+30°，靠近钻芯处为-30°，横刃前角在-55°左右，副后角为零，加剧了钻头和孔壁的摩擦；主切削刃太长，切屑太宽，排屑困难，轴向力大等。为改善其切削性能，需对麻花钻进行修磨。

主要修磨方法有：将横刃磨短以增大横刃前角，修磨主切削刃，增加分屑槽，修磨顶角，改善边缘的散热条件。如有条件，可按群钻进行修磨，这将大大改善麻花钻的切削性能。

二、镗床和镗刀

镗床类机床的主要工作是用镗刀进行镗孔。此外，还可进行钻孔、铣平面和车削等工作。镗床主要分为卧式镗床、坐标镗床以及金刚镗床等。

1. 卧式镗床

卧式镗床的工艺范围十分广泛，除镗孔外，还可钻孔、扩孔和铰孔；可铣削平面、成形面及各种沟槽；还可在平旋盘上按装车刀车削平面、短圆柱面、内外环形槽及内外螺纹等。因此，零件可在一次安装中完成大量的加工工序。卧式镗床特别适合加工形状复杂和位置要求严格的孔系，因此常用来加工尺寸较大、形状复杂、具有孔系的箱体、机架、床身等零件。图3-33为卧式镗床的主要加工方法。

卧式镗床的外形如图3-34所示。主轴箱1可沿前立柱2的导轨上下移动。在主轴箱中，装有镗轴3、平旋盘4、主运动和进给运动变速传动机构和操纵机构。主运动为镗杆和平旋盘的旋转运动，进给运动为镗杆的轴向进给运动，平旋盘刀具溜板的径向进给运动，主轴箱的垂直进给运动，工作台纵、横向进给运动。装在后立柱10上的后支架9，用于支承悬伸长度较大的镗杆，以增加刚性。后支架可沿后立柱上的导轨与主轴箱同步升降，以保证支架孔与镗杆在同一轴线上。后立柱可沿床身8的导轨移动，以适应镗杆的不同长度。工件安装在工作台5上，可与工作台一起随下滑座7和上滑座6作纵向或横向移动。工作台还可绕上滑座的圆导轨在水平面内转位，以便加工互相成一定角度的平面或孔。使用浮动镗刀块可以进行浮动镗孔加工，浮动镗刀块属定尺寸刀具，它安装在镗刀杆的方槽中，沿镗刀杆径向可以自由滑动（如图3-33i所示），其加工精度和表面质量都较好，生产效率高。

目前卧式镗床已在很大程度上被卧式加工中心所取代。

2. 坐标镗床

坐标镗床具有测量坐标位置的精密测量装置，它的主要零部件的制造精度和装配精度都很高，具有良好的刚性和抗振性，它是一种高精度机床。主要用于镗削精密的孔（IT5级以上）和位置精度要求很高的孔系（定位精度达0.002~0.01mm），例如，钻模、镗模的精密孔。

坐标镗床的工艺范围很广，除镗孔、钻孔、扩孔、铰孔以及精铣平面和沟槽外，还可进行精密刻线和划线以及进行孔距和直线尺寸的精密测量工作。坐标镗床过去主要用在工具车

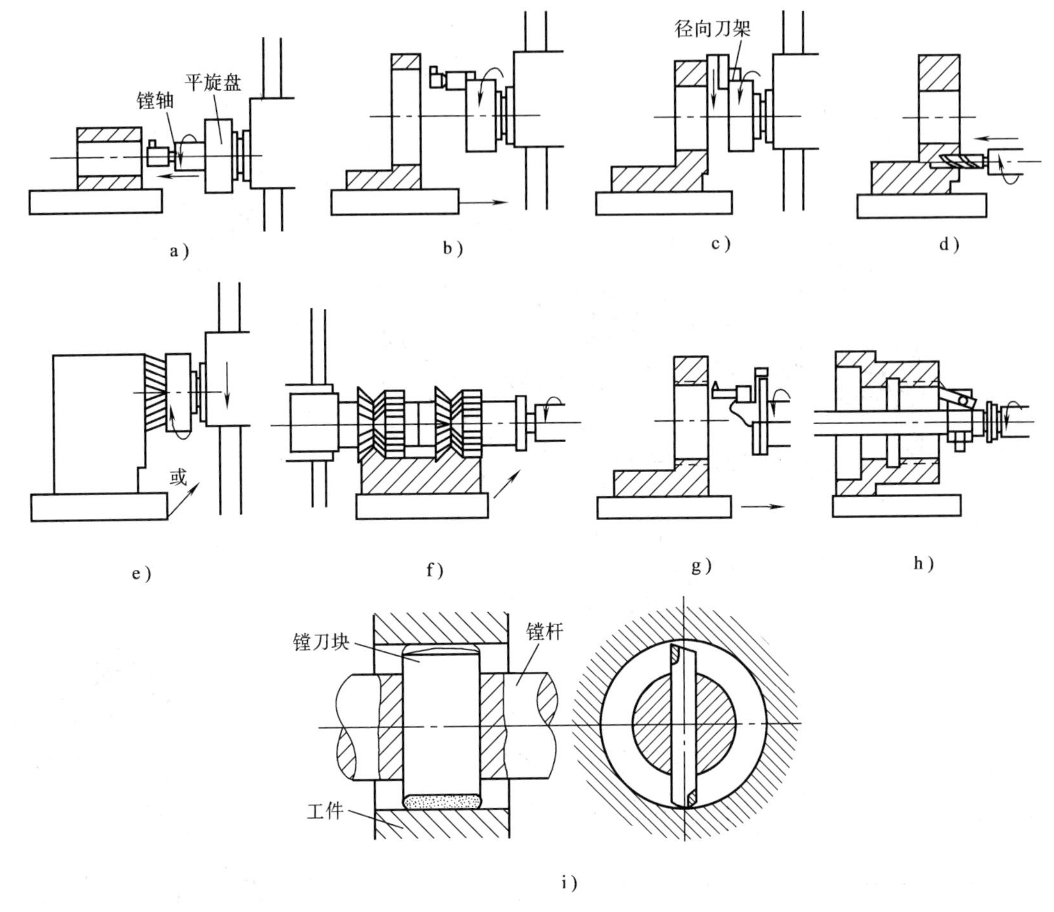

图 3-33 卧式镗床的主要加工方法

间制造钻、镗模，现在应用到生产车间成批地加工精密孔系，如飞机、汽车和机床等行业加工箱体零件的轴承孔。

根据坐标镗床的布局和型式的不同可分为立式单柱、立式双柱和卧式等类型。立式坐标镗床适宜加工轴线与安装基面（底面）垂直的孔系和铣削顶面；卧式坐标镗床适宜加工轴线与安装基面平行的孔系和铣削侧面。坐标镗床的主要参数是工作台的宽度。

3. 金刚镗床

金刚镗床是一种高速精镗床，因为它以前采用金刚石镗刀而得名，现在已广泛使用硬质合金刀具。这种机床的特点是切削速度很高，而切深和进给量极小，因此可加工出质量很高的表面（表面粗糙度一般为 0.08 ~ 1.25μm）和尺寸精度（0.003 ~ 0.005mm）。金刚镗床主要用于成批和大量生产中，常用于加工发动机的气缸、连杆、活塞等零件上的精密孔。

金刚镗床的种类很多，按布局形式可分为单面、双面和多面；按主轴的位置可分为立式、卧式和倾斜式；按主轴的数量可分为单轴、双轴和多轴等。根据加工要求，选择其具体形式。

4. 镗刀

镗刀的种类很多，一般可分为单刃镗刀和多刃镗刀两大类。

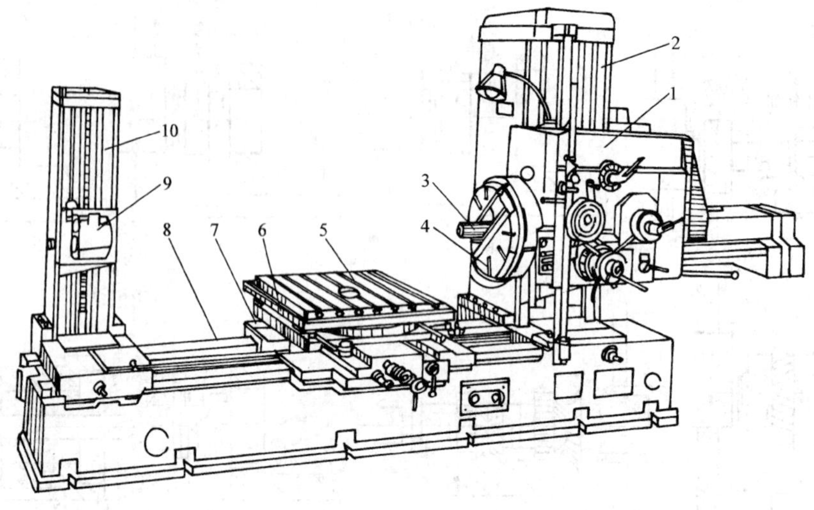

图 3-34 卧式镗床外形图

1—主轴箱 2—立柱 3—镗轴 4—平旋盘 5—工作台 6—上滑座 7—下滑座 8—床身 9—后支架 10—后立柱

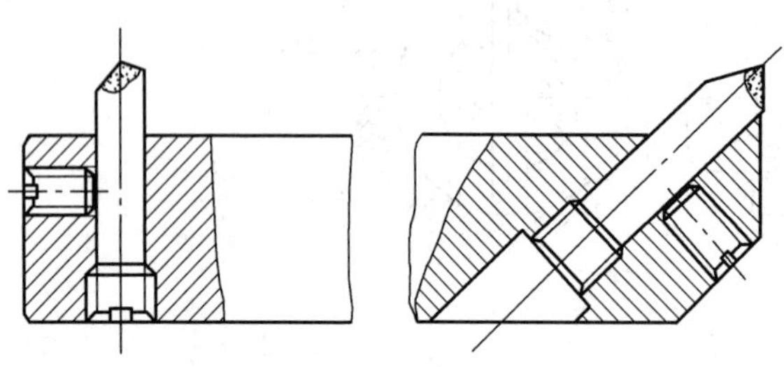

图 3-35 单刃镗刀图

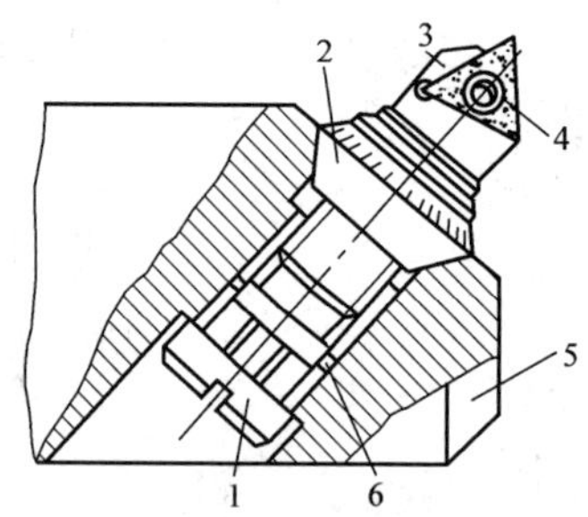

图 3-36 微调镗刀

1—紧固螺钉 2—精调螺母 3—刀块 4—刀片 5—镗杆 6—导向键

(1) 单刃镗刀 单刃镗刀结构简单，制造容易，通用性好，故使用较多。单刃镗刀一般均有调节装置，如图 3-35 所示。

在精镗机床上常采用微调镗刀以提高调整精度（如图 3-36 所示）

(2) 双刃镗刀 如图 3-37 所示，双刃镗刀两边都有切削刃，工作时可以消除径向力对镗杆的影响，工件的孔径尺寸与精度由镗刀径向尺寸保证。镗刀上的两个刀片可以径向调整，因此，可以加工一定尺寸范围的孔。双刃镗刀多采用浮动连接结构，刀块 2 以动配合状态浮动地安装在镗杆的径向孔中，工作时，刀块在切削力的作用下保持平衡对中，可以减少镗刀块安装误差及镗杆径向跳动引起的误差。双刃浮动镗应在单刃镗之

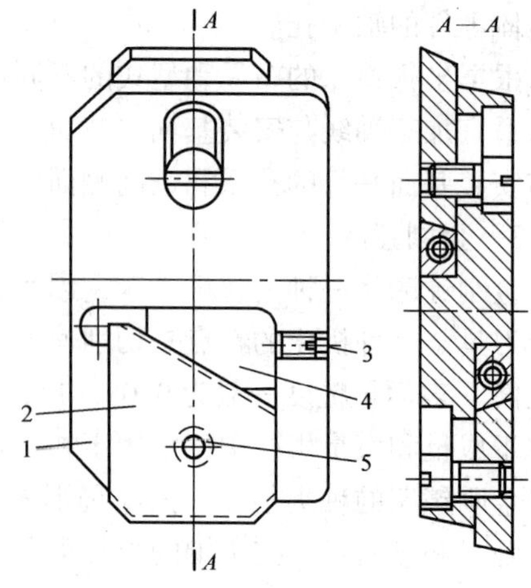

图 3-37 双刃镗刀

1—刀块 2—刀片 3—调节螺钉 4—斜面垫板 5—紧固螺钉

后进行。

第六节　磨床和砂轮

一、概述

磨床是用磨料磨具（如砂轮、砂带、油石、研磨料）为工具进行切削加工的机床。它们是由于精加工和硬表面加工的需要而发展起来的，目前也有少数应用于粗加工的高效磨床。用砂轮在磨床上对工件进行磨削加工，易使工件达到较高的尺寸精度和较小的表面粗糙度值要求。在一般磨削加工中，加工精度可达 IT5 ~ IT7 级，表面粗糙度为 $R_a = 0.32 \sim 1.25\mu m$；在超精磨削和镜面磨削中，可分别达到 $R_a = 0.04 \sim 0.08\mu m$ 和 $R_a = 0.01\mu m$。磨削加工还适合淬硬钢和高硬度的特殊金属材料和非金属材料。

磨床的种类很多，主要类型有外圆磨床和万能磨床、内圆磨床、平面磨床、无心磨床、各种工具磨床、各种刀具刃具磨床和专门化磨床，如曲轴磨床、凸轮轴磨床及导轨磨床等，还有珩磨机、研磨机和超精加工机床等。

二、M1432A 型万能外圆磨床

M1432A 型万能外圆磨床主要用于磨削圆柱形或圆锥形的内外圆表面，还可以磨削阶梯轴的轴肩和端面。该机床的工艺范围较广，但磨削效率不够高，适用于单件小批生产，常用于工具车间和机修车间。

1. 机床的布局

M1432A 型万能外圆磨床的外形如图 3-38 所示。其主要组成部件如下：

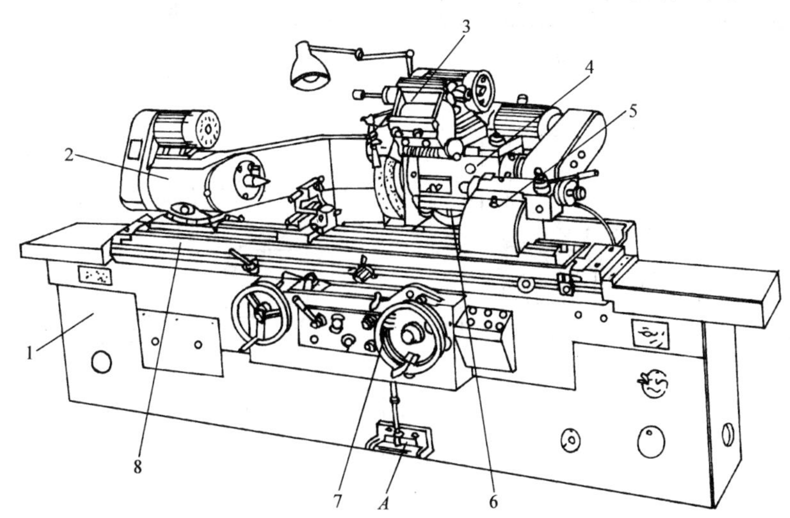

图 3-38　M1432A 型万能外圆磨床的外形

1—床身　2—头架　3—内圆磨具　4—砂轮架　5—尾座　6—滑鞍　7—手轮　8—工作台

（1）床身 1　床身结构为封闭箱体，刚性好，是磨床的基础支承件，在其上装有砂轮架、

头架、尾座及工作台等部件。床身内部装有液压缸及其它液压元件，用来驱动工作台和横向滑鞍的移动。

(2) 头架2　用于安装及夹持工件，并带动工件旋转。在水平面内可逆时针转动90°。

(3) 内圆磨具3　用于支承磨内孔的砂轮主轴。内圆磨具主轴由单独的电动机驱动。

(4) 砂轮架4　用于支承并传动高速旋转的砂轮主轴。砂轮架装在滑鞍6上，可在水平面内调整±30°，用以磨削短圆锥面。

(5) 尾座5　尾座和头架的前顶尖一起支承工件。

(6) 工作台8　它由上、下两层组成，上工作台的上面装有头架和尾架，用以支承工件。上工作台的顶面向砂轮架方向向下倾10°角，使头架、尾架能因自重而紧贴工作台外侧的定位基准面。另外，倾斜的顶面还有利于切削液带走切屑。上工作台可相对于下工作台在水平面内偏转±10°，用以磨削锥度较小的长锥面。

另外还有滑鞍及横向进给机构6和横向进给手轮等部件。

2. 机床的运动及加工方法

如图3-39为磨床上几种典型的加工示意图。机床应具有的运动为：磨外圆砂轮的旋转主运动 $n_{砂}$ 和磨内孔砂轮的主运动 $n_{内}$；工件的旋转圆周进给运动 $f_{周}$；工件往复纵向进给运动 $f_{纵}$；砂轮架横向进给运动 $f_{横}$。机床的辅助运动为：砂轮架横向快进快退，尾座套筒的伸缩运动等。

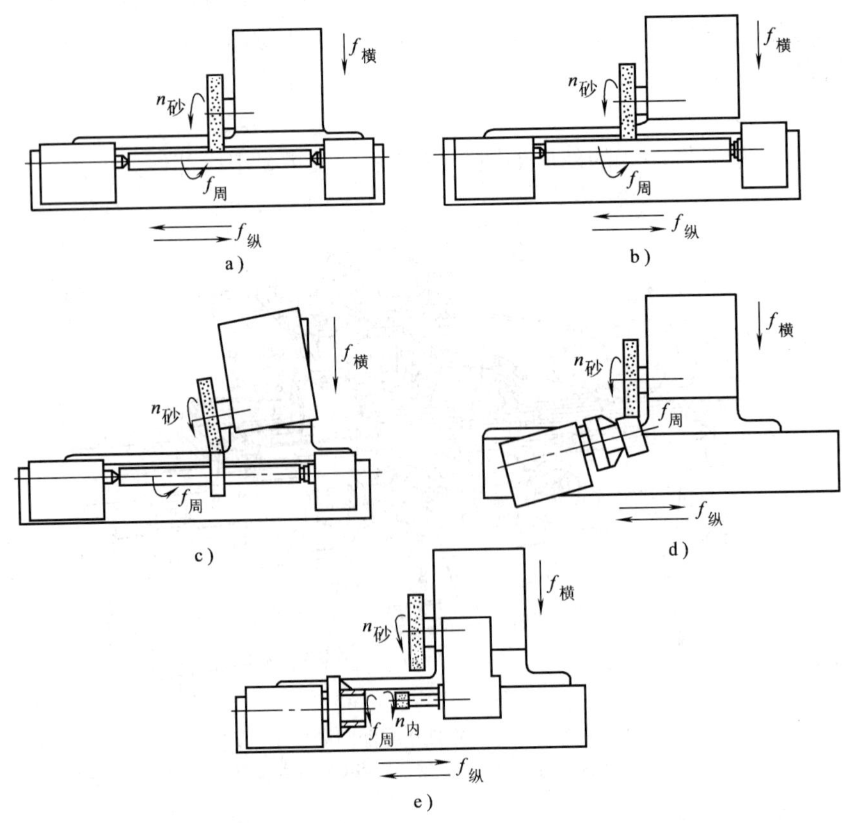

图3-39　M1432A型万能外圆磨床典型加工示意图

（1）纵向磨削法　如图3-39a、b、d、e所示，是使工作台作纵向往复运动磨削的方法，此方法共需四个运动：砂轮的旋转主运动 $n_{砂}$ 或 $n_{内}$；工件的旋转圆周进给运动 $f_{周}$；工件往复纵向进给运动 $f_{纵}$；砂轮架横向间歇进给运动 $f_{横}$。

（2）切入磨法　如图3-39c所示，是用宽砂轮进行横向切入磨削的方法。此方法共需三个运动：磨外圆砂轮的旋转主运动 $n_{砂}$；工件的旋转圆周进给运动 $f_{周}$；砂轮架横向连续进给运动 $f_{横}$。

三、其他磨床

1. 平面磨床

平面磨床中，应用较多的是卧轴矩台式平面磨床，图3-40是砂轮架移动的卧轴矩台平面磨床。工作台2上装有电磁吸盘，用于装夹具有导磁性的工件，也可用夹具装夹非导磁性工件。工作台可沿床身1导轨作纵向往复运动（由液压装置驱动）。砂轮架3可沿滑座的燕尾导轨作间歇的进给运动，滑座和砂轮架一起沿立柱5的导轨作间歇的垂直切入运动。这种机床的砂轮主轴通常是用内装式异步电动机直接带动，电动机轴就是主轴。该机床的磨削精度高、表面粗糙度值小，加工范围较广，除可以用砂轮的圆周面磨削水平面外，还可以用砂轮端面磨削沟槽、台阶等垂直平面。

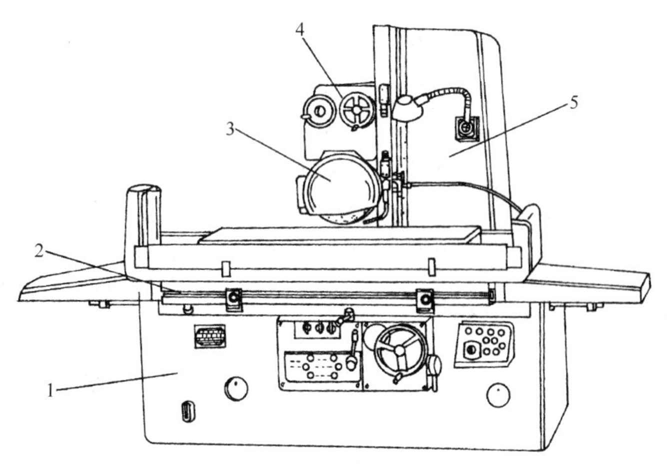

图3-40　卧轴矩台平面磨床

1—床身　2—工作台　3—砂轮　4—进给箱　5—立柱

2. 内圆磨床

内圆磨床主要用于磨削各种内孔（圆柱形通孔、盲孔、阶梯轴以及圆锥孔等）。某些内圆磨床还附有磨削端面的磨头。

内圆磨床的主要类型有普通内圆磨床、无心内圆磨床和行星式内圆磨床。

普通内圆磨床为应用最广泛的一种内圆磨床。图3-41为普通内圆磨床外形图。头架3装在工作台2上，并由它带着沿床身1的导轨作纵向往复运动。头架主轴由电动机经带传动作圆周进给运动。砂轮架4上装有磨削内孔的砂轮主轴，由电动机经带传动。砂轮架沿滑鞍5的导轨作周期

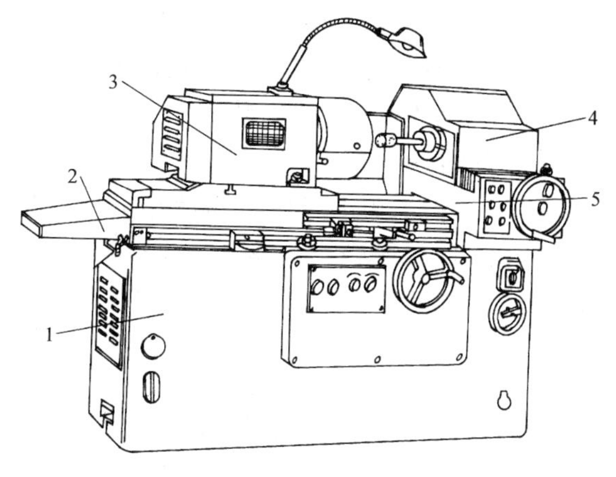

图3-41　普通内圆磨床

1—床身　2—工作台　3—头架　4—砂轮架　5—滑鞍

性的横向进给。头架可绕垂直轴线调整一定角度，以磨削锥孔。

为了满足成批和大量生产的需要，现在大部分普通内圆磨床设计成半自动或全自动的。

四、砂轮

砂轮是磨削加工中使用最广的磨具，它是由结合剂将磨料磨粒粘合在一起后，经焙烧而成的，因此，其切削性能主要取决于磨料、粒度、硬度和组织等基本要素。

1. 砂轮的特性及其应用

(1) 磨料　用作砂轮的磨料，应具有很高的硬度、适当的强度和韧性，以及高温下稳定的物理、化学性能。常用的是刚玉类和碳化硅类。刚玉类适用于磨削各种碳钢、合金钢；碳化硅类适合磨削铸铁和硬质合金。

(2) 粒度　粒度系指磨粒尺寸的大小。对于用筛分法来确定粒度号的较大磨粒，以其能通过的筛网上每英寸长度上的孔数来表示粒度。例如粒度 80# 含义为此种磨粒能通过每英寸长度上有 80 个孔的筛网。粒度号越大，磨粒颗粒越小。磨粒大，磨削效率高，表面粗糙；反之，则磨削效率低、表面光洁。磨削外圆和平面常用的粒度号为 46# ~60#。

(3) 硬度　砂轮的硬度是指磨粒受力后从砂轮表层脱落的难易程度，也反映出磨粒与结合剂的粘固程度。砂轮硬就表示磨粒难以脱落；砂轮软则与之相反，切勿将它与磨料的硬度混淆。若工件材料硬度高，磨粒易钝，为保持自锐，应选择软砂轮。

(4) 结合剂　结合剂的作用是将磨料粘合成具有一定强度和各种形状及尺寸的砂轮。砂轮的强度、耐热性和耐用度等重要指标，在很大程度上取决于结合剂的特性。实际生产中常用陶瓷、树脂、橡胶和青铜结合剂。

(5) 组织　砂轮的组织系指磨粒、结合剂和气孔三者体积的比例关系，用来表示结构紧密或疏松的程度。砂轮的组织用组织号的大小表示。组织号越大，磨粒排列越疏松，砂轮空隙越大。一般选用中等组织。表面要求高选用紧密组织。磨韧性材料及粗磨选疏松组织。磨又软又韧的材料最好选用大气孔砂轮。

(6) 形状和尺寸　砂轮的主要类型有平型（P）、碗形（BW）、蝶形（D）等，分别用于磨外圆、内孔、平面和刀具的磨削，以及切断、开槽等。在砂轮的端面上印有砂轮的标志，例如：A60SV6P300×30×75，表示棕刚玉磨料，粒度号为 60#，硬度为硬 1 等级，结合剂为陶瓷，组织号为 6，平形砂轮，外径 300mm，厚度 50mm，内径 75mm。

2. 砂轮的平衡

引起砂轮不平衡的原因主要是砂轮几何形状不对称，砂轮各部分密度不均匀，以及安装偏心等。不平衡的砂轮在高速旋转时会产生振动，影响加工质量和机床精度，严重时还会造成机床损坏和砂轮的碎裂。通常，直径大于 125mm 的砂轮要进行平衡。砂轮的平衡分为静平衡和动平衡两种。一般情况下，只需进行静平衡，但在高速磨削和高精度、低表面粗糙度等情况下，必须进行动平衡。静平衡法如图 3-42 所示，其步骤是：先将已装有砂轮的法兰盘安装在平衡心轴上，再将心轴放在已调好水平的平衡架上，并找出砂轮重心所在的直径 *AB*。然后，在重心位置加平衡块 *C*，使 *A* 和 *B* 两点的位置不变，再加平衡块 *D*、*E*，并也使 *A*

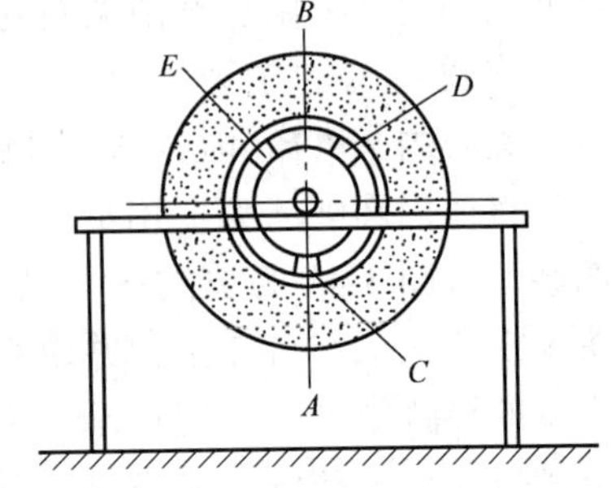

图 3-42　砂轮静平衡法

和 B 两点位置不变。如有变动，可调整 D、E 使 A、B 两点复位。此时，砂轮左右已经平衡。最后，将砂轮转动 90°，如不平衡，可将 D、E 向同一方向移动，直到平衡为止。如此反复调整后，一般砂轮在八个方位都能保持平衡。

3. 砂轮的修整

砂轮在工作一段时间后，磨粒逐渐变钝，砂轮表面间隙被磨屑堵塞，不仅影响磨削质量，还会降低生产效率。因此砂轮在使用后应修去一层，使其露出磨粒刃口；新砂轮使用前也应该用金刚石将表面的一层修去，恢复砂轮的切削性能。修整砂轮的具体操作步骤如下：

（1）安装金刚石　将金刚石装在外圆磨床的专用修理器上，伸出不宜过长，并且夹紧，且在工作台面的导轨上将修整器紧固好。

（2）启动砂轮　控制工作台纵向进给和砂轮横向进给，使金刚石慢慢接近砂轮，当与砂轮表面接触即纵向退出，启动冷却泵，在充分润滑的基础上进行修整。切削用量为横向进给量 0.01 ~ 0.03mm，纵向进给速度为 400mm/min。

砂轮修整时，横向进给一般为 2 ~ 3 次，最后一次作精修，即横向进给停留在原来位置，再纵向行程一次，这样修出的砂轮表面平整，加工的工件表面质量高。而粗磨时为了提高效率，采用大的横向进给量和快的纵向进给速度。

五、MK1320A 型数控外圆磨床

MK1320A 型数控外圆磨床适用于磨削外圆柱面、圆锥面、端面和台阶轴等，该机床广泛用于工具、机修车间及中小批量生产的生产车间中。

如图 3-43 所示，MK1320A 型数控外圆磨床主要由床身、上工作台、下工作台、头架、砂轮架主轴、尾座、控制箱、检测箱和操作台等组成，配置 FANUC - 0 数控系统。其中，砂轮架、头架和工作台均可调整；砂轮横向进给由伺服电动机通过滚珠丝杠螺母副直接拖动，系统分辨率为 0.001mm，并带有砂轮自动修正、补偿、砂轮过载保护和卡盘禁区保护等功能；床身与工作台面间导轨为贴塑导轨，摩擦系数小。

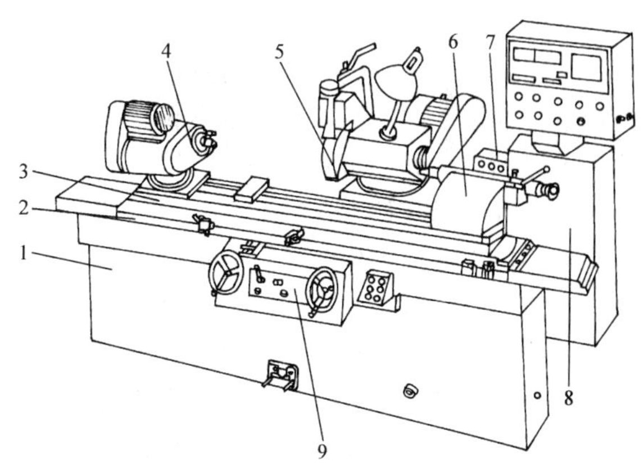

图 3-43　MK1320A 型数控外圆磨床
1—床身　2—下工作台　3—上工作台　4—头架　5—砂轮架主轴　6—尾座　7—控制箱　8—检测箱　9—操作台

机床还装有端面测量仪和外圆测量仪。端面测量仪可测定工件轴向位置，并将测定值输入数控系统，系统自动进行数据处理后发出信号，使工作台纵向进给伺服电动机转动，通过带动滚珠丝杠螺母副带动工作台到达给定位置。外圆测量仪的两根测量杆一直卡在工件的被检测轴颈上，在加工中，一边磨削一边检测磨削余量的大小，发出粗、精磨削和光整磨削的信号，通过数控系统及伺服电动机实现砂轮架横向进给的快、慢、停和退等动作，使磨削工件的尺寸稳定地达到要求。

第七节　直线运动机床及其刀具

刨床与拉床均属直线运动机床，主要用于各种平面、沟槽、通孔及其他成形表面的加工。

一、刨床

刨床类机床主要包括刨床和插床。该类机床的主运动是直线往复运动（刨床作水平方向的运动，插床作垂直方向的运动），前进时为工作行程，返回为空行程。由于机床和刀具简单，应用灵活，因此，刨床在单件、小批量生产中常用于加工各种平面、沟槽以及纵向成形表面等。

1. 牛头刨床

如图 3-44 所示，底座 6 上装有床身 5，滑枕 4 带着刀架 3 作往复主运动（由曲柄摇杆机构将旋转运动变成往复直线运动）。工件装在工作台 1 上，工作台 1 在滑座 2 上作间歇的横向进给运动（棘轮棘爪机构）。滑座 2 可在床身上升降，以适应加工不同高度的工件。牛头刨床多用于加工与安装基面平行的表面。

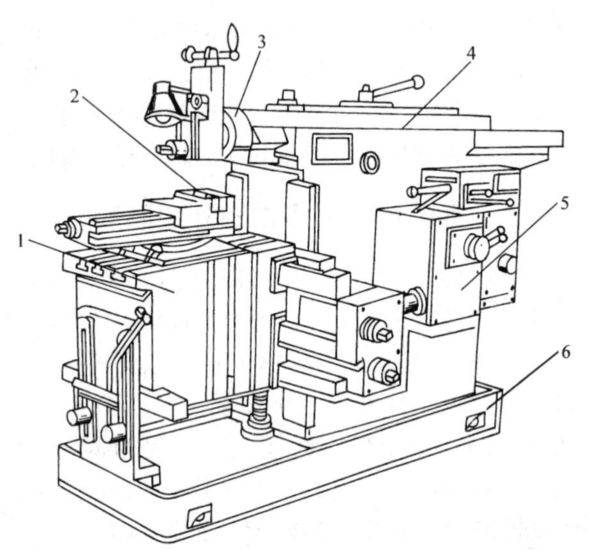

图 3-44　牛头刨床
1—工作台　2—滑座　3—刀架　4—滑枕
5—床身　6—底座

2. 龙门刨床

如图 3-45 所示为 B2012A 型龙门刨床外形图，立柱 6 固定于床身 1 的两侧，由顶梁 5 联结，横梁 3 可在立柱上升降，从而组成一个“龙门”式框架，以确保机床有较高的刚度。工作台 2 可在床身上作纵向往复运动（主运动），两个立刀架 4 可在横梁上作横向运动，两个横刀架 9 可分别在两根立柱上作升降运动。这两个运动可以是间歇进给运动，也可以是快速调位运动。两立刀架的上滑板还可转动一定角度，以便作斜向进给运动来加工斜面。龙门刨床主要用于中、小批量生产及修理车间，加工大平面，特别是长而窄的平面，如导轨面和沟槽，也可在工作台上安装几个中小型零件，同时加工。

3. 插床

如图 3-46 所示，滑枕 5 带刀具作上下往复运动。工件可作纵横两个方向的移动。圆工作台还可作分度运动以插削按一定角度分布的几条键槽。插床多用于加工与安装基面垂直的面，如插键槽等，它相当于立式牛头刨床。但由于生产率低，牛头刨床和插床已在很大程度上分别被铣床和拉床所代替。

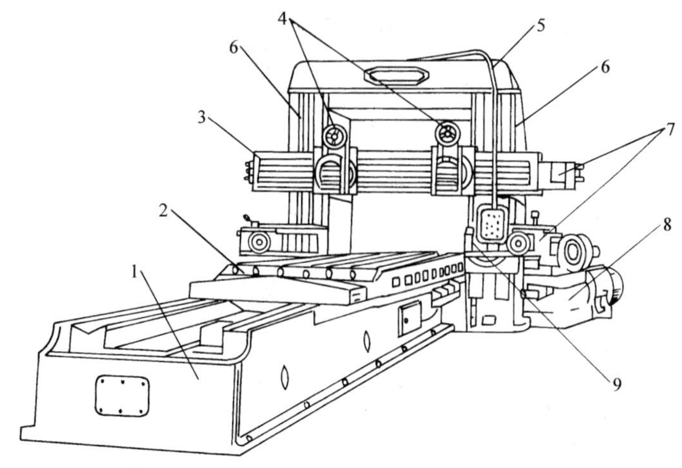

图 3-45　B2012 型龙门刨床外形图

1—床身　2—工作台　3—横梁　4—立刀架　5—顶梁　6—立柱　7—进给箱
8—变速箱　9—横刀架

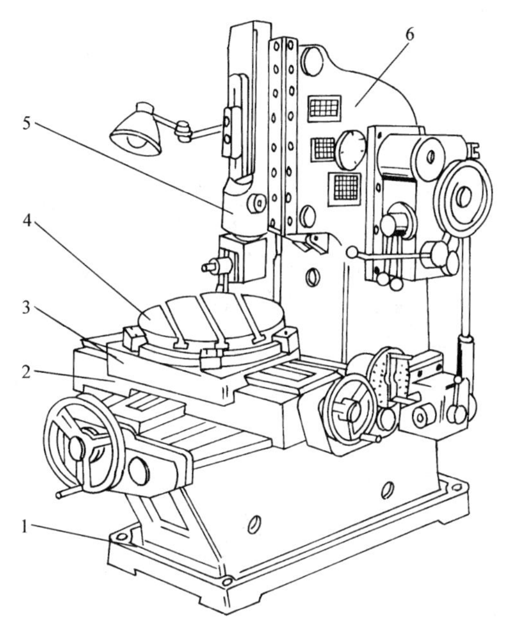

图 3-46　插床

1—底座　2—托板　3—滑台　4—工作台　5—滑枕　6—立柱

二、拉床

拉床用拉刀进行通孔、平面及成形表面的加工。图 3-47 所示为适于拉削的典型表面形状。

拉削过程中，由拉刀作直线主运动，进给运动则依靠拉刀的齿升量，一次行程完成粗、精加工，所以拉床只有主运动，没有进给运动。因此机床结构简单，拉削速度较低，拉削过程平稳，加工精度可达 IT7～9 级，表面粗糙度可达 $R_a = 0.8\mu m$ 以下。

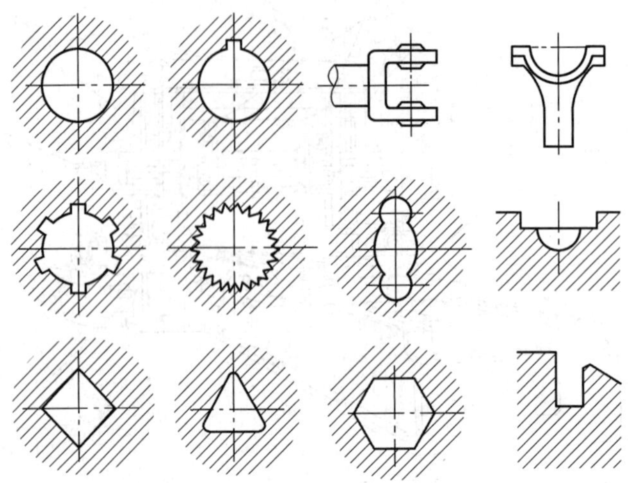

图 3-47 拉削的典型表面形状

拉床按用途分为内表面拉床和外表面拉床；按机床的布局形式可分为卧式拉床和立式拉床。拉床的主参数是额定拉力。

三、刨刀和拉刀

1. 刨刀

刨刀的形状和参数与车刀相似，因刨刀是断续切削，刨刀切入工件会受到较大的冲击力，故刨刀杆的横截面比车刀大。常用刨刀有平面刨刀、成形刨刀、角度偏刀、宽刃刨刀及内孔刨刀等，如图 3-48 所示。

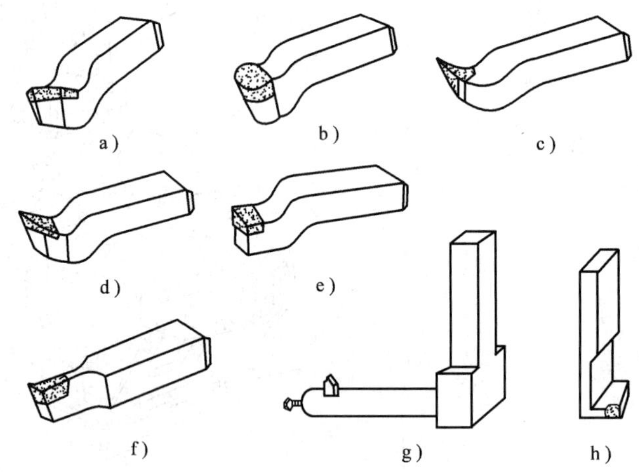

图 3-48 常用刨刀

a）平面刨刀 b）成形刨刀 c）角度刨刀 d）偏刀 e）宽刃刨刀 f）切刀 g）内孔刨刀 h）弯切刀

刨刀刀杆有直杆和弯颈两种，直杆刨刀用于粗加工。弯颈刨刀用于精加工，这种刨刀除能缓解冲击、避免崩刃外，在受力弯曲时，刀尖还会离开加工表面而不致“扎刀”。

2. 拉刀

按加工表面的不同，拉刀分为内拉刀和外拉刀。内拉刀用于加工内表面。常用的有圆孔拉刀、花键拉刀、方孔拉刀和键槽拉刀等。一般内拉刀刀齿的形状都做成被加工孔的形状。外拉刀用于加工外成形表面。普通圆孔拉刀的结构如图 3-49 所示。它由头部、颈部、过渡锥、前导部、切削部、校准部和后导部组成。如拉刀太长，可在后导部加一个尾部，以便支承拉刀。各部分的作用如下：头部用于夹持并传递动力；颈部是头部和过渡锥的连接部分；过渡锥起对心作用，使前导部容易进入工件的预加工孔；前导部引导工件进入切削部防止工件歪斜；切削部负责切削工作，由粗切齿、过渡齿和精切齿组成；校准部由几个直径相同的齿组成，直径基本与拉后孔相等，起修光和校正尺寸作用，也是精切齿的后备齿；后导部保证拉刀最后几个齿的正确位置，防止工件下垂损伤已加工表面。

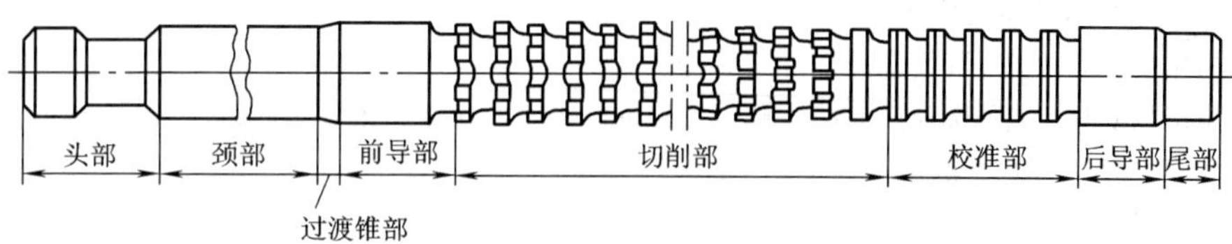

图 3-49　普通圆孔拉刀的构成

思考与练习题

3-1　何谓金属切削机床？按加工性质和所用刀具分为哪几类？

3-2　何谓数控机床？它由哪几部分组成？

3-3　数控机床按工艺用途和系统控制功能分为哪几类？

3-4　简述开环、闭环和半闭环伺服系统的区别。

3-5　简述数控机床的特点。

3-6　为实现加工过程中所必须的各种运动，机床应具备的三个基本部分各是什么？

3-7　根据传动链的性质，传动链可分为哪两类？它们各有何特点？

3-8　简述车床的用途，CA6140 型卧式车床由哪些部件组成？

3-9　CA6140 型卧式车床的主轴为何只有 24 种正转速度和 12 种反转速度？

3-10　双向摩擦式离合器、制动器有何作用？

3-11　车削加工时，若把双向摩擦式离合器的操纵手柄扳到中间位置后，车床主轴：

（1）要转一段时间才能停止。

（2）仍连续转动。

试分析原因并说明解决问题的方法。

3-12　简述如何操纵车床的纵、横向机动进给机构。

3-13　简述如何操纵车床的主轴变速机构。

3-14　试述常用车刀的种类和用途。

3-15　试述车刀的刃磨方法及注意事项。

3-16　安装车刀时应注意哪些问题？

3-17　CK3263B 型数控车床布局与普通车床有何区别？脉冲发生器发出两组脉冲的作用是什么？

3-18　简述铣床的用途，X6132 型万能卧式升降台铣床由哪些主要部件组成？

3-19　X6132 型万能卧式升降台铣床的主轴如何实现变速？

3-20　在 X6132 型万能卧式升降台铣床上利用万能分度头可以完成哪些加工？

3-21　在 X6132 型万能卧式升降台铣床上利用 FW125 型分度头加工下列零件：

（1）$z=32$ 的直齿圆柱齿轮。

（2）右旋螺旋齿圆柱铣刀的容屑槽，其外径 $D=63$ mm，螺旋角 $\beta=30°$，齿数 $z=14$；（$T=\dfrac{\pi D}{\tan\beta}$）

试选择分度方法并对铣床和分度头进行调整计算。

3-22　试述铣刀的种类和用途，并说明铣刀如何安装？

3-23　XK5032 立式升降台铣床与 X6132 型万能卧式升降台铣床相比，其加工范围有何不同？传动系统有何特点？

3-24 铣床和镗床可完成哪些表面的加工？应用于什么场合？

3-25 摇臂钻床有哪些切削运动和辅助运动？它和立式钻床在加工孔时的对中方法有何不同？

3-26 麻花钻由哪几部分组成？如何进行修磨？

3-27 卧式镗床有哪些切削运动和辅助运动？

3-28 M1432A 型万能外圆磨床可以加工哪些表面？

3-29 M1432A 型万能外圆磨床有哪些部件可以回转一定的角度，主要用途是什么？

3-30 简述纵磨法和切入磨法有何不同？

3-31 砂轮为何要进行修整？如何进行修整？

3-32 直线运动机床包括哪些机床？它们分别用于加工哪些表面？

第四章　夹　　具

机械加工中所使用的各种刀具、夹具、量具及辅助工具等统称为工艺装备。夹具是一种装夹工件的工艺装备，它广泛应用于机械制造过程的切削加工、热处理、装配、焊接和检测等工艺过程中。

第一节　概　　述

一、机床夹具的概念

在机械加工过程中，依据工件的加工要求，使工件相对机床、刀具占有正确的位置，并能迅速、可靠地夹紧工件的机床附加装置，称为机床夹具，简称夹具。

夹具在工艺装备中占有重要的地位，因为夹具的结构及使用性能的好坏，在很大程度上影响着加工质量、生产效率和加工成本。因此对夹具进行正确合理的设计、制造和使用是机械加工中的一项重要工作。

二、夹具的分类

1. 按夹具的使用特点分类

（1）通用夹具　这类夹具通用性较强，使用时无须调整或稍加调整，就可以在一定范围内用于工件的装夹。它们已经标准化，有些是作为机床附件由专门工厂生产的，如车床上使用的三爪自定心卡盘、四爪单动卡盘，铣床上使用的平口虎钳，平面磨床上使用的磁力工作台等。

通用夹具主要应用于单件小批生产。对于加工精度要求较高或形状较为复杂的工件，生产批量较大时，通用夹具将难以满足使用要求。

（2）专用夹具　专用夹具是指为某一工件的某道工序专门设计制造的夹具。由于夹具的设计制造周期较长，成本往往较高，且产品变更后将无法使用，因此适合于批量较大的生产。

（3）可调夹具　包括通用可调夹具和成组夹具。这两种夹具在结构上很相似，都具有可进行调整和更换的部分，都可做到多次使用。即对不同尺寸或种类的工件，只需调整或更换夹具结构中个别定位、夹紧或导向等元件，便可使用，通用可调夹具的调整范围较大，适用性广，如带钳口的虎钳、滑柱式钻模等。而成组夹具则是专为成组加工工艺中某一组零件设计的，针对性强，可调整范围只限于本组内的零件。通用可调夹具和成组夹具在多品种、中小批量生产中得到了广泛使用。

（4）组合夹具　这类夹具由预先制造好的标准化元件及部件组装而成。这些标准元件具有各种不同形状、规格及功能，并具有高精度和高耐磨性。使用时，按照不同工件的加工要求进行合理选择并组装成加工所需的夹具。夹具使用完毕后，可以进行拆卸，将元件清洗干净后存放入库，待需要时再次使用。

由于组合夹具是由各种标准元、部件组装而成，生产准备时间短，元件能反复使用。因此更适合于产品变化较大的单件小批生产，特别是在新产品试制中尤为适用。

（5）随行夹具　这是自动线上使用的一种夹具。它除了一般夹具所担负的装夹工件的任务外，还带着工件按照自动线的工艺流程，由自动线的运输机构运送到各台机床夹具上，并由机床夹具对其进行定位和夹紧。所以它是随被加工零件沿自动线从一个工位移到下一个工位的，故有“随行夹具”之称。

2. 按夹具使用的机床分类

这是专用夹具设计所用的分类方法。如车床夹具、铣床夹具、钻床夹具（又称钻模）、镗床夹具（又称镗模）、磨床夹具等。

3. 按夹具的动力源分类

夹具按夹紧的动力源可分为手动夹具、气动夹具、液动夹具、气液增力夹具、电磁夹具以及真空夹具等。

三、机床夹具的组成

虽然夹具有各种类型，但在结构上基本是由以下这些即相对独立又彼此联系的部件所组成：

（1）定位装置　夹具上确保工件取得正确位置的元件或装置。

（2）夹紧装置　这种装置包括夹紧元件或其组合和动力源。其作用是将工件压紧夹牢，保证工件在加工过程中不因受外力作用而改变其正确位置，同时防止或减少振动。

（3）对刀或导向元件　用来确定夹具与刀具之间的相互位置并引导刀具进行加工，多用于铣床夹具、钻床夹具和镗床夹具中。

（4）其他元件及装置　包括确定夹具在机床工作台上方位的安装元件——定位键；为使工件在一次安装中多次转位而加工不同位置上的表面所设置的分度装置；为便于卸下工件而设置的顶出装置；以及送料装置和标准化了的连接元件等等。

（5）夹具体　夹具体是夹具的基础元件，夹具的其他元件及装置都将通过它装配在一起，最终成为一个有机的整体。

夹具的组成因设计给定条件不同而变化，一般说来，定位装置、夹紧装置及夹具体是夹具的基本组成部分，其他装置和元件则按需确定。

四、机床夹具的作用

1. 保证加工精度

保证工件的加工精度是对夹具最基本的要求。由于夹具在机床上的安装位置和工件在夹具中的装夹位置都是确定的，加工过程中受各种人为因素影响很小，因而容易保证工件获得较高的加工精度，并使加工质量基本趋于稳定。

2. 提高生产率和降低生产成本

采用夹具装夹，不仅省去了对工件逐个划线、找正或对刀等工作，而且工件装夹方便，因而在很大程度上缩短了辅助时间。另外，专用夹具还可以根据具体生产情况实现多件、多工位加工，及采用高效率的机械化传动装置等，从而提高了生产率。使用机床夹具，还降低对工人技术水平的要求，有利于降低生产成本。

3. 减轻劳动强度

由于使用专用夹具后，工件装卸更方便、省力、安全，故减轻了工人的劳动强度，改善了劳动条件。

4. 扩大机床的工艺范围

通过设计制造专用夹具可解决生产中设备品种不足的矛盾。例如在车床溜板上或在摇臂钻床工作台上安装专用夹具后，就可以进行箱体上孔系的镗削加工，即以车床或钻床来代替镗床加工。

第二节　工　件　定　位

工件在安装前，必须使它在夹具、机床和刀具组成的工艺系统之间保持正确的相对位置。这包括工件在夹具中的定位，夹具在机床上的安装，以及夹具相对于刀具和整个工艺系统位置的调整等过程。工件在夹具中的定位，是指保证同一批工件在夹具中占有一致的正确加工位置。

一、工件定位原理

1. 工件的自由度

一个尚未定位的工件，其位置是不确定的。如图 4-1 所示，在空间直角坐标系中，工件可沿 X、Y、Z 轴向有不同位置，也可绕 X、Y、Z 轴回转到不同位置。它们分别用 $\vec{X}$、$\vec{Y}$、$\vec{Z}$ 和 $\overset{\frown}{X}$、$\overset{\frown}{Y}$、$\overset{\frown}{Z}$ 表示。这种工件位置的不确定性，通常称为自由度。其中 $\vec{X}$、$\vec{Y}$、$\vec{Z}$ 称为沿 X、Y、Z 轴线方向的移动自由度；$\overset{\frown}{X}$、$\overset{\frown}{Y}$、$\overset{\frown}{Z}$ 称为沿 X、Y、Z 轴线方向的转动自由度。定位的任务，首先是消除工件的自由度。

2. 六点定位规则

工件在直角坐标系中，有六个自由度，夹具用合理分布的六个支承点限制工件的六个自由度，即用一个支承点限制工件的一个自由度的方法，使工件在夹具中的位置完全确定。

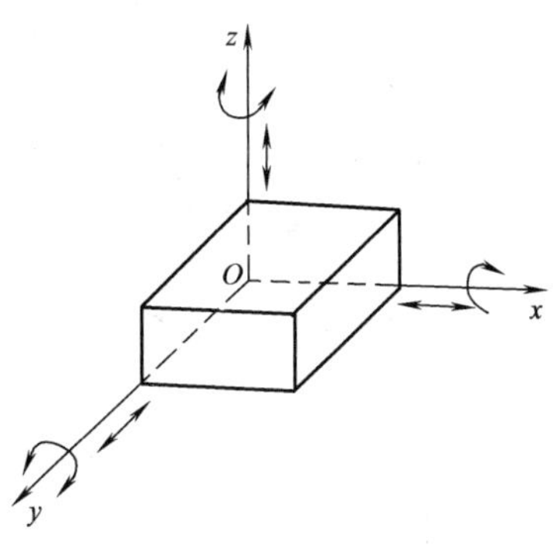

图 4-1　工件的六个自由度

3. 六点定位规则应用

工件的定位基准是多种多样的，故各种形态的工件的定位支承点分布将会有所不同，下面分析完全定位时，几种典型工件的定位支承点分布规律。

（1）平面几何体的定位　如图 4-2 所示，工件 A、B、C 三个平面为定位基准，其中面 A 最大，设置成三角形布置的三个定位支承点 1、2、3，当工件的 A 面与该三点接触时，限制 $\vec{Z}$、$\overset{\frown}{X}$、$\overset{\frown}{Y}$ 三个自由度；在较狭长的 B 面上设置两个定位支承点 4、5，当侧面 B 与该两点接触时，即限制 $\vec{X}$、$\overset{\frown}{Z}$ 两个自由度；在最小的平面 C 上设置一个定位支承点 6，限制 $\vec{Y}$ 一个自由度。用图中如此设置的六个定位支承点，可使工件完全定位。由于定位是通过定位点与工件的定位基面相接触实现的，如两者一旦相脱离，定位作用就自然消失了。在实际定位中，定位支承点并不一定就是一个真正直观的点，因为从几何学的观点分析，成三角形的三个点为一个平面的接触；同样成线接触的定位则可认为是两点定位。进而也可说明在这种情况下，“三点定位”或“两点定位”仅仅是指某种定位中数个定位支承点的综合结果，而非某一定位支承点限制了某一自由度。

（2）圆柱几何体的定位　如图 4-3 所示，工件的定位基准是长圆柱面的轴线、后端面和键槽侧面。长圆柱面采用中心定位，外圆与 V 形块呈两直线接触（定位点 1、2；定位点 4、5），限制了工件的 $\vec{X}$、$\vec{Z}$、$\widehat{X}$、$\widehat{Z}$ 四个自由度；定位支承点 3 限制了工件的 $\vec{Y}$ 自由度；定位支承点 6 限制了工件的 $\widehat{Y}$ 自由度。这类几何体的定位特点是以中心定位为主，用两条直（素）线接触作“四点定位”，以确定轴线的空间位置。这类定位的另一个特点是键槽或孔处的定位点与加工面有一圆周角关系，为此设置的定位支承称为防转支承。

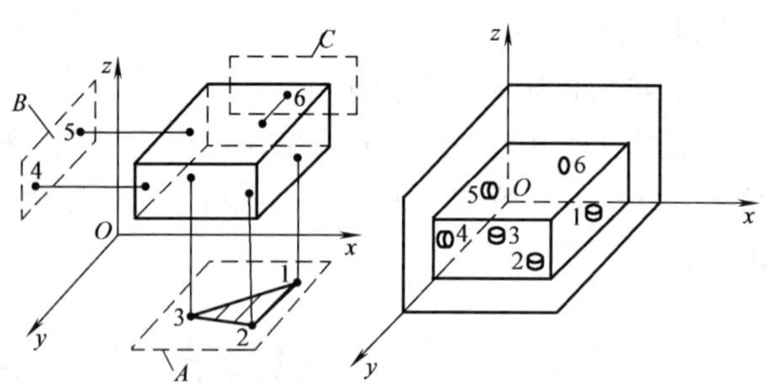

图 4-2　平面几何体的定位

（3）圆盘几何体的定位　如图 4-4 所示，圆盘几何体可以视作圆柱几何体的变形，即随着圆柱长度的缩短，圆柱面的定位功能也相应减少。图中由定位销的定位支承点 5、6 限制了工件的 $\vec{Y}$、$\vec{Z}$ 两个自由度；相反几何体的端面则上升为主要定位基准，由定位支承点 1、3、4 限制了工件的 $\vec{X}$、$\widehat{Y}$、$\widehat{Z}$ 三个自由度；防转支承点 2 限制了工件的 $\widehat{X}$ 自由度。

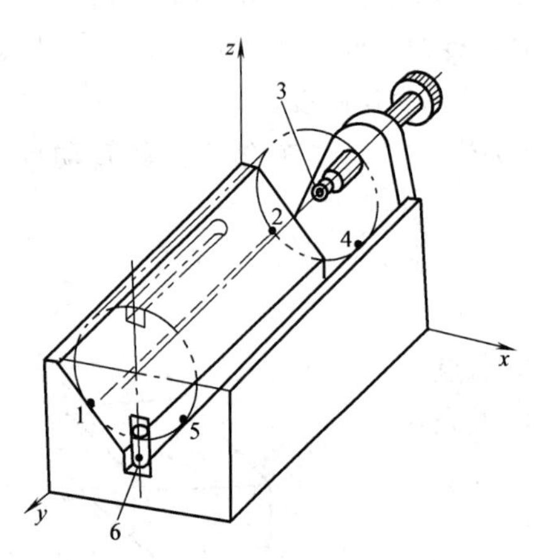

图 4-3　圆柱几何体的定位

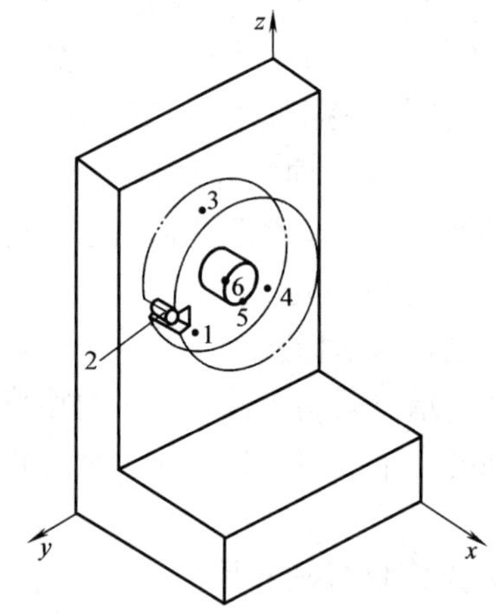

图 4-4　圆盘几何体的定位

通过以上分析可知，六点定位时支承点分布要合理，根据工件定位基准的形状和位置，选择一个主要的定位基准，在其表面上分布的支承点最多。要完全限制工件的自由度，六个支承点分布要合理。

二、定位方式分类

1. 完全定位

工件的六个自由度全被限制的定位状态，称为完全定位（如图 4-2、图 4-3、图 4-4 所示）。当工序在三个坐标方向均有尺寸或位置精度要求时，一般用这种定位方式。

2. 不完全定位

工件被限制的自由度数目少于六个，但能保证加工要求时的定位状态称为不完全定位，如图 4-5 所示为不完全定位的示例，它们在保证加工要求的条件下，仅限制了工件的部分自由度。

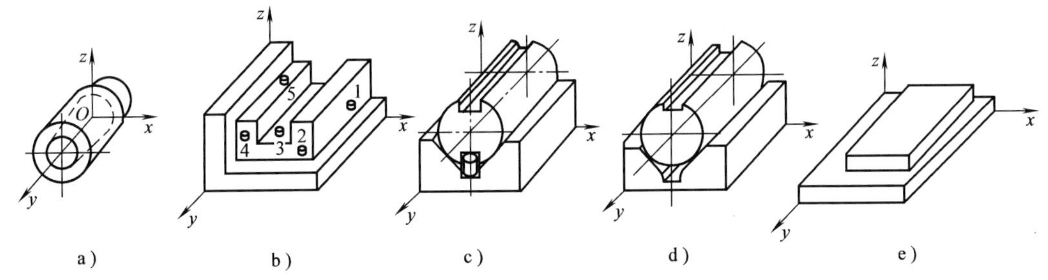

图 4-5　不完全定位示例

3. 欠定位

欠定位是指工件实际定位所限制的自由度少于按其加工要求所必须限制的自由度。因此，欠定位的结果，将产生应限制的自由度未被限制的不合理现象。于是按欠定位方式进行加工，必然无法保证工序所规定的加工要求，如图 4-5c 所示，若不设置防转的定位销，则工件的自由度就不能得到限制，也就无法保证两槽间的位置要求，因此是不允许的。通常只要仔细分析定位点的作用，欠定位是很容易防止的。

4. 过定位

定位元件重复限制工件同名自由度的定位状态称为过定位。如图 4-6 所示，在插齿机上加工齿轮，工件以内孔和端面作为定位基准，在心轴和支承台阶上实现定位。长心轴限制了工件的 $\vec{X}$、$\vec{Y}$、$\widehat{X}$、$\widehat{Y}$ 四个自由度，台阶面限制了工件的 $\vec{Z}$、$\widehat{X}$、$\widehat{Y}$ 三个自由度，其中 $\widehat{X}$、$\widehat{Y}$ 自由度是被心轴和台阶所重复限制，属过定位状态。这种定位状态是否允许采用，主要应从它产生的后果来判定。

当过定位导致工件或定位元件变形时，明显影响工件的定位精度时，一般应严禁采用。如图 4-7a 所示，加工连杆小头孔的定位方案，平面支承 1 限制三个自由度，短圆柱销 2 限制两个自由度，档销 3 限制一个自由度，实现完全定位。若将销 2 改为长圆柱销 2′，因其限制工件的四个自由度，从而引起 $\widehat{X}$、$\widehat{Y}$ 自由度被重复限制，造成工件过定位时，如图 4-7b 所示的不确定情况。更严重的后果是发生在施加夹紧力后（如图 4-8 所示），若按图 4-8a 所示施加夹紧力，使连杆产生弹性变形。加工完毕松夹后，工件变形恢复，就形成加工表面严重的位置或形状误差。若按图 4-8b 所示施加夹紧力，若连杆大头孔轴线与端面垂直度误差较大或长销与定位面垂直度误差较大时，会引起定位销的变形。显然不论是工件还是定位元件发生变形，其结果都将破坏工件定位的正确位置。

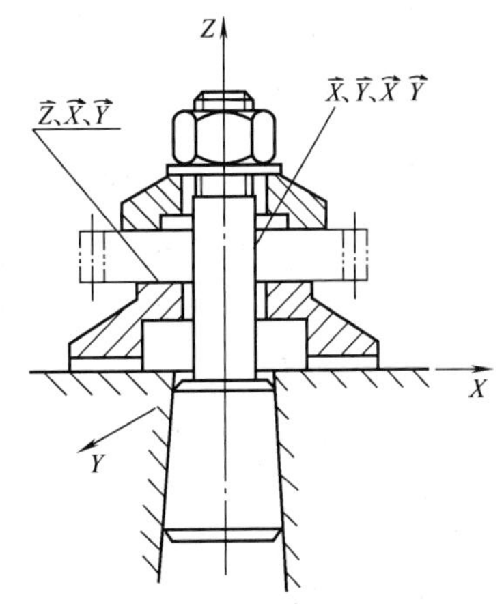

图 4-6　插齿时齿坯的定位

实际生产中，在采取适当工艺措施的情况下，可采用过定位以提高定位刚度，这就是过

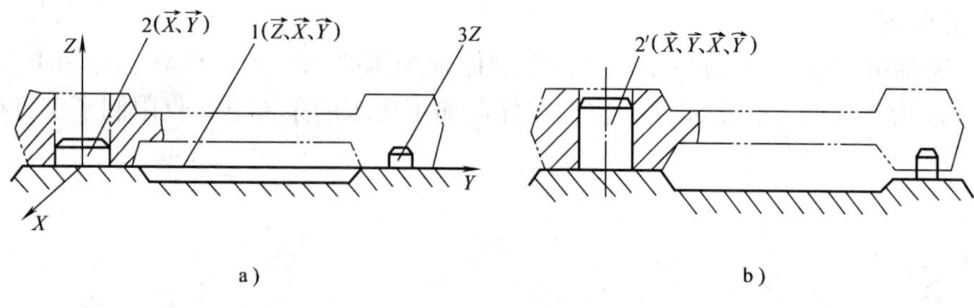

图 4-7 连杆定位方案

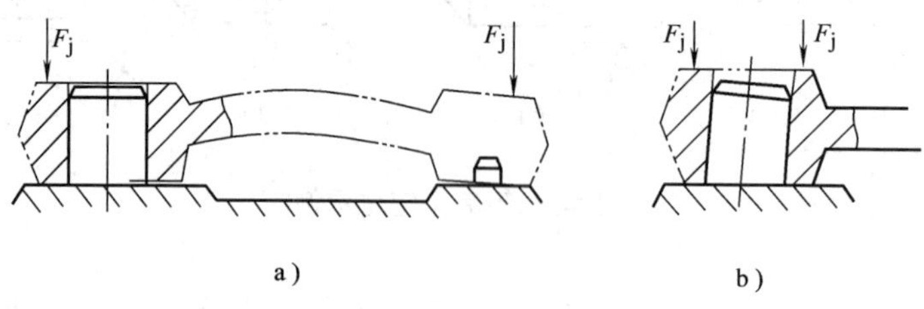

图 4-8 连杆过定位造成的严重后果

定位的合理应用。仍以图 4-7 为例来说明；若连杆大头孔轴线与端面的垂直度误差很小，长销与定位面的垂直度误差也很小，此时就可以利用大头孔与长销的配合间隙来补偿这种较小的垂直度误差，并不致引起相互干涉，仍能保证连杆端面与平面支承可靠接触，就不会产生图 4-7b 所示的定位不确定情况，也不会造成图 4-8 所示的夹紧后的严重变形，因而是允许的。采用这种方式由于整个端面接触，可增强切削时工件的刚度和定位稳定性，而且用长圆柱销定位大头孔，有利于保证被加工孔相对大头孔轴线的平行度。

第三节 常见定位方式及其定位元件

定位元件的结构、形状、尺寸及布置形式等，主要取决于工件的加工要求、工件定位基准和外力的作用状况等因素。

一、工件以平面定位

在机械设计中，大多数工件都是以平面作为主要定位基准，如箱体、机体、支架、圆盘等零件。工件以平面作为定位基准时，常用的定位元件有：

1. 支承钉

图 4-9 所示的是标准支承钉结构（JB/T8029. 2—1999），A 型是平头支承钉，用于定位加工过的精基准；B 型是球头支承钉，用于定位毛坯粗基准；C 型是齿纹顶面支承钉，常用于侧面定位以增大摩擦力。一般一个支承钉只限制一个自由度，因此一个毛坯平面只能用三个球头支承钉定位，以保证接触点确定，使其定位稳定。若工件是以加工过的精平面为定位基准，则可用三个或更多的平头支承钉定位。但必须保证这几个平头支承钉的定位工作面位于同一个平面内。通常是按经济精度分别加工各支承钉，预留磨量，当支承钉装配于夹具体后，再磨削各支承钉的定位工作面，保证其在同一个平面内。

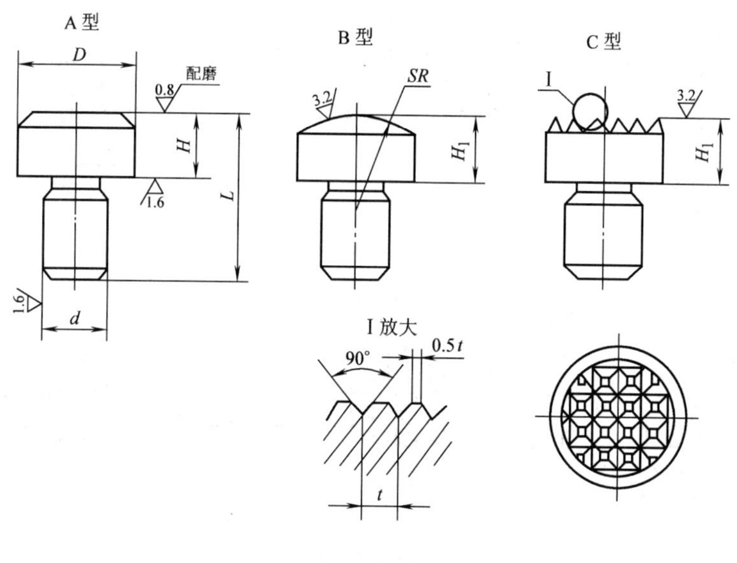

图 4-9　支承钉

2. 支承板

图 4-10 所示的是标准支承板结构（JB/T 8029.1—1999），它也是用于定位加工过的精基准平面。A 型支承板结构简单，制造容易，但孔边切屑不易清除，故适用于侧面及顶面定位。B 型支承板因开有斜槽，容易清除切屑，易于保证工作面清洁，故适用于底面定位。用几块支承板同时定位一平面时，要求各支承板的定位工作面位于同一平面内，一般也是采用预留磨量，装配后再同时磨削的方法。

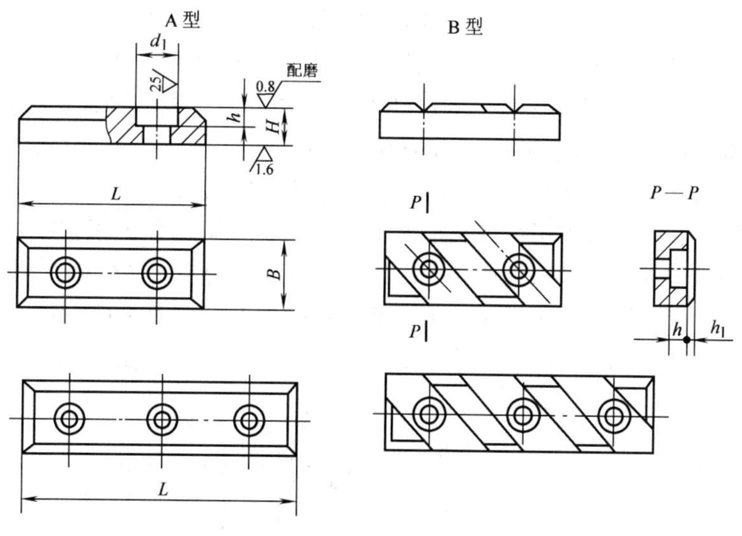

图 4-10　支承板

3. 可调支承

支承的高度尺寸要求可调时，就需采用图 4-11 所示的可调支承。图 4-11a、c 的结构用于重型工件，图 4-11b 的结构用于中、小型工件。

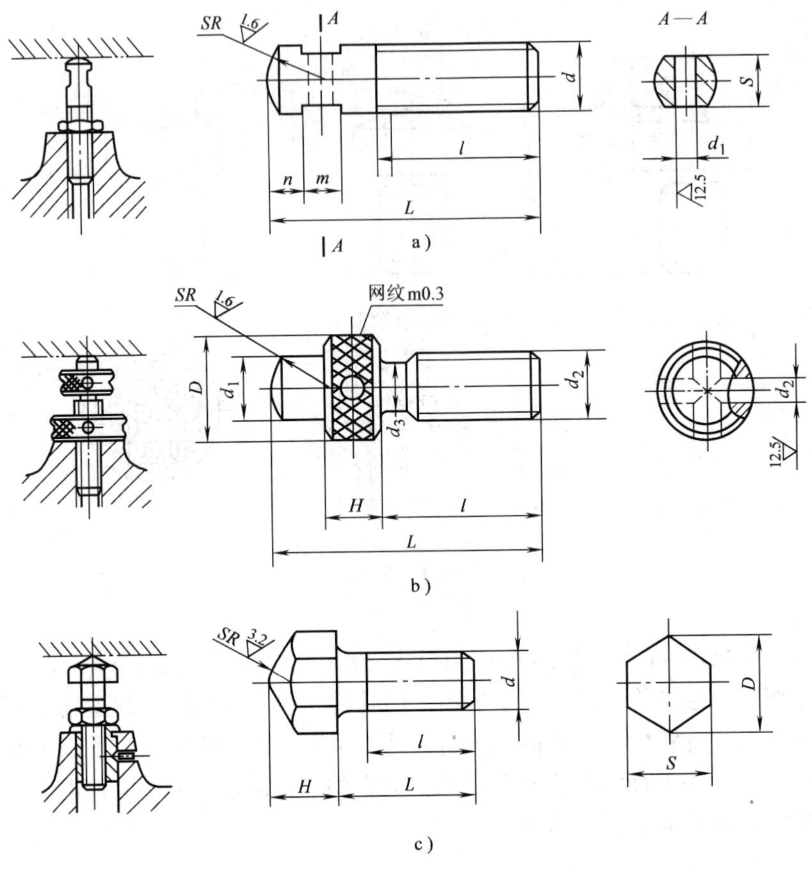

图 4-11 可调支承

a）$d \times L$ GB/T2230 b）$d \times L$ GB/T2229 c）$d \times L$ GB/T2227

在图 4-12 中，工件为砂型铸件，先以 A 面定位铣 B 面，再以 B 面定位镗双孔。铣 B 面时，若采用固定支承，由于定位基面 A 的尺寸和形状误差较大，铣完后，B 面与两毛坯孔（如图 4-12a 中的双点划线）的距离尺寸 H_1、H_2 变化也大，致使镗孔时余量很不均匀，甚至余量不够。因此，图中采用了可调支承，定位时适当调整支承钉的高度，便可避免出现上述情况。对于小型工件，一般每批调整一次；工件较大时，常常每件都要调整。在可调夹具上加工形状相同而尺寸不同的工件时，也可使用可调支承。如图 4-12b 所示，在轴上钻径向

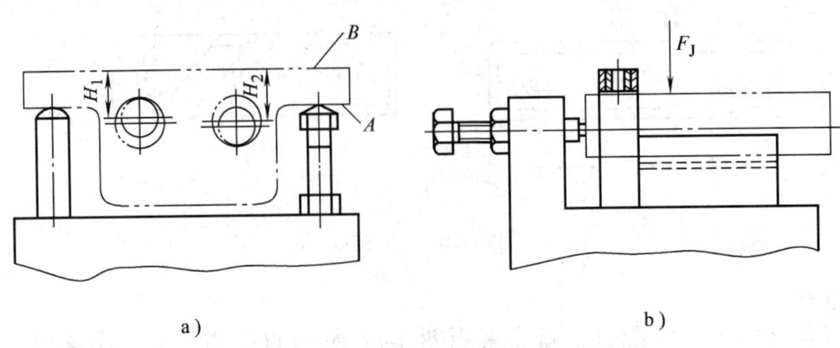

图 4-12 可调支承的应用

孔时，对于孔至端面的距离不等的几种工件，只要调整支承钉的伸出长度便可加工。

4. 浮动支承（自位支承）

图 4-13 所示为几种浮动支承的结构，它们与工件的接触点虽然是二点或三点，但仍限制工件的一个自由度。这种方法可用于消除过定位。图 4-13a、b 所示分别为摆式和浮动式支承，均为一个方向浮动；图 4-13c 所示为球形浮动式支承的结构，可在两个方向上转动。图 4-14 为浮动支承的灵活应用，其中浮动支承 1 在 $\widehat{Y}$ 方向上浮动；浮动支承 2 则在 $\widehat{X}$ 方向上浮动，故实际限制工件的自由度为 $\vec{Z}$ 、$\widehat{X}$ 、$\widehat{Y}$ 。

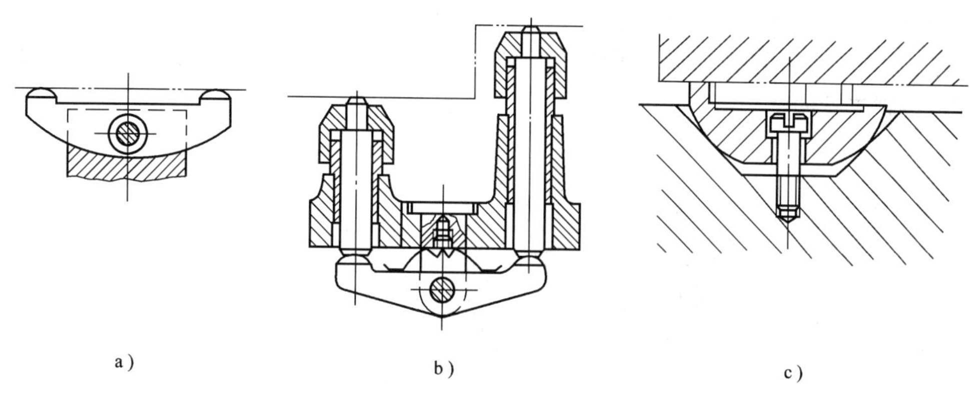

图 4-13　浮动支承

5. 辅助支承

如图 4-15 所示，工件以内孔及端面定位，钻右端小孔。若右端不设置支承，工件装夹好后，右边如一悬臂梁，刚性差。若在 A 处设置固定支承，属于不可用重复定位，有可能破坏左边的定位。在这种情况下，宜在右边设置辅助支承。工件定位时，辅助支承是浮动的（或可调的），待工件夹紧后再固定下来，以承受切削力。

下面简单介绍生产实践中常见的典型辅助支承结构：

（1）螺旋式辅助支承　如图 4-16a 所示，螺旋式辅助支承的结构与可调支承相近，但操作过程不同，前者不起定位作用，后者起定位作用，且结构上螺旋式辅助支承不用螺母锁紧。

（2）自引式辅助支承（JB/T 8026.7—1999）　如图 4-16b 所示，弹簧 2 推动滑柱 1 与工件接触，转动手柄通过顶柱 3 锁紧滑柱 1，使其承受切削力等外力。此结构的弹簧弹力应能推动滑柱，但不能顶起工件，否则会破坏工件的定位。

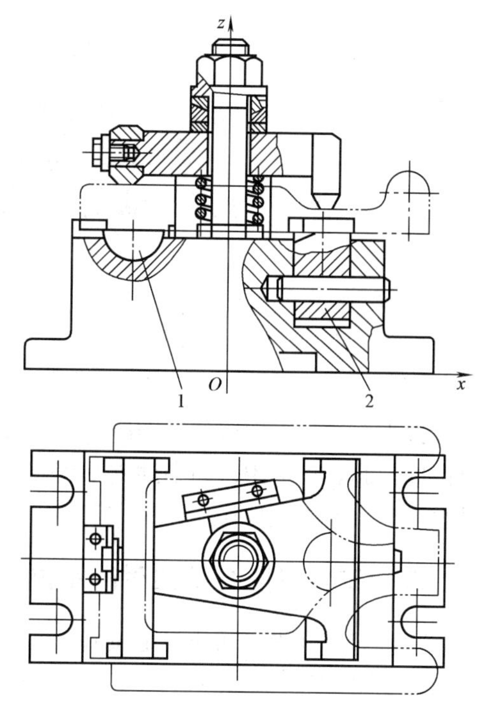

图 4-14　浮动支承的应用

1、2—浮动支承

（3）推引式辅助支承　如图 4-16c 所示，工件定位后，推动手轮 4 使滑销 5 与工件接触，然后转动手轮使斜楔 6 开槽部分涨开而锁紧。

图 4-17 所示为自引式辅助支承在平面磨床夹具中的应用。工件主要以精基准面在三个 A 型支承钉 2 上定位的同时，六个辅助支承也自动地与工件接触，待锁紧后，支承点增至九个，但不发生过定位。这种方法可减少工件加工的平面度误差。

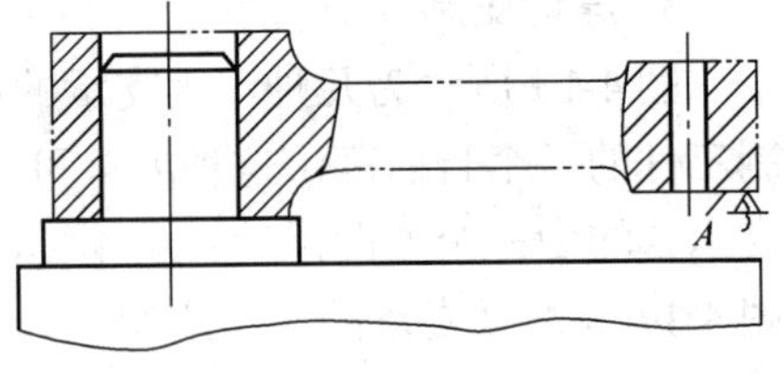

图 4-15 辅助支承的应用

图 4-18 所示为另一种手推式辅助支承，用于铣床中，三个支承钉 2 在工件周边定位后，即可推动手柄 5 使浮动支承 4 与工件接触，旋转手柄经钢球锁紧楔块即可使辅助支承 4 支承工件，操作时以手感觉控制支承的状态。

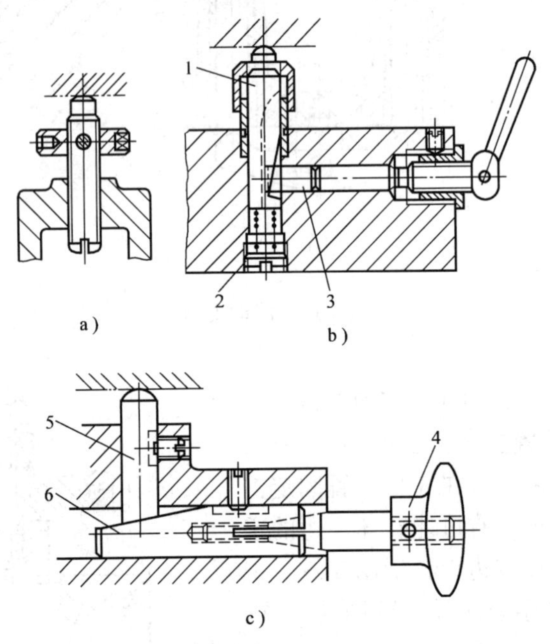

图 4-16 辅助支承

1—滑柱 2—弹簧 3—顶柱 4—手轮 5—滑销 6—斜楔

以上介绍的平面定位基准所用的定位支承元件中，前四种为基本支承，用来限制工件的自由度，起定位作用。而辅助支承仅仅是用来提高工件的装夹刚度和稳定性的，不限制工件的自由度，不起定位作用，是在工件定位及夹紧后，才与工件接触。

二、工件以圆孔定位时的定位元件

工件以圆孔内表面作为定位基准时，常用以下定位元件。

1. 定位销

图 4-19 所示为定位销的结构。图 4-19a 所示为固定式定位销（JB/T 8014.2—1999），图 4-19b 所示为可换式定位销（JB/T 8014.3—1999）。A 型称圆柱销，B 型称菱形销。定位销直径 D 为 3～10mm 时，为避免使用中折断，或热处理时淬裂，通常把根部倒成圆角。夹具体上应有沉孔，使定位销的圆角部分沉入孔内而不影响定位。大批大量生产时，为了便于定位销

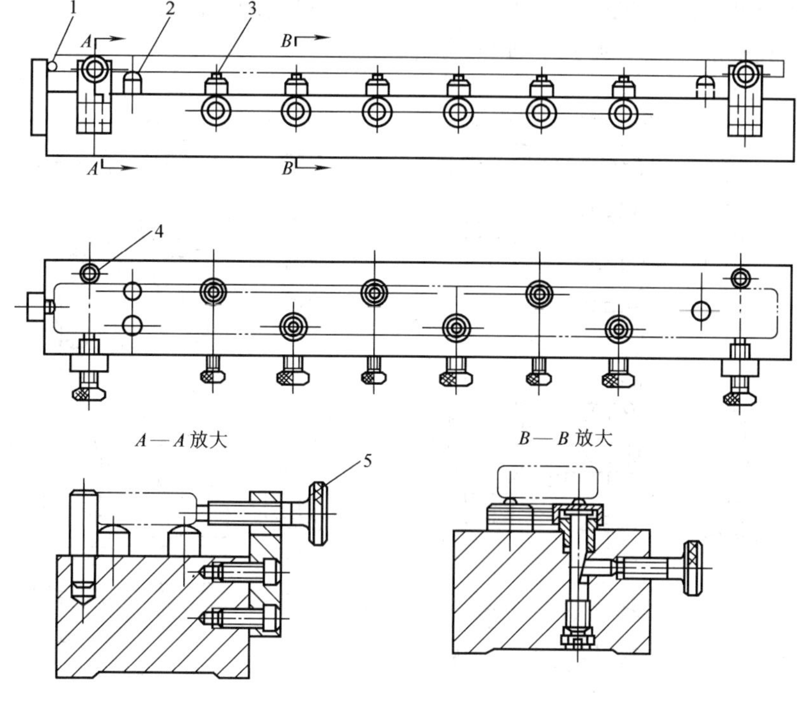

图 4-17　自引式辅助支承在平面磨床夹具中的应用

1—B 型支承钉　2—A 型支承钉　3—自引式辅助支承　4—挡销　5—螺钉

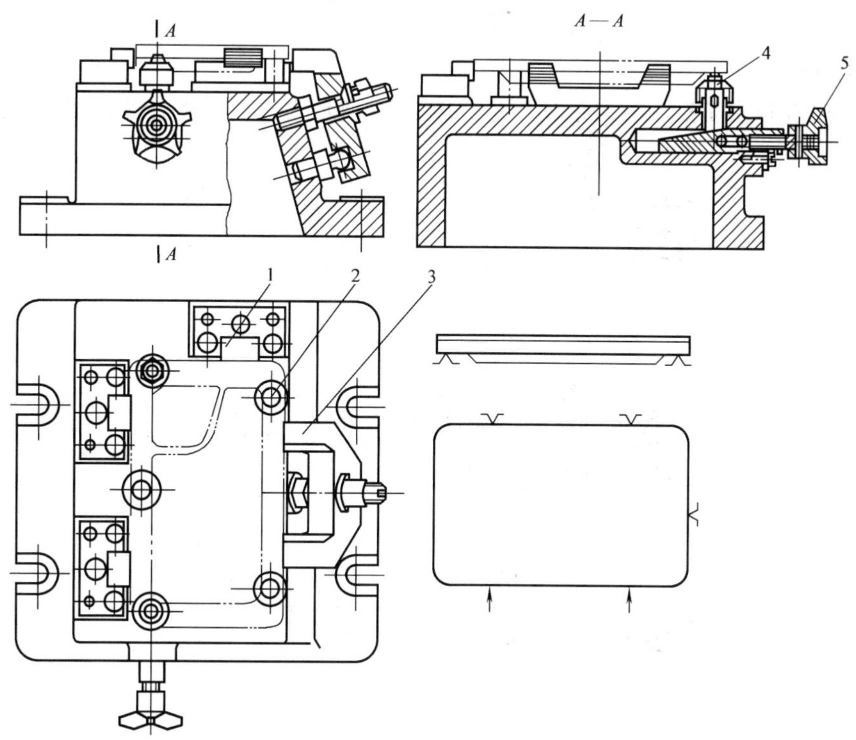

图 4-18　手推式辅助支承在铣床夹具中的应用

1—支承　2—支承钉　3—压板　4—浮动支承　5—手柄

的更换，应采用可换式定位销。为便于工件装入，定位销的头部有15°倒角，定位销的有关参数可查“夹具标准”或“夹具手册”。

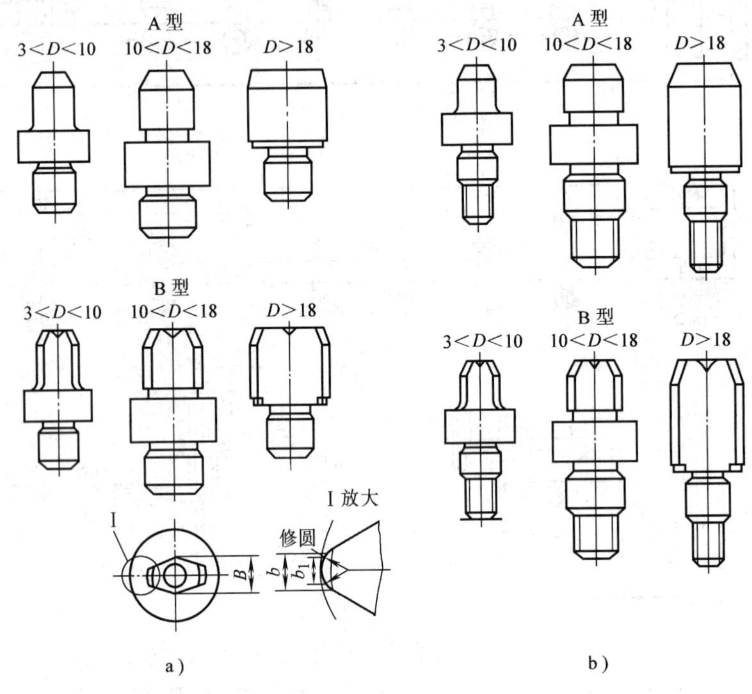

图4-19　定位销

2. 圆柱心轴

圆柱心轴在很多工厂中有自己的厂标，图4-20所示为常用圆柱心轴的结构形式。

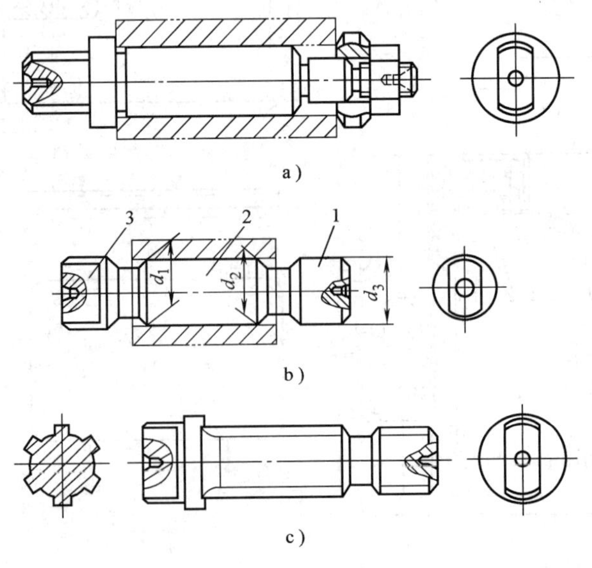

图4-20　圆柱心轴

1—引导部分　2—工作部分　3—传动部分

图 4-20a 所示为间隙配合心轴。心轴的限位基面一般按 h6、g6 或 f7 制造，其装卸工件方便，但定心精度不高。为了减少因配合间隙而造成的工件倾斜，工件常以孔和端面联合定位，因而要求工件定位孔与定位端面之间、心轴限位圆柱面与限位端面之间都有较高的垂直度，最好能在一次装夹中加工出来。

图 4-20b 所示为过盈配合心轴，由引导部分 1、工作部分 2、传动部分 3 组成。引导部分的作用使工件迅速而准确地套入心轴，其直径 d_3 按 e8 制造，d_3 的基本尺寸等于工件的最小极限尺寸，其长度约为工件定位长度的一半。工作部分的直径按 r6 制造，其基本尺寸应稍带锥度，这时，直径 d_1 按 r6 制造，其基本尺寸等于孔的最大极限尺寸，直径 d_2 按 h6 制造，其基本尺寸等于孔的最小极限尺寸。这种心轴制造简单、定心准确、不必另设夹紧装置，但装卸工件不便，易损伤工件定位孔，因此，多用于定心精度要求高的精加工。

图 4-20c 所示的是花键心轴，用于加工以花键孔定位的元件。当工件定位孔的长径比 $L/d>1$ 时，工作部分可稍带锥度。设计花键心轴时，应根据工件的不同定心方式来确定定位心轴的结构，其配合可参考上述两种心轴。

心轴在机床上的常用安装方式如图 4-21 所示。

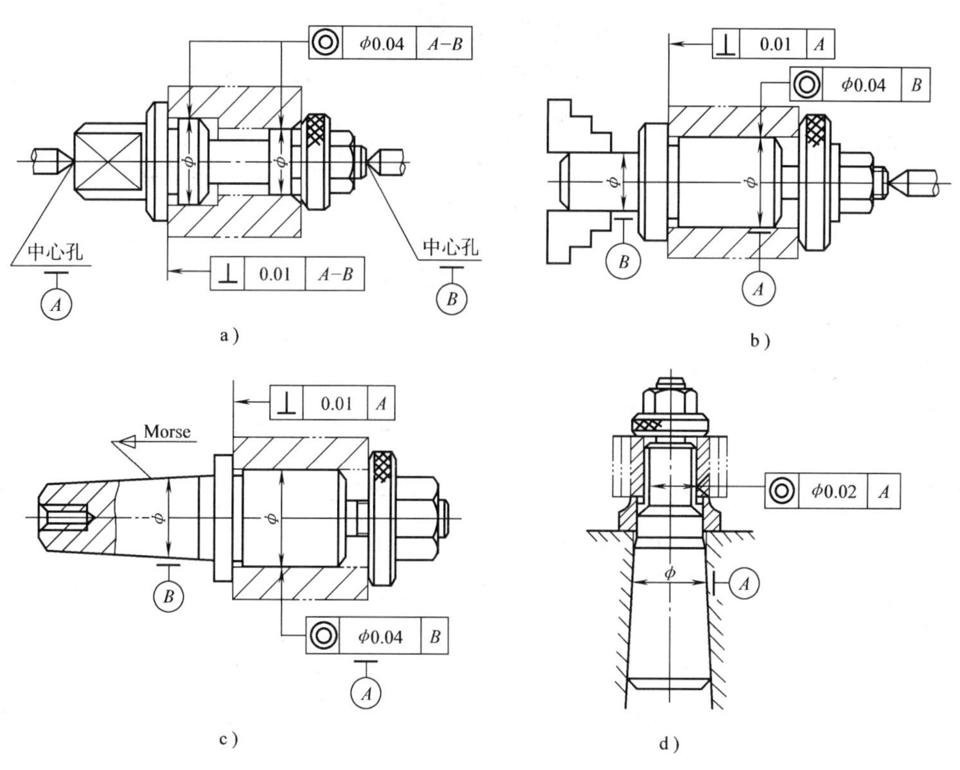

图 4-21 心轴在机床上的安装方式

为保证工件的同轴度要求，设计心轴时，夹具总图上应标注心轴各限位基面之间、限位圆柱面与顶尖孔或锥柄之间的位置精度要求，其同轴度可取工件相应同轴度的 1/2 ~ 1/3。

3. 圆锥销

图 4-22 所示为工件利用圆锥销定位的示意图，它限制了工件的 $\vec{X}$、$\vec{Y}$、$\vec{Z}$ 三个自由度。图 4-22a 所示用于粗定位基面，图 4-22b 所示的用于精定位基面。

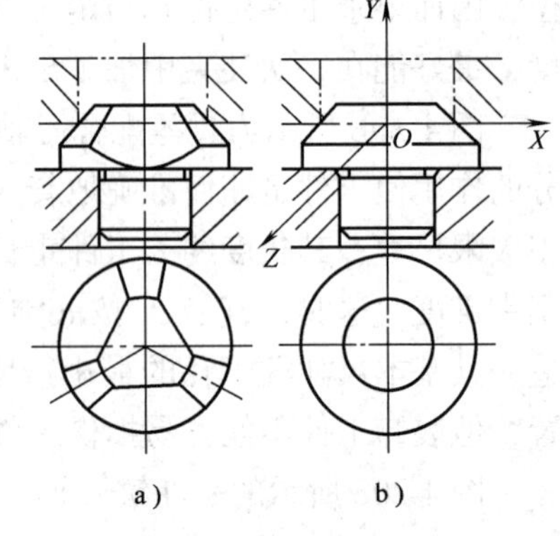

图 4-22 圆锥销定位

工件在单个圆锥销上定位容易倾斜，为此，圆锥销一般与其他定位元件组合定位，如图 4-23 所示。图 4-23a 所示的为圆锥-圆柱组合心轴，锥度部分使工件准确定心，圆柱部分可减少工件倾斜。图 4-23b 所示的是以工件底面作主要定位基面，采用活动圆锥销，只限制 $\vec{X}$、$\vec{Y}$ 两个自由度，即使工件的孔径变化较大，也能准确定位。图 4-24c 为工件在双圆锥销上定位，左端固定锥销限制 $\vec{X}$、$\vec{Y}$、$\vec{Z}$ 个自由度，右端为活动锥销，限制 $\widehat{Y}$、$\widehat{Z}$ 两个自由度。以上三种定位方式均限制工件五个自由度。

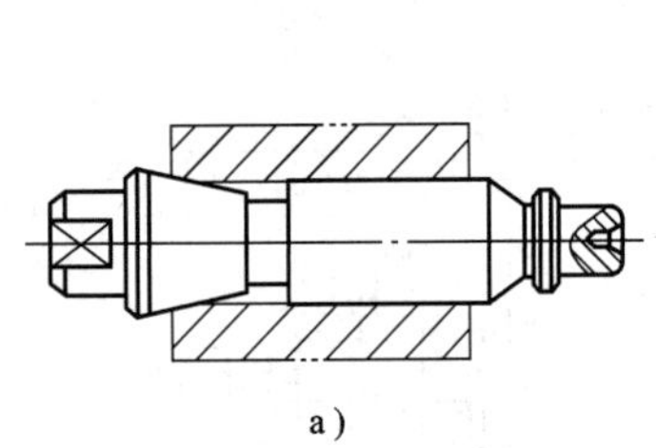

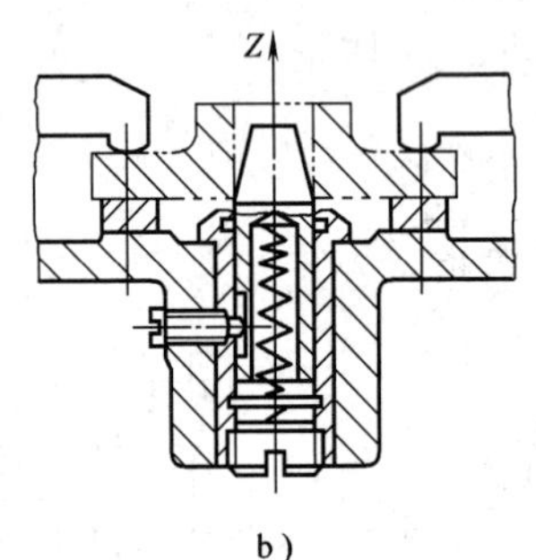

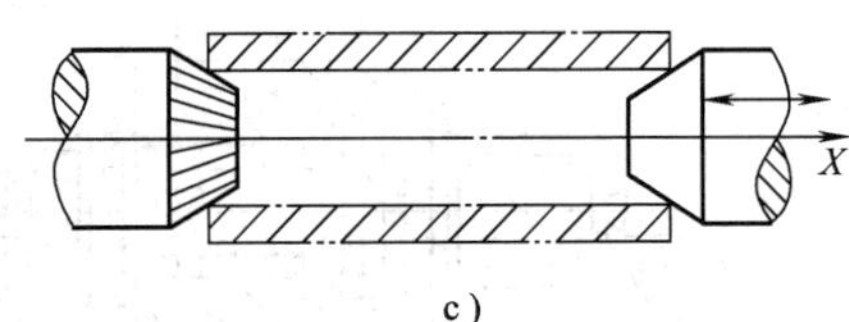

图 4-23 圆锥销组合定位

4. 锥度心轴（JB/T 10116—1999）

如图 4-24 所示，工件在锥度心轴上定位，并靠工件定位圆孔与心轴限位圆柱面的弹性变形夹紧工件。

这种定位方式的定心精度较高，可达 $\phi 0.02 \sim \phi 0.01$mm，但工件的轴向位移误差较大，适用于工件定位孔精度不低于 IT7 的精车和磨削加工，不能加工端面。

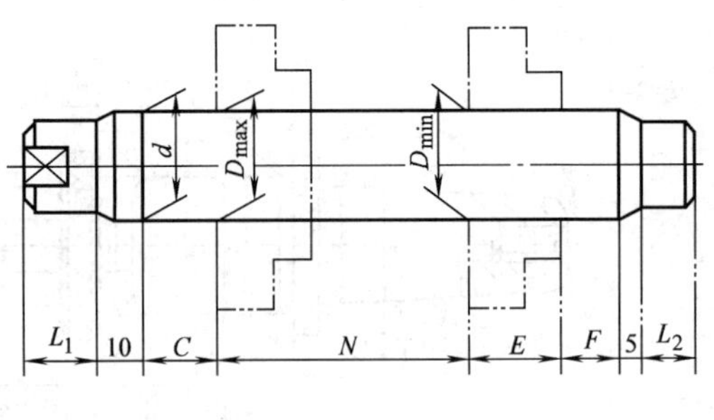

图 4-24 锥度心轴

锥度心轴的结构尺寸可查阅有关“夹具标准”或“夹具手册”。为保证心轴有足够的刚度，心轴的长径比 $L/d > 8$ 时，应将工件定位孔的公差范围分成 2 ~ 3 组，每组设计一根心轴。

三、工件以外圆柱面定位时的定位元件

工件以外圆柱面定位时，常用如下定位元件。

1. V 形块（JB/T 8018.1—1999）

如图 4-25 所示，V 形块的主要参数有：

D——标准心轴直径，即工件定位用外圆直径；

α——V形块两限位基准间夹角。有60°、90°、120°三种，以90°应用最广；

H——V形块的高度；

T——V形块的定位高度，即V形块限位基准至V形块底面的距离；

N——V形块的开口尺寸。

V形块已经标准化了。H、N等参数可从“夹具标准”或“夹具手册”中查得，但T必须计算。

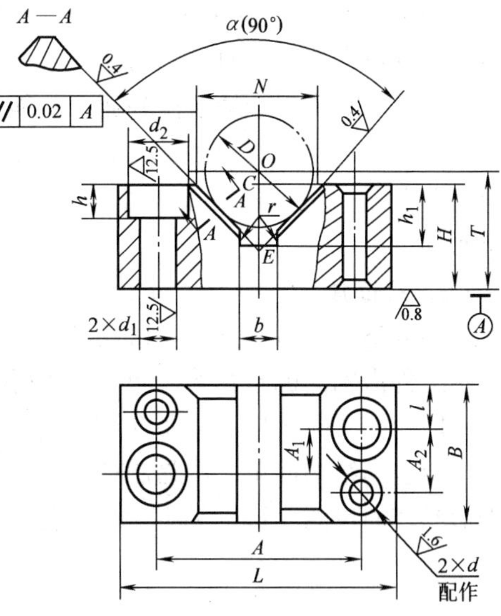

图4-25　V形块结构尺寸

图4-26为常用V形块的结构。图4-26 a用于较短的精定位基面；图4-26 b用于粗定位基面和阶梯定位面；图4-26c用于较长的精定位基面和相距较远的两个定位面。V形块不一定采用整体结构钢件，可在铸铁底座上镶淬硬支承板或硬质合金板，如图4-26d所示。

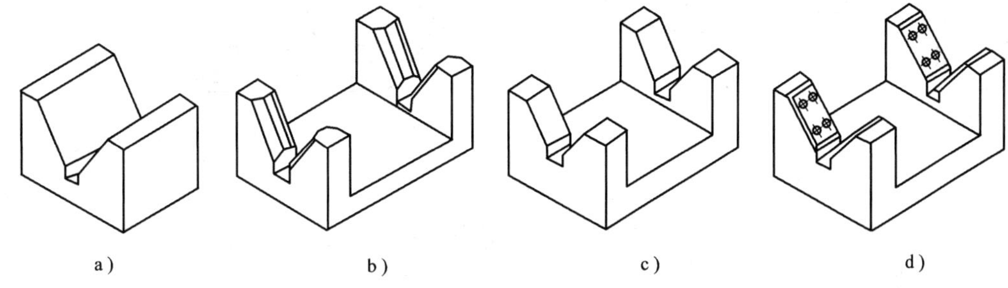

图4-26　V形块的结构形式

V形块有活动式（JB/T 8018.4—1999）、固定式（JB/T 8018.2—1999）和可调整式（JB/T 8018.3—1999）之分，活动V形块的应用如图4-27所示。图4-27a为加工轴承座孔时的定位方式，活动V形块除限制工件一个自由度之外，还兼有夹紧作用。图4-27 b中的V形块只

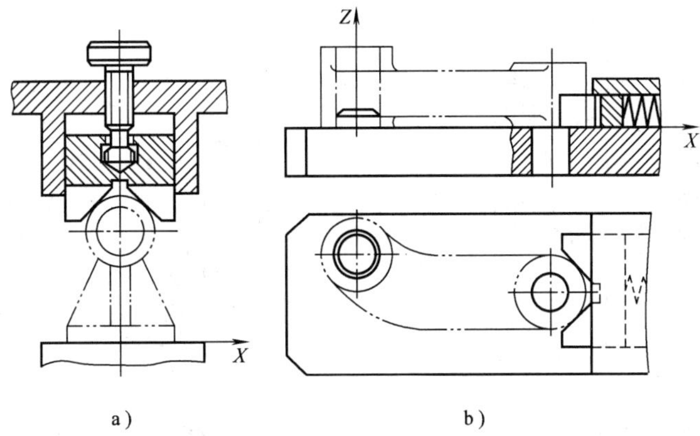

图4-27　活动V形块的应用

起定位作用，限制工件一个自由度。

固定V形块与夹具体的联接，一般采用两个定位销和2～4个螺钉，定位销孔是在装配时调整好位置后与夹具体通过钻、铰加工配作的，然后打入定位销。

V形块既能用于精定位基面，又能用于粗定位基面；能用于完整的圆柱面，也能用于局部圆柱面；而且具有对中性（使工件的定位基准总处在V形块两限位基面的对称面内），活动V形块还可以兼作夹紧元件。因此，当工件以外圆柱面定位时，V形块是用得最多的定位元件。

2. 定位套

图4-28所示为几种常用的定位套。其内孔轴线是限位基准，内孔面是限位基面。为了限制工件沿轴向的自由度，常与端面联合定位。用端面作为主要限位面时，应控制套的长度，以免夹紧时工件产生不允许的变形。

定位套结构简单、容易制造，但定心精度不高。实际生产中定位套应用不多，主要是用于形状较简单的小型轴类零件的定位。

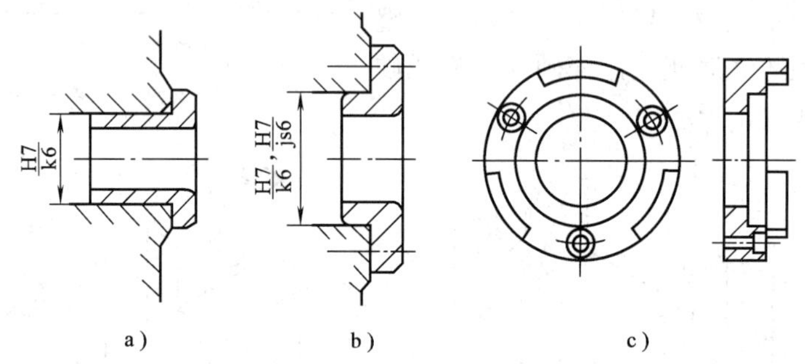

图4-28 常用定位套

3. 半圆套

如图4-29所示，下面的半圆套是定位元件，上面的半圆套起夹紧作用。这种定位方式主要用于大型轴类零件及不便于轴向装夹的零件。定位基面的精度不低于IT8～IT9，半圆套的最小内径应取工件定位基面的最大直径。

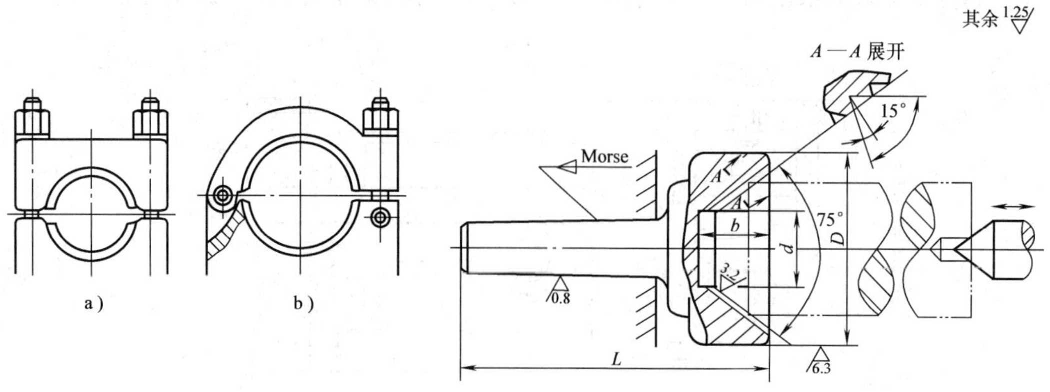

图4-29 半圆套定位装置

图4-30 工件在外拨顶尖锥孔中的定位

4. 圆锥套

图 4-30 为通用的外拨顶尖（JB/T 10117.3—1999）。工件以圆柱面的端部在外拨顶尖的锥孔中定位，锥孔中有齿纹，以便带动工件旋转。顶尖体的锥柄部分插入机床主轴孔中。

表 4-1 中列出了常用的定位元件及其所能限制的自由度，可供参考。

表 4-1　常见定位元件能限制的自由度

工件定位基面	定位元件	定位简图	定位元件特点	限制的自由度
平面 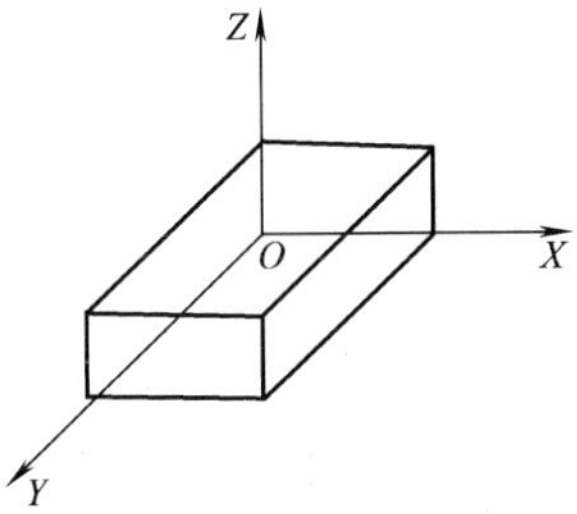	支承钉	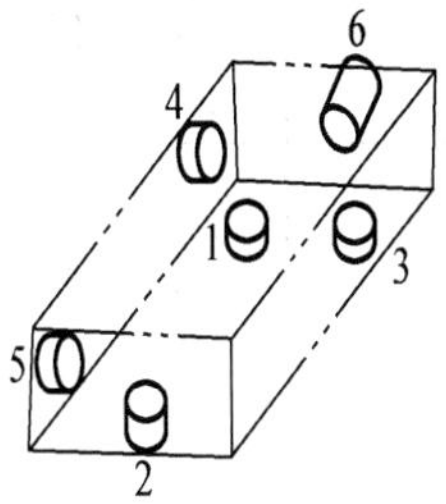		1、2、3—$\vec{Z}$、$\widehat{X}$、$\widehat{Y}$ 4、5—$\vec{X}$、$\widehat{Z}$ 6—$\vec{Y}$
	支承板	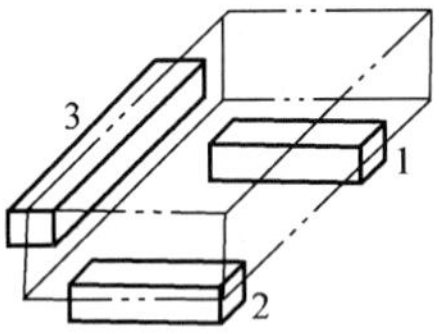		1、2—$\vec{Z}$、$\widehat{X}$、$\widehat{Y}$ 3—$\vec{X}$、$\widehat{Z}$
圆孔 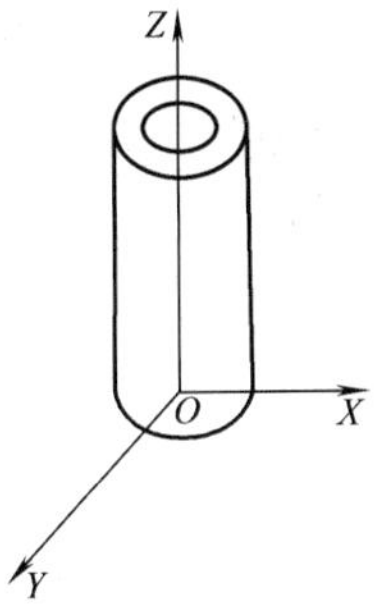	定位销（心轴）	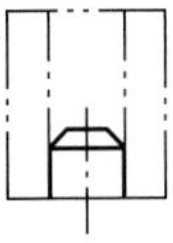	短销（短心轴）	$\vec{X}$、$\vec{Y}$
		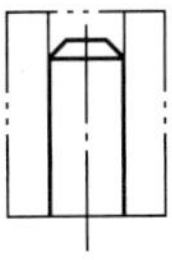	长销（长心轴）	$\vec{X}$、$\vec{Y}$ $\widehat{X}$、$\widehat{Y}$
	菱形销	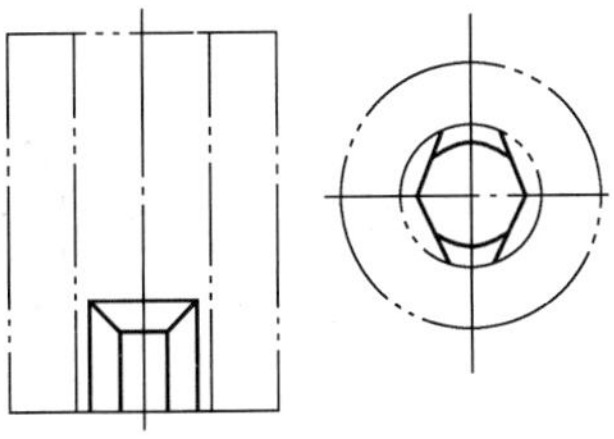	短菱形销	$\vec{Y}$

（续）

工件定位基面	定位元件	定位简图	定位元件特点	限制的自由度
圆孔 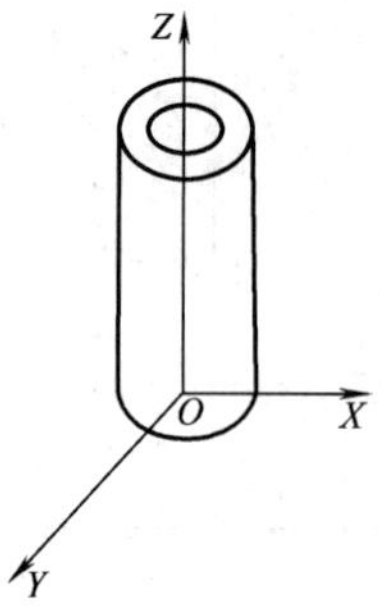	菱形销	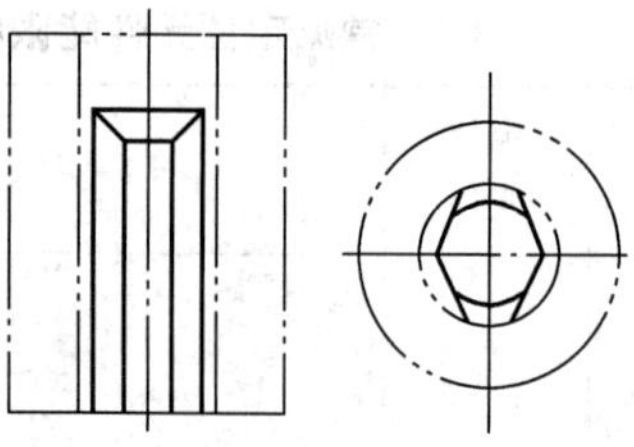	长菱形销	$\vec{Y}$、$\widehat{X}$
	锥销	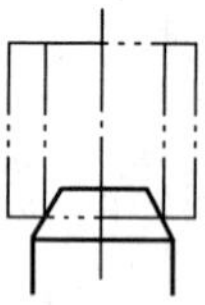		$\vec{X}$、$\vec{Y}$、$\vec{Z}$
		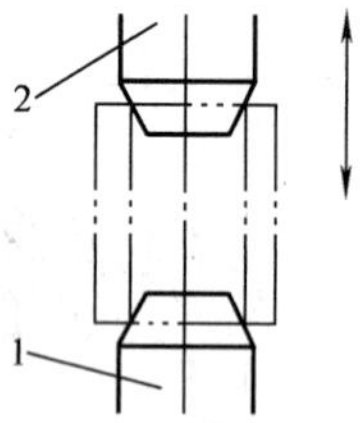	1—固定锥销 2—活动锥销	$\vec{X}$、$\vec{Y}$、$\vec{Z}$、$\widehat{X}$、$\widehat{Y}$
外圆柱面 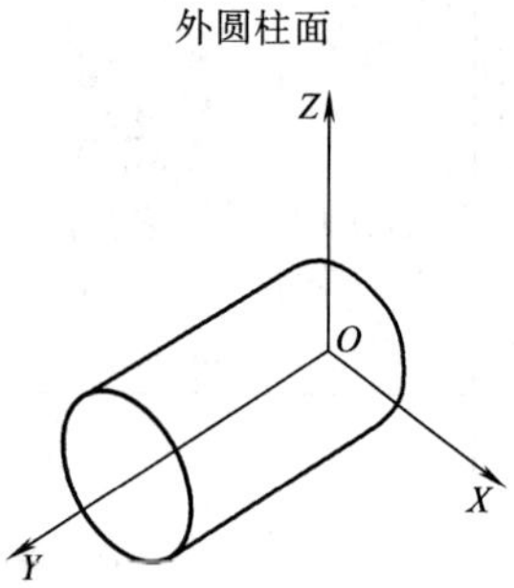	支承板或支承钉	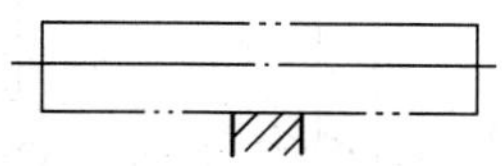	短支承板或支承钉	$\vec{Z}$
		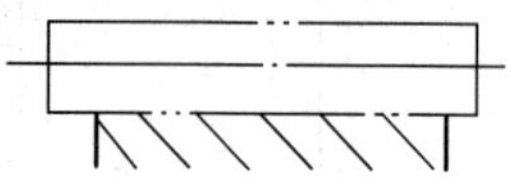	长支承板或两个支承钉	$\vec{Z}$、$\widehat{X}$
	V 形块	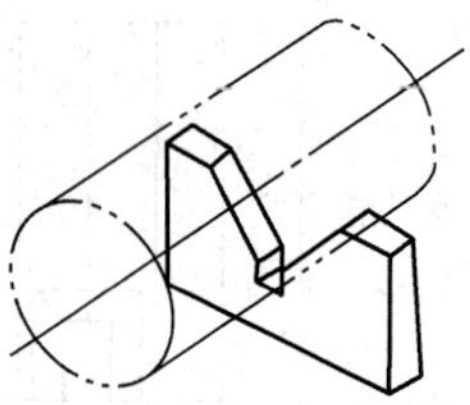	窄 V 形块	$\vec{X}$、$\vec{Z}$

（续）

工件定位基面	定位元件	定位简图	定位元件特点	限制的自由度
外圆柱面 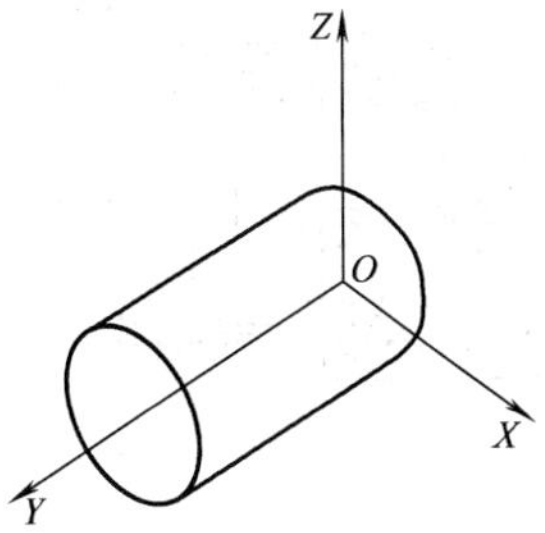	V 形块	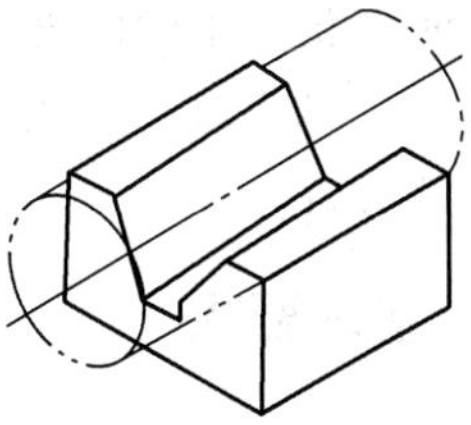	宽 V 形块	$\vec{X}$、$\vec{Z}$ $\overset{\curvearrowright}{X}$、$\overset{\curvearrowright}{Z}$
	定位套	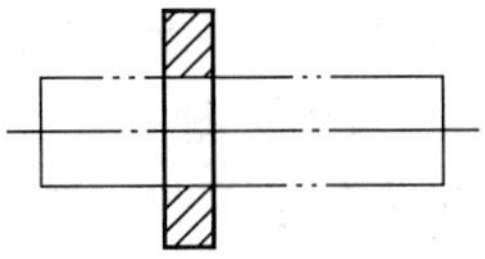	短套	$\vec{X}$、$\vec{Z}$
		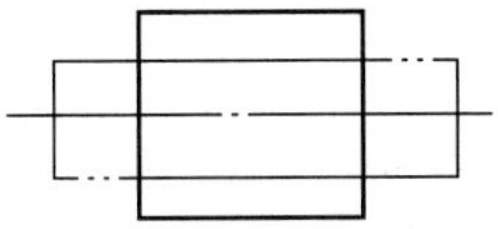	长套	$\vec{X}$、$\vec{Z}$ $\overset{\curvearrowright}{X}$、$\overset{\curvearrowright}{Z}$
	半圆套	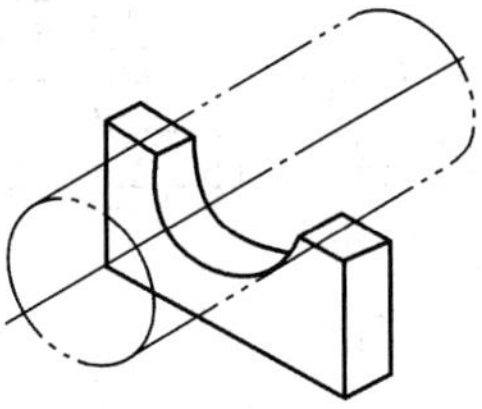	短半圆套	$\vec{X}$、$\vec{Z}$
			长半圆套	$\vec{X}$、$\vec{Z}$ $\overset{\curvearrowright}{X}$、$\overset{\curvearrowright}{Z}$
	锥套	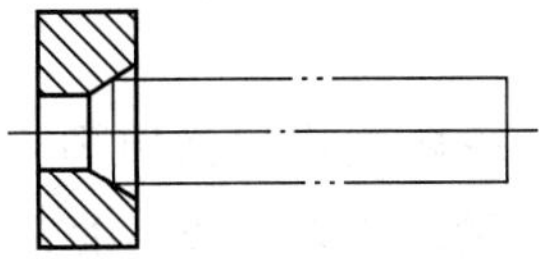		$\vec{X}$、$\vec{Y}$、$\vec{Z}$
		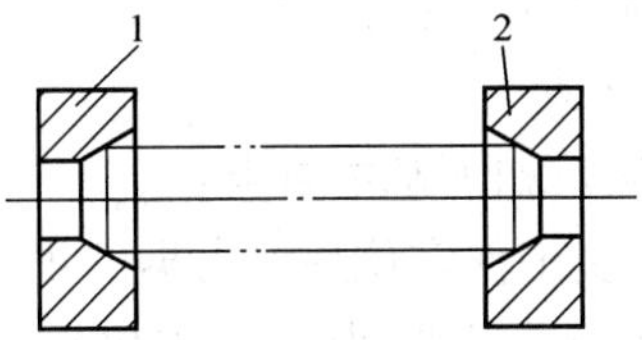	1—固定锥套 2—活动锥套	$\vec{X}$、$\vec{Y}$、$\vec{Z}$ $\overset{\curvearrowright}{X}$、$\overset{\curvearrowright}{Z}$

第四节 工件在夹具中的夹紧

在机械加工中，工件的定位和夹紧是两个密切联系的工作过程，在装夹工件时，先把工件放置在夹具的定位元件上，使它获得正确位置，然后采用一定的机构将它压紧夹牢，以保证在加工过程中不会由于切削力、离心力、惯性力、重力等作用而产生位置的改变。这种将工件压紧夹牢的机构，称为夹紧装置。

一、夹紧装置的组成及基本要求

1. 夹紧装置的组成

夹紧装置的结构形式是多种多样的，夹具结构的复杂程度主要取决于夹紧装置。在生产中，为了提高生产率和减轻工人的劳动强度，广泛使用了气压、液压和电力等传动装置，使夹紧工件的过程实现机械化或自动化。图4-31所示为气压传动的铣床夹具。转动配气阀1的手柄，使压缩空气由管道2进入气缸右腔，活塞3左移，通过活塞杆4推动单铰链压板5，使压板6夹紧工件，反转配气阀手柄，工件被松开。

由以上分析可知，夹紧装置由两部分组成：

（1）夹具的力源及传动装置 它产生力源（作用力），如图4-31所示中的配气阀、管道、气缸、活塞杆等。

（2）夹紧机构 由中间递力机构和夹紧元件组成。它的作用是传递作用力使之变为夹紧力并执行夹紧任务。如图4-31所示中的单铰链压板5、压板6等。在递力过程中，根据夹紧的需要，它可以起到如下作用：

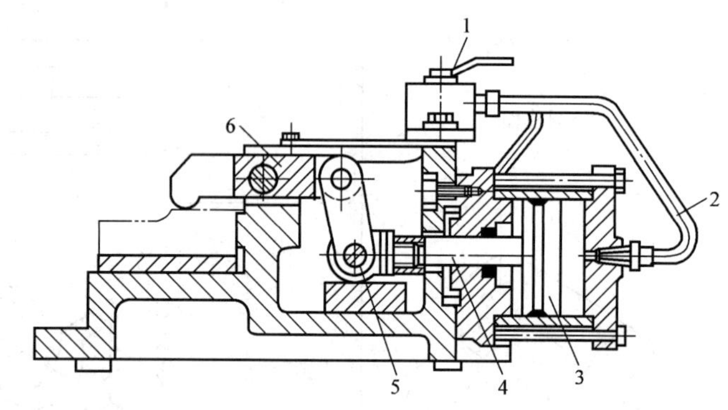

图4-31 气压传动铣床夹具

1—配气阀 2—管道 3—气缸 4—活塞杆 5—单铰链压板 6—压板

1）改变作用力的方向。如图4-31所示，活塞杆产生的水平方向作用力，通过夹紧机构传到工件变为垂直夹紧力。

2）改变作用力的大小。一般利用斜面原理、杠杆原理改变作用力的大小（通常是增力）。如图4-31中使用杠杆铰链式增力机构，增大夹紧力。

3）自锁作用。使工件在力源消失之后，仍能得到可靠的夹紧。

显然，并非所有夹紧装置都由上述几部分组成，如手动夹紧，力源是人力，没有传动装置，有些简单的夹紧机构则没有中间机构等。

2. 对夹紧装置的基本要求

设计夹紧装置时，应满足如下基本要求：

1）夹紧过程中，不改变工件定位后所占据的正确位置。

2）夹紧力的大小要适当，既要保证工件在整个加工过程中其位置稳定不变，振动小，又要使工件不产生过大的夹紧变形。

3）工艺性好，夹紧装置的结构力求简单，便于制造、调整和维修。

4）使用性好，夹紧装置的操作应当方便，安全省力。

二、设计夹紧装置时的基本问题

设计夹紧装置，要合理地确定夹紧力的方向、作用点的数量和位置、作用力的大小和夹紧行程等。

1. 夹紧力方向的确定准则

（1）夹紧力应朝向主要定位基准　主要定位基准的面积较大，消除的自由度较多，容易保持装夹稳固，从而有利于保证工序精度要求。

如图 4-32a 所示，被加工孔与车端面有垂直度要求，因此，夹紧力 F_J 朝向主要定位基准 A。这样做有利于保证孔与左端面的垂直度要求。如果夹紧力改朝 B 面，由于工件的左端面与底面的夹角有误差，夹紧时将破坏工件的定位，不能保证孔与左端面的垂直度。又如图 4-32b 所示，夹紧力 F_J 朝向 V 形块，使工件的装夹稳定可靠。如 F_J 改朝 B 面，由于工件的轴线与端面有垂直度误差，夹紧时工件定位表面可能离开 V 形块的工作面。这不仅破坏了定位、还影响了键槽底面与轴线平行度要求。

（2）夹紧力的方向应尽量与切削力、工件重力同向　如图 4-33 所示，夹紧力 F_J、切削力 F 和工件重力 W 三者方向一致，这时所需夹紧力最小。在大型工件上钻小孔时，由于工件重力所产生的的摩擦扭矩比钻孔时的钻削力和扭矩大的多，可以不施加夹紧力。

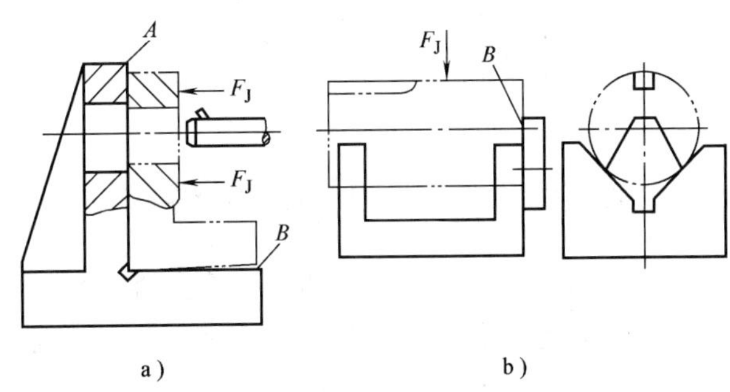

图 4-32　夹紧力朝向主要定位基准

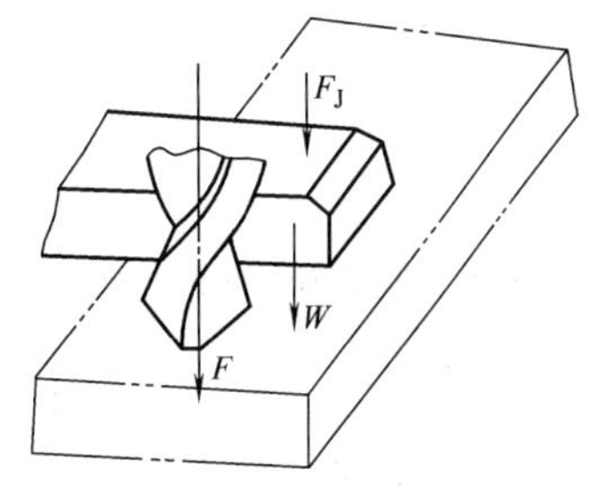

图 4-33　夹紧力、切削力和工件重力方向相同

生产中还经常碰到如图 4-34 所示情况。夹紧力与切削力、工件重力三者方向相互垂直，这时须依靠夹紧力和工件重力所产生的摩擦力来克服切削力，故所需的夹紧力较大。

有时还遇到夹紧力与切削力、工件重力方向相反的情况。如图 4-35 所示，由于工件的结构及加工要求所限制，只能采用这种装夹方法，这时所需的夹紧力必须大于切削力和工件重力之和，才能防止工件在加工时离开定位元件和产生振动。

（3）夹紧力指向应有利于增强夹紧刚性　在夹紧系统中，工件常是系统中的薄弱环节，因此夹紧力对工件的指向，对整个夹紧系统影响重大。如图 4-36a 所示，若径向夹紧，工件变形很大，若采用图 4-36b 所示的方式，以轴向夹紧代替径向夹紧，可避免工件的变形。

2. 夹紧力作用点的确定准则

（1）夹紧力作用点应落在工件刚性较好的部位　正确确定作用点不仅能增强系统刚性，而且可将工件产生的夹紧变形降至最小。图 4-37a、b 所示为工件产生较大变形的错误方案，

图 4-37c、d 所示为正确方案。

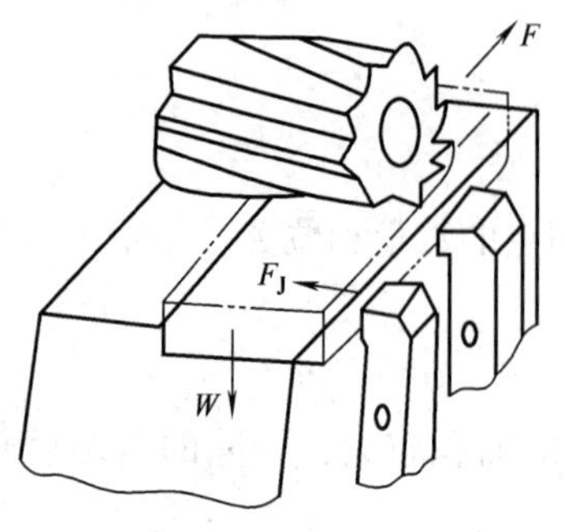

图 4-34 夹紧力、切削力和工件重力相互垂直

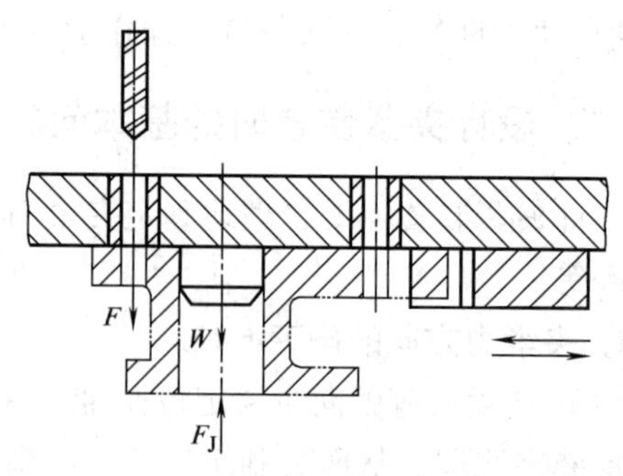

图 4-35 夹紧力、切削力和工件重力方向相反

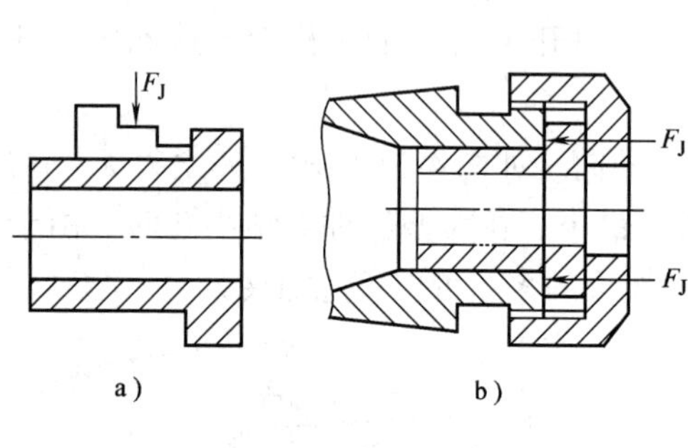

图 4-36 夹紧力指向应有利于夹紧刚性

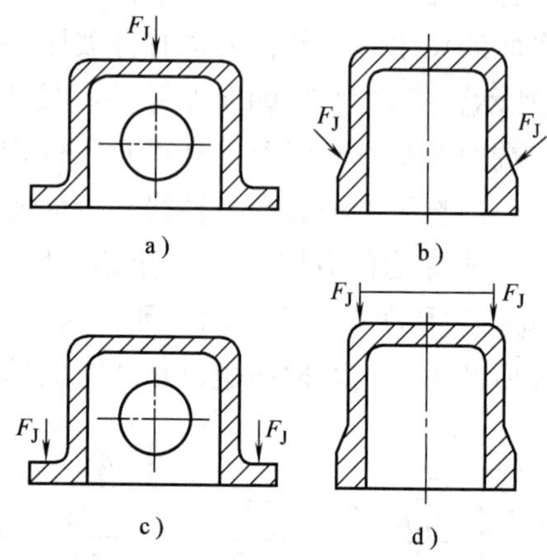

图 4-37 夹紧力作用点应在工件刚性较好的部位

（2）作用点要尽量靠近被加工部位 作用点要尽量靠近被加工部位，使工件在加工过程中不易产生位移、振动及变形。当作用点只能远离切削部位造成刚性不足时，则可在接近加工部位设置辅助支承，（如图 4-38b 所示），或再加上辅助夹紧力 F_J，以防加工时发生振动，影响加工质量。

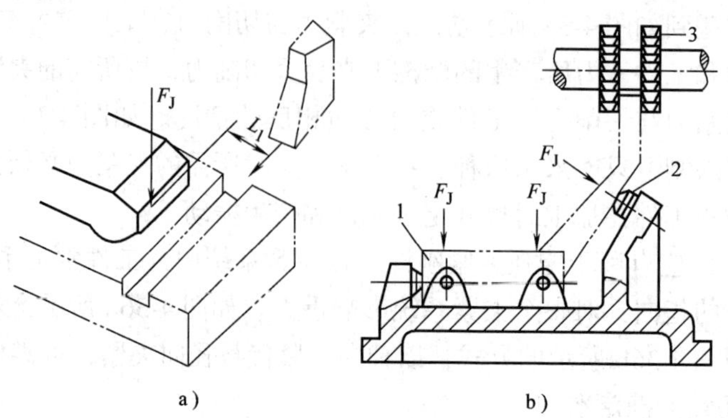

图 4-38 夹紧力作用点应尽量靠近加工部位

1—工件 2—辅助支承 3—铣刀

（3）夹紧力的作用点应落在定位元件的支承范围内　如图 4-39 所示夹紧力的作用点落在了定位元件的支承范围外，夹紧时破坏了工件的定位，因而是错误的。

3. 夹紧力大小的计算

加工过程中，工件受到切削力、离心力、惯性力及重力的作用，从理论上讲夹紧力应与上述各力（矩）平衡。实际上，夹紧力的大小还与工艺系统的刚性、夹紧机构的递力效率有关，而且，切削力的大小在加工过程中是变化的。因此，夹紧力的计算是个很复杂的问题，只能进行粗略的估算。

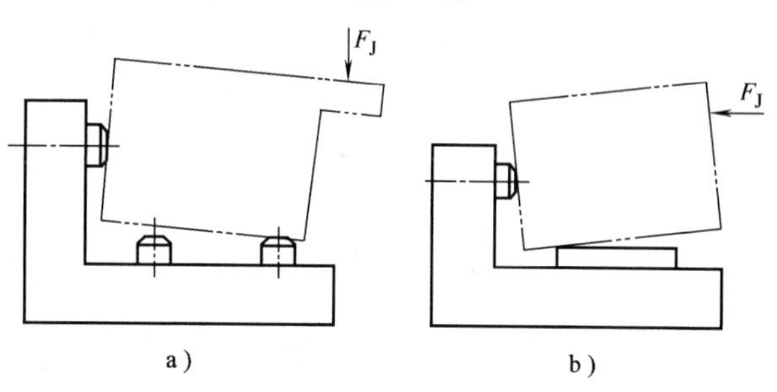

图 4-39　夹紧力作用点不正确

首先，假设系统为刚性，切削过程处于稳定状态。找出对夹紧最不利的瞬时状态，估算此状态下所需的夹紧力。常规情况下，只能考虑主要因素在力系中的影响，略去次要因素在力系中的影响。如小型工件，可略去重力不计；重型工件的加工，要计入重力对夹紧的影响；工件作高速运转时，必须计入惯性力对夹紧的影响。

然后，将夹紧力 F_J 乘以总安全系数 K，得实际需要夹紧力。即

$$F_{Jk} = k \times F_J \tag{4-1}$$

式中　$k = k_0 \times k_1 \times k_2 \times k_3 \cdots$，$k_0$、$k_1$、$k_2$、$k_3$ 为各因素的安全系数，详见表 4-2。

表 4-2　各种因素的安全系数

考　虑　因　素		系　数　值
k_0——基本安全系数（考虑工件材质、余量是否均匀）		1.2～1.5
k_1——加工性质系数	粗加工	1.2
	精加工	1.0
k_2——刀具钝化系数		1.1～1.3
k_3——切削特点系数	连续切削	1.0
	断续切削	1.2

注：通常情况下，取 $k=1.5\sim2.5$，当夹紧力与切削力方向相反时，取 $k=2.5\sim3$。

设计工作中，一般不采用计算方法来确定夹紧力的大小，这是因为在切削过程中加工余量、工件硬度、刀具的使用和磨损等因素是变化的，切削力很难计算准确。因此对于手动夹紧装置，常根据经验或用类比的方法确定夹紧力。若需要比较准确地确定夹紧力的数值，如设计气压、液压传动装置的多件夹紧装置，或夹紧容易变形的工件时，则多采用切削力测力仪进行实测或进行实验等方法，确定切削力的大小后，再估算所需夹紧力的数值。

第五节　基本夹紧机构

基本夹紧机构是指夹具中最常用的斜楔、螺旋、圆偏心以及由它们组成的夹紧机构。

一、斜楔夹紧机构

图 4-40 所示为几种斜楔夹紧机构应用实例。图 4-40a 所示的是在工件上钻互相垂直的

$\phi 8$mm 和 $\phi 5$mm 两组孔，工件装入后，敲击斜楔木头，夹紧工件。加工完毕，敲击小头松开工件，由于用斜楔直接夹紧工件的夹紧力较小，且操作费时费力，故实际生产中多数情况将斜楔与其他机构联合使用。图 4-40b 所示的是斜楔与滑柱组成的夹紧机构。图 4-40c 所示的是由端面斜楔与压板组合而成的夹紧机构。

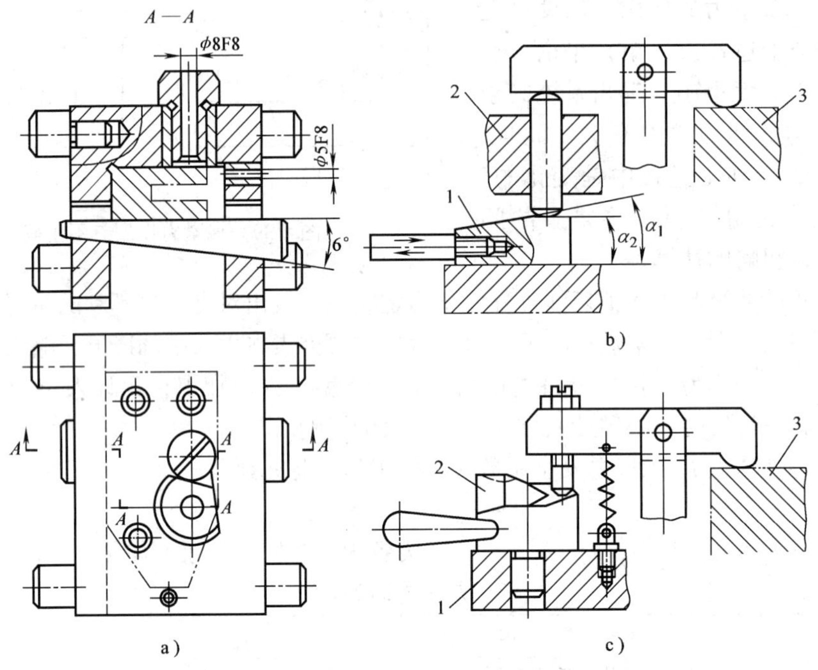

图 4-40 斜楔夹紧机构

1—夹具体 2—斜楔 3—工件

1. 设计斜楔夹紧机构的基本问题

（1）斜楔夹紧力的计算 斜楔受作用力 F_Q 以后产生的夹紧力 F_J，可按斜楔受力的平衡条件求出。由图 4-41a 可知，斜楔与工件相接触的一面受到工件对它的反力（即夹紧力）F_J 和摩擦力 F_1 的作用，而斜楔与夹具体相接触的一面受到夹具体给给它的反力 F_N 和摩擦力 F_2 的作用。在上述五个力的作用下，斜楔处于平衡状态。

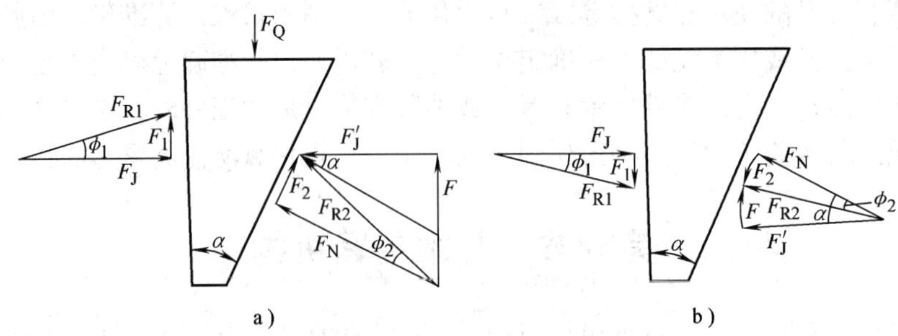

图 4-41 斜楔受力分析

将 F_1 与 F_J 合成为 F_{R1}，摩擦角为 ϕ_1；将 F_N 和 F_2 合成为 F_{R2}，摩擦角为 ϕ_2。再将 F_{R2}

分解成为水平分力 F_J' 和垂直分力 F。

根据静力学平衡条件得

$$F_J' = F_J$$

$$F_Q = F_1 + F$$

因为

$$F_1 = F_J \times \tan\phi_1$$

$$F = F_J'\tan(\alpha + \phi_2)$$

所以

$$F_J = \frac{F_Q}{\tan\phi_1 + \tan(\alpha + \phi_2)}$$

式中　F_J——斜楔对工件的夹紧力（N）；

α——斜楔升角，一般取 $\phi = 6° \sim 10°$；

F_Q——作用在斜楔大端的原始作用力（N）；

ϕ_1——斜楔与工件间的摩擦角；

ϕ_2——斜楔与夹具体间的摩擦角。

设 $\phi_1 = \phi_2 = \phi$，当 α 很小时（$\alpha \leqslant 10°$），可用下式近似计算

$$F_J = \frac{F_Q}{\mathrm{tg}(\alpha + 2\phi)} \tag{4-2}$$

这一简化计算式，当 $\alpha \leqslant 30°$，$f \leqslant 0.15$ 时，其误差不超过10%。

（2）斜楔夹紧机构的自锁条件　斜楔在外力除去后应能自锁。图4-41b 所示为斜楔自锁时的受力情况，从图上可以看出，机构若能自锁，必须满足下式：

$$F_1 \geqslant F$$

因为

$$F_1 = F_J\tan\phi_1$$

$$F = F_J\tan(\alpha - \phi_2)$$

$$F_J' = F_J$$

所以

$$\tan\phi_1 = \tan(\alpha - \phi_2)$$

若

$$\phi_1 = \phi_2 = \phi$$

则

$$\alpha \leqslant 2\phi$$

故 $\alpha \leqslant 2\phi$，即 $\alpha \leqslant 11° \sim 17°$ 为斜楔夹紧的自锁条件。

2. 斜楔夹紧机构的特点

1）有增力作用，夹紧行程小。夹紧力增大倍数等于夹紧行程的缩小倍数。

2）斜楔夹紧机构，改变了原始作用力的方向。

3）结构简单，但操作不方便。

3. 斜楔升角的选择与斜楔夹紧机构的应用

由于 α 对夹紧力与夹紧行程在自锁型的效应方面是矛盾的，故选定 α 值时应兼顾它们的需要。

手动夹紧机构以获取良好的增力、自锁效果为主，故 α 应选较小值，一般取 $\alpha=6°\sim8°$。

自锁型机动夹紧机构中，取 $\alpha\leqslant12°$，或采用双升角斜楔（如图4-40b所示），以获得行程、增力、自锁的良好效果。起始时大升角 α_1，快速趋近工件，最终夹紧时，小升角 α_2 使夹紧装置得到可靠的自锁性和输出较大的夹紧力。

非自锁型机动夹紧，常取 $\alpha=15°\sim30°$。

4. 斜楔夹紧机构的适用范围

由于手动单一斜楔夹紧机构的夹紧力小，波动大，敲击费时费力，因此，直接用斜楔夹紧工件的情况很少，而普遍应用斜楔与其他机构组合对工件实现夹紧。

二、螺旋夹紧机构

螺旋夹紧机构是指用螺钉、螺母、垫圈、压板等元件组成的夹紧机构。

螺旋夹紧机构结构简单，夹紧可靠、通用性强、自锁性好，夹紧力和夹紧行程较大，故在夹具中得到广泛的应用。

1. 单一螺旋夹紧机构

（1）单一螺旋夹紧力的计算　螺旋夹紧实际上是斜楔的一种变形，其螺杆可视为一个绕在圆柱上的螺旋状斜楔。图4-42所示为方牙螺旋副夹紧的作用原理和受力示意图。F_2 为工件对螺杆的摩擦力，分布在整个接触面上，计算时可视为集中在当量摩擦半径 r' 的圆周上。（r' 见表4-3）。F_1 为螺孔对螺杆的摩擦力，也分布在整个接触面上，计算时可视为集中在螺纹中径 d_0 处。根据平衡条件

$$F_QL = r'F_J\tan\phi_2 + F_J\tan(\beta+\phi_1)(d_0/2)$$

所以

$$F_J = \frac{F_QL}{r'\tan\phi_2 + \tan(\alpha+\phi_1)(d_0/2)} \tag{4-3}$$

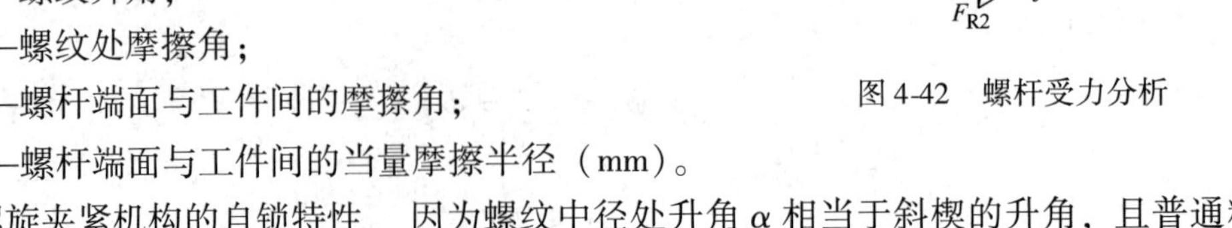

式中　α——螺纹升角；

ϕ_1——螺纹处摩擦角；

ϕ_2——螺杆端面与工件间的摩擦角；

r'——螺杆端面与工件间的当量摩擦半径（mm）。

图4-42　螺杆受力分析

（2）螺旋夹紧机构的自锁特性　因为螺纹中径处升角 α 相当于斜楔的升角，且普通粗牙螺纹 $\alpha=2°30'\sim3°30'$，即 $\alpha<\phi_1+\phi_2$ 故自锁可靠。

2. 螺旋夹紧机构的应用

（1）单个螺旋夹紧机构　如图4-43所示，直接用螺钉、螺母夹紧工件的机构，称为单个螺旋夹紧机构。在图4-43a中，用螺钉头部直接夹紧工件，容易损伤受压表面，在旋紧螺钉时易引起工件转动，因此常在螺钉头部装上可以摆动的压块（如图4-43b所示），以防止发生上述现象。图4-45c所示为用JB/T 8004.2—1999球面带肩螺母夹紧的结构。螺母和工件

表 4-3　螺杆端部的当量摩擦半径

形式	Ⅰ	Ⅱ	Ⅲ	Ⅳ
	点接触	平面接触	圆周线接触	圆环面接触
简图				
当量半径	0	$\frac{1}{3}d_0$	$R\cot\frac{\beta_1}{2}$	$\frac{1}{3}\frac{D^3-D_0^3}{D^2-D_0^2}$

4 之间加球面垫圈，可使工件受到均匀的夹紧力并避免螺杆弯曲。

标准压块的结构有两种，如图 4-44 所示，A 型为光面压块，用于夹紧已加工表面；B 型为槽面压块，用于夹紧毛坯的粗糙表面；图 4-44c 所示为特殊设计的摆动压块。

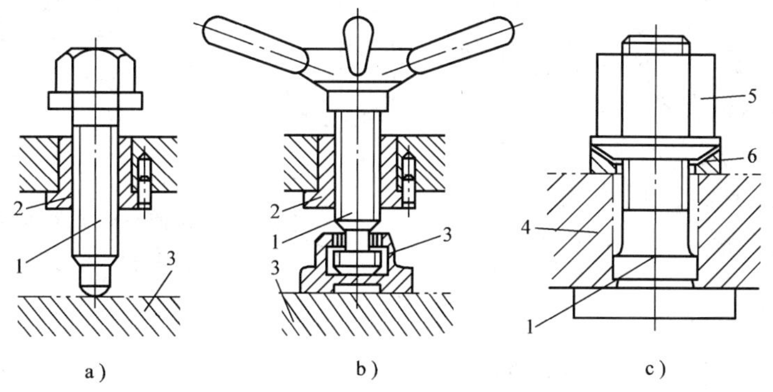

图 4-43　简单螺旋夹紧

1—螺钉　2—螺母套　3—摆动压块　4—工件　5—球面带肩螺母　6—球面垫圈

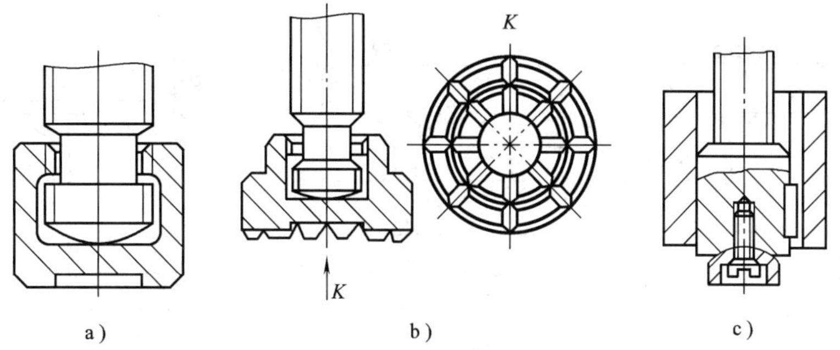

图 4-44　摆动压块

（2）快速螺旋夹紧机构　为了克服螺旋夹紧动作慢，耗时多等缺点，可设计各种能快速操作的螺旋夹紧机构。

图4-45a所示为带滚花螺母的螺旋夹紧机构。借助摩擦带动螺钉钩头压板退出（与限位块C面相靠）或进入（与B面相靠），实现工件的装卸。图4-45b所示为螺旋与移动压板组成的夹紧机构，实现工件的内部夹紧，松开后，压板推向左，即可装卸工件。在图4-45c中使用了开口垫圈。图4-45d所示为枪栓式快夹机构，螺杆上的直槽可以快速推近终夹位置，然后转动手柄，夹紧工件并自锁。

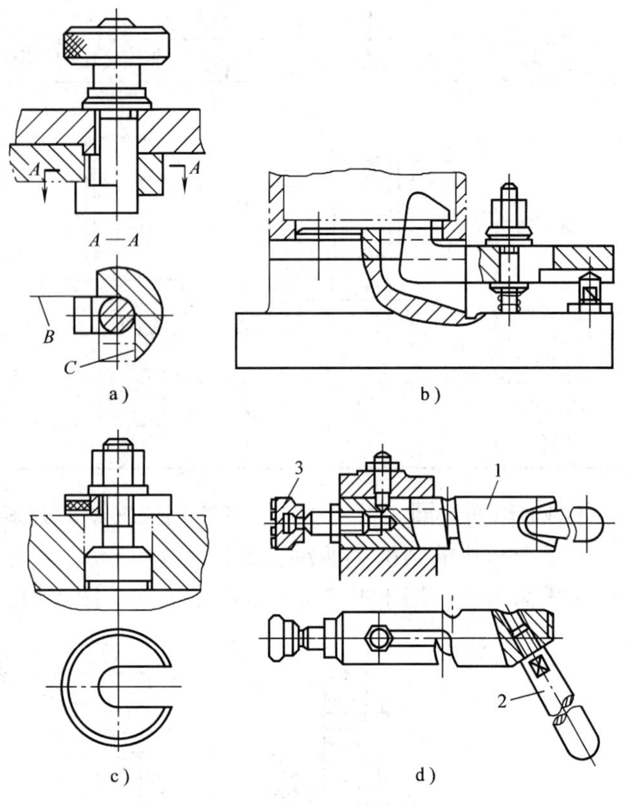

图4-45 快速螺旋夹紧机构
1—夹紧轴 2—手柄 3—摆动压块

（3）组合式螺旋夹紧机构 螺旋夹紧机构常与各种压板构成组合式夹紧机构。该机构便于调整夹紧力的大小、指向、作用点及夹紧行程，使夹紧系统和整个夹具得到合理、灵活的布局，实现工件的快速装卸，因此得到广泛的应用。

图4-46中根据压板的支点、力点不同列出螺旋压板夹紧机构的基本形式（附三种机构旋力示意图）。若螺旋夹紧机构的原始作用力为F_Q，则压板对工件的夹紧力可按下式计算

$$F_J = \frac{L_1}{L_2} F_Q \eta \qquad (4\text{-}4)$$

式中 η——机械效率，一般$\eta = 0.95$。

图4-46b所示为效率最低的螺旋压板机构，若不计摩擦损失，当$L_1 = L_2/2$，夹紧力只有原始作用力的一半；图4-46c所示中的夹紧力比原始作用力大，故较省力。

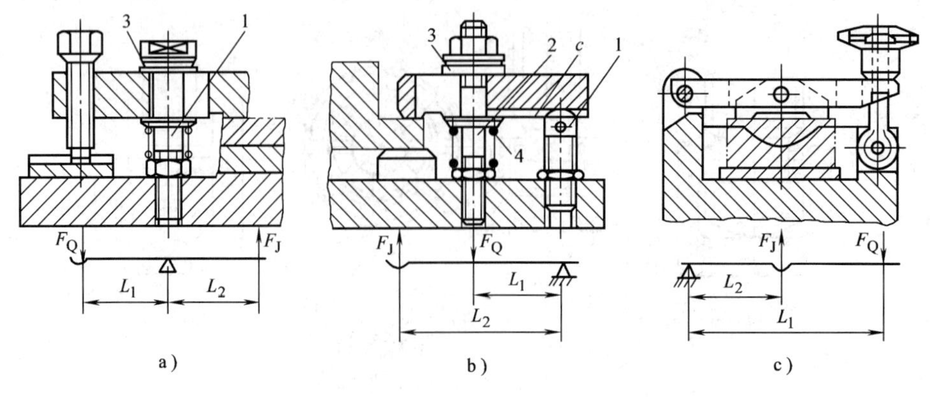

图4-46 螺旋压板夹紧机构
1—支柱 2—螺柱 3—球面垫圈 4—弹簧

螺旋压板机构应用较为普遍，设计时应注意如下问题：①支柱 1 和螺柱 2 的高度必须可以调节；②压板与螺母间应安放球面垫圈，以免因压板的位置变化造成夹紧系统变形而影响加工质量、夹具的正常使用寿命；③设置复位弹簧 4，使压板在松夹时自行抬起；④压板底面应有限位槽 C 或者复位槽；⑤常选用厚螺母以便安全迅速的使用扳手夹紧。以上设计细节对保证操作效率减轻劳动强度，是非常重要的。

（4）钩形压板夹紧机构　若夹具上安装夹紧机构的位置受到限制，不能采用上述各种压板时，可以采用钩形压板结构，如图 4-47 所示，该机构的特点是结构紧凑，使用方便。

（5）螺旋压板夹紧单元　能起夹紧功能的独立结构单元称为夹紧单元。夹紧单元具有通用性和组合性，因而能与不同的夹具或各种独立部件（如通用动力部件等）组合使用，或直接装在机床工作台上，对工件实施夹紧，以减少夹具的设计、制造周期及成本。

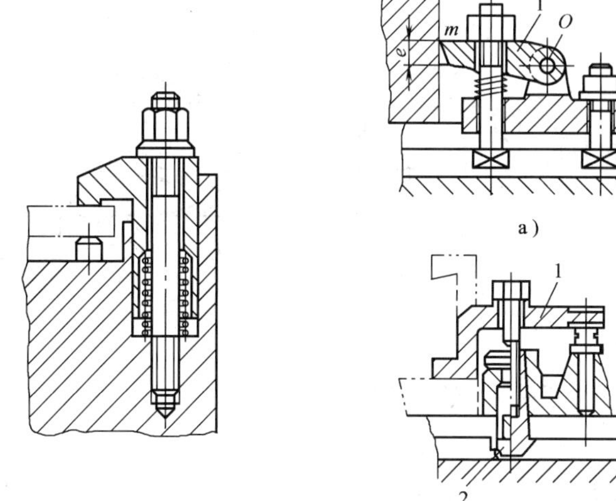

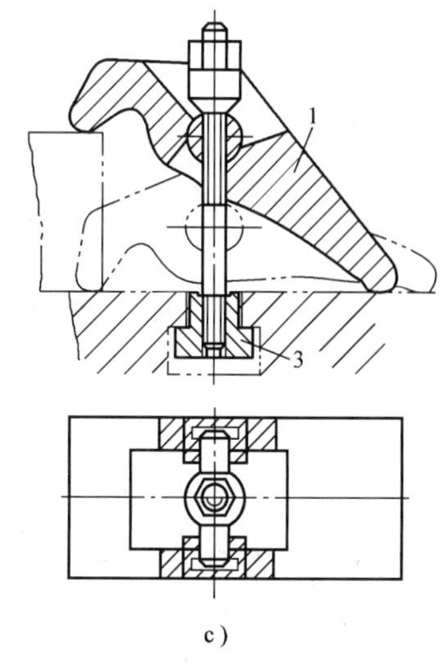

图 4-47　螺旋钩形压板

图 4-48　螺旋压板夹紧单元

1—压板　2—T 型螺钉　3—T 型螺母

图 4-48 所示为螺旋压板夹紧单元的部分实例。图 4-48a 所示为在工件的垂直毛面上施力夹紧的夹紧单元，因着力点 m 比铰链中心（即压板回转中心）高出 e 值，故能对工件施加双向夹紧力。图 4-48b 所示的夹紧单元，压板可以正、反作用，并且支点和力点的高度也可调节，因而能获得相当大的夹紧范围。图 4-48c 所示为万能自调式夹紧压板，无须调节，就可对夹紧尺寸在 100mm 以内的工件进行夹压。

以上三种夹紧单元都通过联接元件端部的 T 型结构（如 T 型螺钉 2、T 型螺母 3）与组合件上的 T 型槽相结合，调节位置和紧固。

三、偏心夹紧机构

偏心夹紧机构是指用偏心元件或与其他元件组合，对工件实施夹紧的机构。偏心元件有圆偏心和曲线偏心两种，圆偏心是回转中心与几何中心不相重合的圆盘或轴。因制造容易，在夹具中应用较多。图 4-49 所示为偏心轮组合夹紧机构实例。

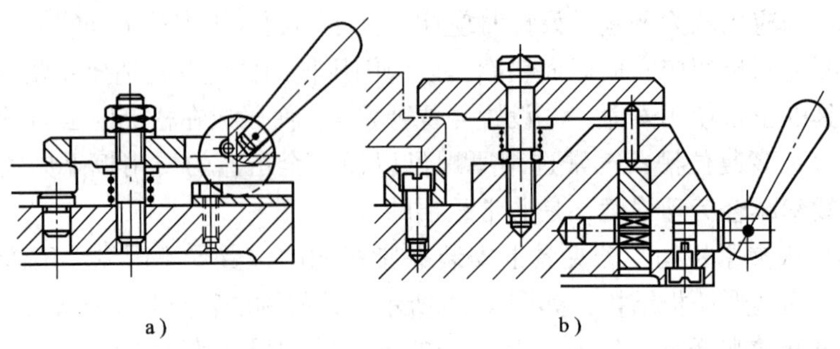

图 4-49 偏心轮夹紧机构

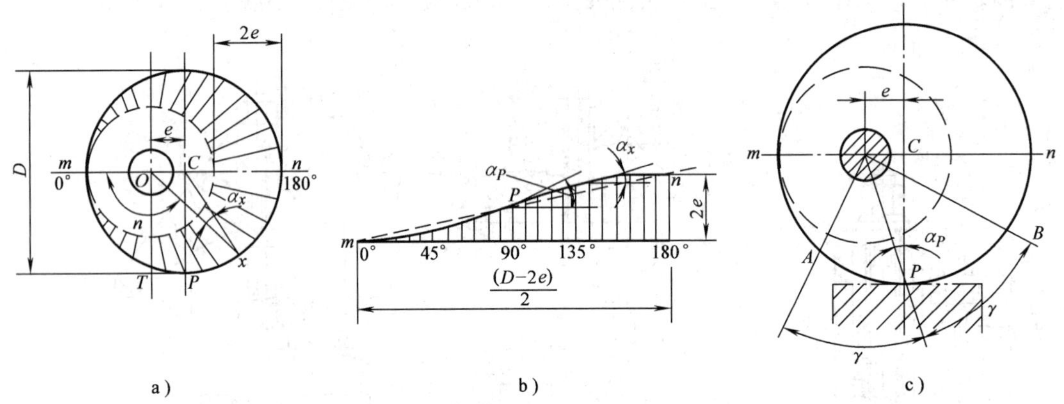

图 4-50 圆偏心轮工作原理（孙学强 P73 图 3-47）

1. 偏心夹紧机构的工作特性

如图 4-50a 所示的圆偏心轮，其直径为 D，偏心距为 e，由于其几何中心 C 和回转中心 O 不重合，当顺时针方向转动手柄时，就相当于一个弧形楔卡紧在转轴和工件受压表面之间而产生夹紧作用。将弧形楔展开，则得如图 4-50b 所示的曲线斜楔，曲线上任意一点的切线和水平线的夹角即为该点的升角。设 α_x 为任意夹紧点 X 处的升角，其值可由△OXC 中求得

$$\frac{\sin\alpha_x}{e}=\frac{\sin(180°-\phi_x)}{D/2}$$

故

$$\sin\alpha_x=\frac{2e}{D}\sin\phi_x$$

式中，转角 ϕ_x 的变化为 $0°\leqslant\phi_x\leqslant180°$，由上式可知

当 $\phi_x=0°$时，m 点的升角为零；当 $\phi_x=90°$时，α_x 为最大值，即 T 点为最大值，此时

$$\sin\alpha_T=\sin\alpha_{\max}=\frac{2e}{D}$$

或

$$\alpha_T=\alpha_{\max}=\arcsin\frac{2e}{D}$$

当 ϕ_x 大于 90°时，α_x 将随着 ϕ_x 的增大而减小，$\phi_x=180°$，$\alpha_n=0°$。

圆偏心的这一特性很重要，因为它与工作段的选择、自锁条件、夹紧力计算和主要结构的确定等关系极大。

2. 偏心轮夹紧的自锁条件

使用偏心轮夹紧时，必须保证自锁。要保证偏心轮夹紧时的自锁性能，和前述斜楔夹紧机构一样，应满足下列条件：

$$\alpha_{max} \leqslant \phi_1 + \phi_2 \tag{4-5}$$

式中　α_{max}——圆偏心轮的最大升角；

ϕ_1——圆偏心轮与工件间的摩擦角；

ϕ_2——圆偏心轮与转轴处的摩擦角。

由于回转轴的直径较小，圆偏心轮与回转轴之间的摩擦力矩不大，为使自锁可靠，将其忽略不计，上式便可简化为

$$\alpha_{max} \leqslant \phi_1$$

或

$$\tan\alpha_{max} \leqslant \tan\phi_1$$

因 α_{max}很小，$\tan\alpha_{max} \approx \sin\alpha_{max}$，$\tan\phi_1 = f$

代入上式得

$$\sin\alpha_{max} \leqslant f$$

故自锁时，圆偏心外径与偏心距的关系式为

当 $f = 0.10$ 时

$$\frac{D}{e} \geqslant 20$$

当 $f = 0.15$ 时

$$\frac{D}{e} \geqslant 14$$

D/e 之值称为偏心特性或偏心率。按上述两种偏心率制造的圆偏心轮，当它们的外径相等时，偏心率为 14 的一种具有较大的偏心距，因而夹紧行程较大，有较好的使用性能。在实际应用中，多采用摩擦系数为 0.15，偏心率为 14 的圆偏心夹紧件。

3. 有效工作段的选择

从理论上讲，圆偏心轮下半部（从 m 点至 n 点）的轮廓曲线上的任何一点都可以用来夹紧工件，相当于偏心轮转过 180°，夹紧总行程为 $2e$。但实际上为了防止松开和咬死，常取 P 点左右圆周上的 1/6 ~ 1/4 圆弧（相当于圆偏心轮转角为 60° ~ 90°所对的圆弧）作为工作段。如图 4-50c 所示的 AB 段。由图 4-50b 可知，该段近似为直线，工作段上任意点的升角变化不大，几乎近于常数，可以获得比较稳定的自锁性能。因而，在实际工作中多按这种情况来设计偏心轮。

4. 偏心轮的结构

实际应用中 e 值一般在 1.7 ~ 7mm 之间取值，偏心轮的直径可根据自锁条件的偏心特性确定：

$$D = (14 \sim 20)e \tag{4-6}$$

偏心轮的结构已经标准化，相关结构可查阅有关手册。

5. 圆偏心夹紧机构的应用

圆偏心夹紧机构简单，夹紧动作迅速，使用方便。但增力比和夹紧行程都较小，结构不耐振，自锁的可靠性差。只适用于所需夹紧行程及切削负荷小且平稳、工件不大的手动夹紧的夹具中，如钻床夹具。

上述三种基本夹紧机构都利用斜面原理增力。螺旋夹紧机构增力系统最大，在同值的原始作用力 F_Q 和正常尺寸比例情况下，其增力比 $i=75$，比圆偏心夹紧机构大 6～7 倍，比斜楔夹紧机构大 20 倍。在使用性能方面：螺旋夹紧机构不受夹紧行程的限制，夹紧可靠，但夹紧工件费时。圆偏心夹紧则相反，夹紧迅速但夹紧行程小，自锁性能差。这两种夹紧方式一般多用于要求自锁的手动夹紧机构。斜楔夹紧则很少单独使用，常与其他元件组合成为增力机构。因此，只有很好的掌握这些基本夹紧机构的工作原理和工作特点，才能根据实际需要设计出相应的夹紧机构。

第六节　夹具的其他装置

一、对刀装置

在铣床和刨床夹具上常设有对刀装置，对刀装置由对刀块和塞尺组成。对刀块由销定位，用螺钉紧固在夹具体上，对刀时，为防止刀具刃口与对刀块直接接触，一般在对刀块和刀具之间塞一规定尺寸的塞尺，凭接触的松紧程度来确定刀具的最终位置。

图 4-51 所示为常见的几种对刀装置，其中，图 4-51a 所示为标准的圆形对刀块（JB/T 8031. 1—1999），用于对准铣刀的高度；图 4-51b 所示为标准的直角对刀块，用于同时对准铣刀的高度和水平方向位置；图 4-51c、d 所示为各种成型刀具的对刀装置；图 4-51e 所示为标准方形对刀块（JB/T 8032. 2—1999），用于组合铣刀的垂直方向和水平方向的对刀。根据加工要求和夹具结构，对刀装置还可自行设计。标准对刀塞尺有平塞尺（JB/T 8032. 1—1999）和圆柱塞尺（JB/T 8032. 2—1999），一般平塞尺有 1～5mm 五种规格，圆柱塞尺有 3mm 和 5mm 两种规格。

二、导引元件

用钻削、镗削等进行孔加工时，刀具的位置和方向是用导引元件来确定的。在夹具上，导引元件和定位元件有一定的相对位置关系，保证了刀具与工件间的相对位置关系。现以钻模上的导引元件——钻套为例进行介绍，了解导引元件的基本知识。

1. 钻套的作用

钻套装在钻模板上，能够较好地确定刀具的位置和方向，同时还能提高刀具的刚度，以此来保证被加工孔的位置精度。

2. 钻套的分类

钻套的结构已标准化，通常有四种形式。

（1）固定钻套　包括无肩钻套（如图 4-52a 所示）和有肩钻套（如图 4-52b 所示）。该种结构的钻套结构简单，位置精度高，但磨损后不易更换，多用于中小批生产或孔距要求较高或孔距较小的孔。钻套外圆与钻模板的配合多采用 H7/n6 或 H7/r6。

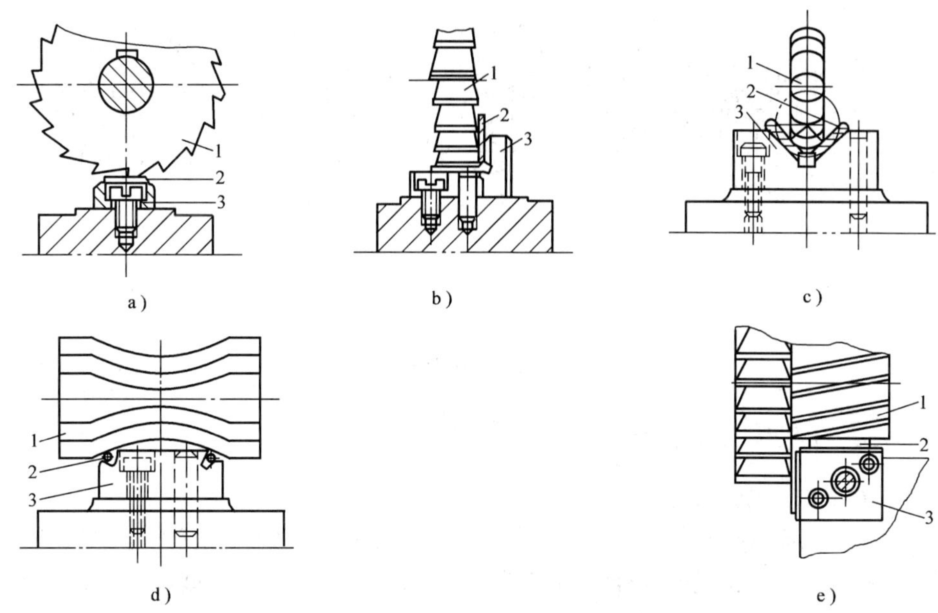

图 4-51　铣刀对刀装置

1—铣刀　2—塞尺　3—对刀块

（2）可换钻套　如图 4-52c 所示，螺钉的作用是防止钻套转动和被顶出。钻套磨损后，可松开螺钉进行更换，多用于大量生产中。为保护钻模板，一般都有衬套，可换钻套与衬套间的配合多用 H7/g6/或 H7/r6，衬套与钻模板间采用过盈配合。

（3）快换钻套　如图 4-52d 所示，更换钻套时不必松开螺钉，只要将钻套逆时针转动，使螺钉对准钻套上的缺口即可取出。它广泛地用在一次安装后需要多次更换刀具的场合，如一次安装后钻孔、扩孔和铰孔。其配合的精度与可换钻套相同。

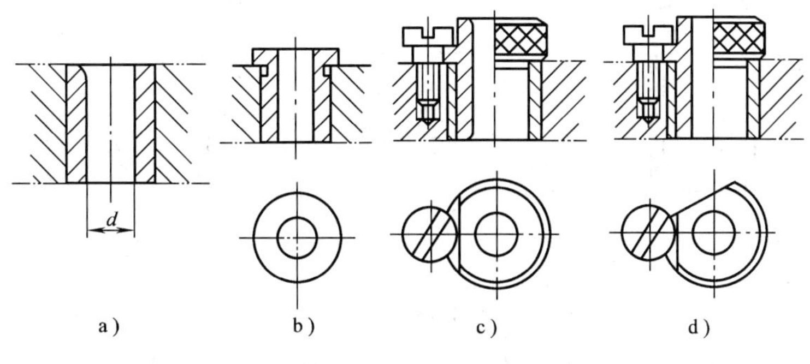

图 4-52　标准钻套

（4）特殊钻套　凡是与标准钻套尺寸和形状不同的钻套都属特殊钻套。图 4-53a 所示为在斜在面上钻孔的钻套，其尾部是斜的；图 4-53b 所示是在凹形面上钻孔的钻套，钻套可以是悬伸的，同时为了缩短导向长度，可将其内孔设计成阶梯孔；图 4-53c 所示为两孔距离很近时的钻套，把两个钻套的外径切掉一部分后装在一起，也可像图 4-53d 所示，将两个孔设计在一个钻套上，但要用销子等防止转动。

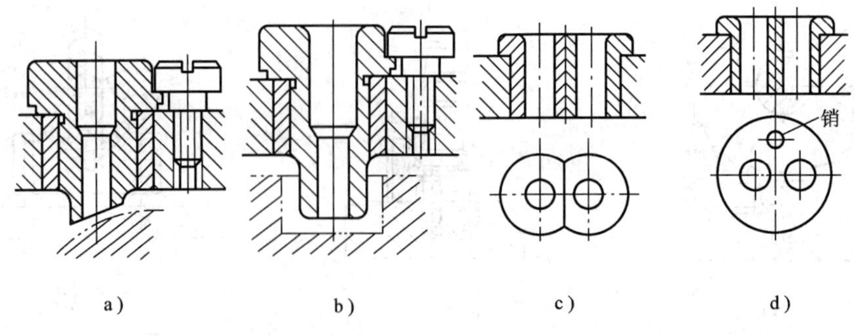

图 4-53 特殊钻套

三、夹具在机床上的安装

1. 夹具在机床工作台上的安装

对于铣床、刨床和镗床等机床，夹具都是安装在工作台上的，用两个定位键定位，用一定数量的螺栓紧固，定位键的标准结构如图 4-54 所示，有 A 型和 B 型之分，其上部与夹具体底面上的槽相配合，并用螺钉固定在夹具体上，一般情况下与夹具体不分离，其下部与机床工作台上的 T 型槽配合，配合情况如图 4-54c 所示。由于定位键与 T 型槽间存在间隙，故在安装时，将两个定位键靠在 T 型槽的同一侧，可适当提高定位精度。夹具在机床工作台上安装时，有时也不用定位键，而采取找正的方法，此法的安装精度高，但要求夹具上有较精确的找正基面，且每次安装时均需找正，多用在镗床夹具中。

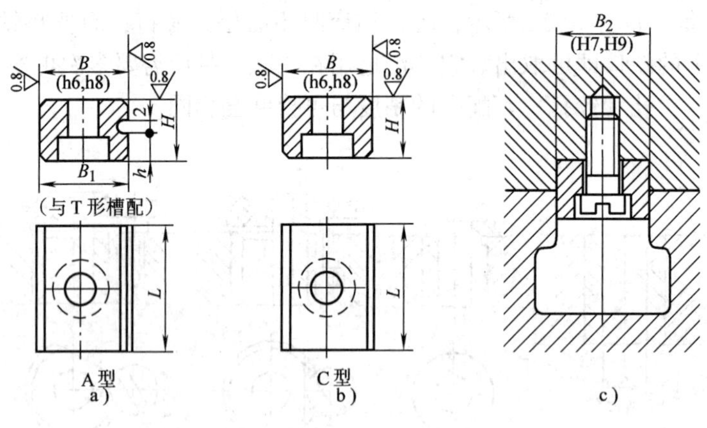

图 4-54 定位键

夹具与工作台的连接借助于夹具体上的 2 ~ 4 个开口耳座，用 T 型螺栓和螺母紧固，如图 4-55 所示，其中的螺纹孔用于安装定位键。

2. 夹具体在机床主轴上的安装

对于车床和内外圆磨床，夹具一般装在主轴上，常见的安装方式有四种。

1）夹具以前后顶尖孔与机床主轴前顶尖和尾座后顶尖连接，由拨盘带动其转动，较长的定位心轴常采用此形式。

2）夹具以莫氏锥柄与机床主轴的莫氏锥孔相连接，如图 4-56a 所示，有时用拉杆拉紧，

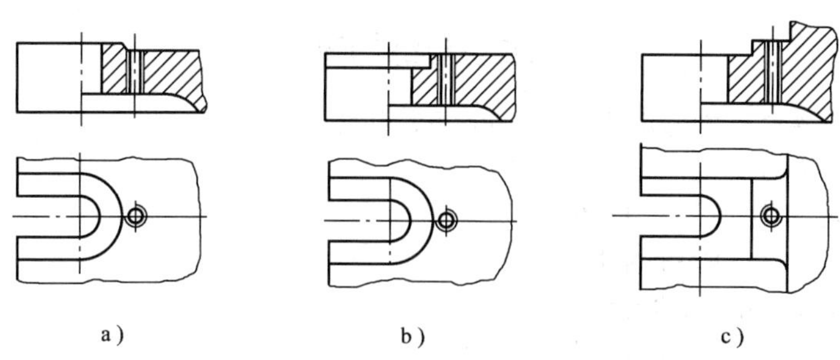

图 4-55　夹具体上的定位键槽和开口耳座

以确保安全，该形式定位精度高，快捷、方便，但刚度较低，多用于轻切削过程中。

3）夹具与机床主轴端部直接连接，如图 4-56b 所示用圆柱定位面定位，螺纹联接，并用两个压块防止松动，由于圆柱体配合存在间隙，故定心精度较低，在 C620、C630 等车床上主轴与夹具的连接就采用了这种形式。如图 4-56c 所示用短锥和端面定位，螺钉紧固，此方式定位精度高，接触刚度好，存在过定位，但由于制造精度较高还是允许的。

4）夹具借助过渡盘与车床主轴端部相连，如图 4-56d 所示，过渡盘与主轴端部用短锥和端面定位，夹具体用止口在过渡盘上定位，螺钉紧固，对于通用夹具由于定位紧固部分与主轴配合不上，多采用这种方式。

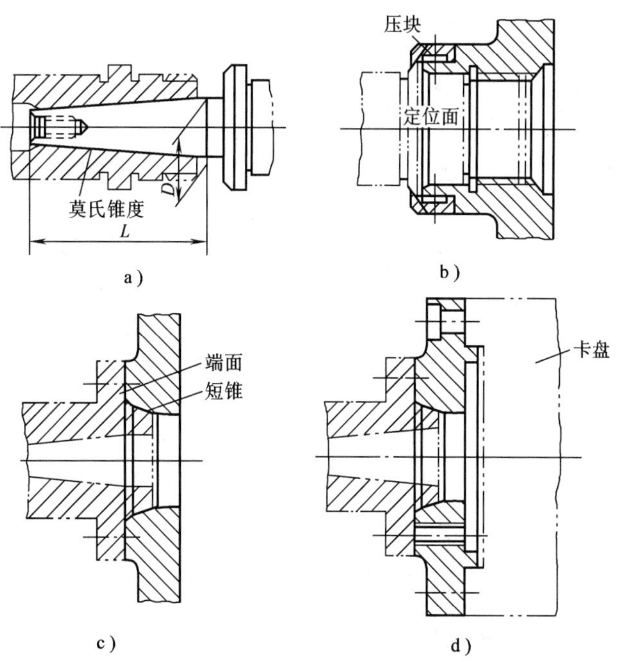

图 4-56　夹具在主轴上的安装

有些不采用过渡盘止口连接方式的夹具，如无法按定位元件直接找正夹具的回转轴线，必须设计找正基面，以保证夹具回转轴线与机床主轴回转轴线间的同轴度。

思考与练习题

4-1 什么叫机床夹具？它分为哪几类，又由哪几部分组成？

4-2 简述机床夹具的作用。

4-3 工件定位与夹紧的区别是什么？

4-4 什么是六点定位？试举例说明。

4-5 什么是完全定位和不完全定位？

4-6 什么是欠定位？欠定位对加工有何影响？

4-7 什么是过定位？过定位对加工有何影响？

4-8 用几个支承钉或支承板支承工件时，如何保证它们在同一个平面内？

4-9 可调支承与辅助支承的区别是什么？它们各有何作用？浮动支承有何特点？

4-10 夹紧装置由哪几部分组成？其作用是什么？

4-11 对夹紧装置有哪些基本要求？选择夹紧力指向和作用点应注意遵守原则？

4-12 斜楔夹紧机构、螺旋夹紧机构、偏心夹紧机构的自锁条件是什么？

4-13 设计螺旋压板机构应注意哪些问题？

4-14 铣床和刨床上的对刀装置如何使用？

4-15 简述钻套的作用，钻套通常有哪几种形式？

4-16 夹具在机床工作台或机床主轴上如何安装？

第五章　机械加工工艺规程的制定

机械加工工艺规程是指规定产品或零部件机械加工工艺过程和操作方法等的工艺文件。即按工艺规程有关内容编写成的文件和表格，经审批后用来指导生产。因此要求机械加工工艺规程设计者必须具备丰富的生产经验和扎实的机械制造工艺基础理论知识。

第一节　机械加工工艺规程

一、机械加工工艺规程的作用

一般来说，大批大量生产类型要求有细致和严密的组织工作，因此要求有比较详细的机械加工工艺规程。单件小批量生产由于分工比较粗，因此机械加工工艺规程可以简单一些。

1）生产的计划、调度，工人的操作、质量检查等都是以机械加工工艺规程为依据，一切生产人员都不得随意违反机械加工工艺规程。

2）机械加工工艺规程是生产准备和生产管理的基本依据。产品生产前，可以依据机械加工工艺规程进行技术准备工作和生产准备工作，它也是生产调度部门安排生产计划，进行生产成本核算的依据。

(3）机械加工工艺规程是新建、扩建工厂或车间的基本资料，是提出生产面积、厂房布局、人员编制、购置设备等各项工作的依据。机械加工工艺规程还是工艺技术交流的主要形式。

机械加工工艺规程的修改与补充是一项严肃的工作，必须经过认真讨论和严格的审批手续，只有不断的修改与补充才能进一步完善，保持其合理性。

二、机械加工工艺规程制定的原则

机械加工工艺规程制定的原则是优质、高产、低成本，即在保证产品质量的前提下，争取最好的经济效益。制定工艺规程时，应注意以下问题：

1. 技术上的先进性

在制定工艺规程时，要了解国内外本行业的工艺技术进展，通过必要的工艺试验，积极采取适用的先进工艺和工艺装备。

2. 经济上的合理性

在一定的生产条件下，可能会有几种能够保证零件技术要求的工艺方案，此时应通过成本核算或评比，选择经济上最合理的方案，使产品的能源消耗、材料消耗和生产成本最低。

3. 有良好的劳动条件，避免环境污染

在制定工艺规程时，要注意保证工人操作时有良好而安全的劳动条件，因此，在工艺方案上要注意采取机械化或自动化措施，以减轻工人的劳动强度。同时要符合国家环境保护法的有关规定，避免环境污染。

三、机械加工工艺规程的格式

机械加工工艺规程主要有机械加工工艺过程卡片和机械加工工序卡片两种形式。在单件小批量生产中，一般只编写简单的机械加工工艺过程卡片，见表5-1；在中批生产中，多采用机械加工工艺卡片，见表5-2；在大批大量生产中，则要求有详细和完整的工艺文件，要求各工序都要有机械加工工序卡，见表5-3。

表5-1 机械加工工艺过程卡片

<table>
<tr><td rowspan="4">工厂名</td><td rowspan="4">机械加工工艺过程卡片</td><td colspan="2">产品名称及型号</td><td></td><td colspan="2">零件名称</td><td></td><td colspan="2">零件图号</td><td colspan="2"></td></tr>
<tr><td rowspan="3">材料</td><td>名称</td><td></td><td rowspan="2">毛坯</td><td>种类</td><td></td><td rowspan="2">零件质量/kg</td><td>毛</td><td></td><td>第 页</td></tr>
<tr><td>牌号</td><td></td><td>尺寸</td><td></td><td>净</td><td></td><td>共 页</td></tr>
<tr><td>性能</td><td></td><td colspan="2">每料件数</td><td></td><td>每台件数</td><td></td><td>每批件数</td><td></td></tr>
</table>

<table>
<tr><td rowspan="2">工序号</td><td rowspan="2">工 序 内 容</td><td rowspan="2">加工车间</td><td rowspan="2">设备名称及编号</td><td colspan="3">工艺装备名称及编号</td><td rowspan="2">技术等级</td><td colspan="2">时间定额/min</td></tr>
<tr><td>夹具</td><td>刀具</td><td>量具</td><td>单件</td><td>准备—终结</td></tr>
<tr><td></td><td></td><td></td><td></td><td></td><td></td><td></td><td></td><td></td><td></td></tr>
<tr><td rowspan="3">更改内容</td><td colspan="9"></td></tr>
<tr><td colspan="9"></td></tr>
<tr><td colspan="9"></td></tr>
</table>

<table>
<tr><td>编制</td><td></td><td>抄写</td><td></td><td>校对</td><td></td><td>审核</td><td></td><td>批准</td><td></td></tr>
</table>

表5-2 机械加工工艺卡片

<table>
<tr><td rowspan="4">工厂名</td><td rowspan="4">机械加工工艺卡片</td><td colspan="2">产品名称及型号</td><td></td><td colspan="2">零件名称</td><td></td><td colspan="2">零件图号</td><td colspan="2"></td></tr>
<tr><td rowspan="3">材料</td><td>名称</td><td></td><td rowspan="2">毛坯</td><td>种类</td><td></td><td rowspan="2">零件质量/kg</td><td>毛</td><td></td><td>第 页</td></tr>
<tr><td>牌号</td><td></td><td>尺寸</td><td></td><td>净</td><td></td><td>共 页</td></tr>
<tr><td>性能</td><td></td><td colspan="2">每料件数</td><td></td><td>每台件数</td><td></td><td>每批件数</td><td></td></tr>
</table>

<table>
<tr><td rowspan="2">工序</td><td rowspan="2">安装</td><td rowspan="2">工步</td><td rowspan="2">工 序 内 容</td><td rowspan="2">同时加工零件数</td><td colspan="4">切 削 用 量</td><td rowspan="2">设备名称及编号</td><td colspan="3">工艺装备名称及编号</td><td rowspan="2">技术等级</td><td colspan="2">工时定额/min</td></tr>
<tr><td>切削深度 mm</td><td>切削速度 m/min</td><td>转速 r/min 或双行程数/min</td><td>进给量 mm/r 或 mm/min</td><td>夹具</td><td>刀具</td><td>量具</td><td>单件</td><td>准备—终结</td></tr>
<tr><td colspan="3"></td><td></td><td></td><td></td><td></td><td></td><td></td><td></td><td colspan="3"></td><td></td><td></td><td></td></tr>
<tr><td rowspan="3" colspan="3">更改内容</td><td colspan="13"></td></tr>
<tr><td colspan="13"></td></tr>
<tr><td colspan="13"></td></tr>
</table>

<table>
<tr><td>编制</td><td></td><td>抄写</td><td></td><td>校对</td><td></td><td>审核</td><td></td><td>批准</td><td></td></tr>
</table>

表 5-3 机械加工工序卡片

<table>
<tr><td rowspan="2">工厂名</td><td rowspan="2">机械加工工序卡片</td><td>产品名称及型号</td><td>零件名称</td><td>零件图号</td><td>工序名称</td><td>工序号</td><td>第 页</td></tr>
<tr><td></td><td></td><td></td><td></td><td></td><td>共 页</td></tr>
<tr><td colspan="3" rowspan="12">(此处画工序简图)</td><td>车 间</td><td>工 段</td><td>材料名称</td><td>材料牌号</td><td>力学性能</td></tr>
<tr><td></td><td></td><td></td><td></td><td></td></tr>
<tr><td>同时加工件数</td><td>每料件数</td><td>技术等级</td><td>单件时间/min</td><td>准备时间终结时间/min</td></tr>
<tr><td></td><td></td><td></td><td></td><td></td></tr>
<tr><td>设备名称</td><td>设备编号</td><td>夹具名称</td><td>夹具编号</td><td>工作液</td></tr>
<tr><td></td><td></td><td></td><td></td><td></td></tr>
<tr><td rowspan="6">更改内容</td><td colspan="4"></td></tr>
<tr><td colspan="4"></td></tr>
<tr><td colspan="4"></td></tr>
<tr><td colspan="4"></td></tr>
<tr><td colspan="4"></td></tr>
<tr><td colspan="4"></td></tr>
</table>

<table>
<tr><td rowspan="2">工步号</td><td rowspan="2">工步内容</td><td colspan="3">计算数据/mm</td><td rowspan="2">走程次数</td><td colspan="3">切 削 用 量</td><td colspan="3">工时定额/min</td><td colspan="5">刀具量具及辅助工具</td></tr>
<tr><td>直径或长度</td><td>进给长度</td><td>单边余量</td><td>切削深度/mm</td><td>进给量/mm/r 或/mm/min</td><td>转速/(r/min)或双行程数/min</td><td>基本时间</td><td>辅助时间</td><td>工作地点服务时间</td><td>工步号</td><td>名称</td><td>规格</td><td>编号</td><td>数量</td></tr>
<tr><td></td><td></td><td></td><td></td><td></td><td></td><td></td><td></td><td></td><td></td><td></td><td></td><td></td><td></td><td></td><td></td><td></td></tr>
<tr><td>编制</td><td colspan="2"></td><td>抄写</td><td colspan="2"></td><td>校对</td><td colspan="2"></td><td>审核</td><td colspan="2"></td><td>批准</td><td colspan="4"></td></tr>
</table>

四、制定工艺规程的原始资料

制定工艺规程，必须具备以下原始资料：

1）产品全套装配图和零件图。

2）产品验收的质量标准。

3）产品的生产纲领（年产量）。

4）毛坯资料。毛坯资料包括各种毛坯制造方法的技术经济特征；各种型材的品种和规格、毛坯图等。在无毛坯图的情况下，需实地了解毛坯的形状、尺寸及力学性能。

5）现场的生产条件。为了使制定的工艺规程切实可行，一定要考虑现场的生产条件，如毛坯的生产能力及水平，现场加工设备、工艺装备及其使用状况，专用设备、工装的制造能力及工人的技术水平等。

6）有关手册、标准及指导性文件。

7）国内外先进工艺及生产技术发展的情况。

五、制定工艺规程的步骤

1）计算年生产纲领，确定生产类型。

2）分析研究产品的装配图和零件图，对零件进行工艺分析。

3）确定毛坯，包括选择毛坯类型及制造方法，绘制毛坯图，计算总余量、毛坯尺寸和材料利用率等。

4）拟定工艺路线。其主要工作是：选择定位基准，确定各表面的加工方法，安排加工顺序，确定工序分散与集中的程度，安排热处理以及检验等辅助工序。

5）确定各工序的加工余量，计算工序尺寸及公差。

6）确定各工序所采用的设备及刀具、夹具、量具和辅助工具。

7）确定切削用量及时间定额。

8）确定各主要工序的技术要求及检验方法。

9）评价各种工艺方案，确定最佳工艺路线。

10）填写工艺文件。

第二节　零件的工艺分析

在制定零件的机械加工工艺规程时，首先要对照产品装配图分析零件图，明确零件在产品中的位置、作用及与相关零件的位置关系，然后着重对零件进行结构分析和技术要求的分析。

一、零件的结构及其工艺性分析

机械零件的结构，由于使用要求不同而具有各种形状和尺寸，但是各种零件都是由基本表面和特形表面组成的。基本表面有内外圆柱、圆锥面和平面等；特形表面主要有螺旋面、渐开线齿面及其他一些成形表面等。机械零件不同表面的组合形成零件结构的特点。在机械制造中，通常按零件结构和工艺过程的相似性，将各类零件大致分为轴类、套类、箱体类、齿轮类和叉架类等。在分析零件结构时，应根据组成该零件各种表面的尺寸、精度、组合情况，选择适当的加工方法和加工路线。

在研究零件的结构时，还应注意审查零件的结构工艺性。零件的结构工艺性是指在保证使用要求的前提下，能否以较高的生产率和较低的成本而方便地制造出来的特性，表5-4列出了一些零件机械加工工艺性的实例。

二、技术分析

零件技术要求分析是制定工艺规程的重要环节，通过认真仔细地分析零件的技术要求，确定零件的主要加工表面和次要加工表面，从而确定整个零件的加工方案，零件技术要求分析包括以下几个方面：

1）精度分析：包括被加工表面的尺寸精度、形状精度和相互位置精度的分析。

2）表面粗糙度及其他表面质量要求的分析。

3）热处理要求和其他方面要求（如动平衡、去磁等）的分析。

在认真分析了零件的技术要求后，结合零件的结构特点，对制定零件加工工艺规程有一初步的轮廓。

分析零件的技术要求时，还要结合零件在产品中的作用，审查技术要求是否合理，有无遗漏和错误，如发现不妥之处，及时与设计人员协商解决。

表5-4　零件机械加工工艺性实例

序号	零件结构			
	工艺性不合理		工艺性合理	
1	孔离箱壁太近，钻头在圆角处易引偏；箱壁高度尺寸大，需加长钻头方可加工	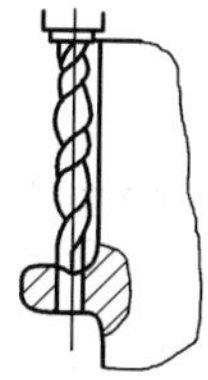	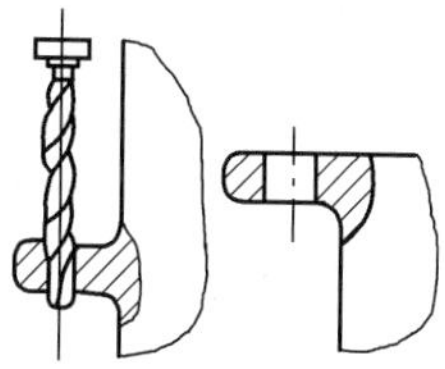 a)　b)	加长箱耳，不需加长钻头，只要使用上允许将箱耳设计在某一端，不加长箱耳也可方便地加工
2	车螺纹时，螺纹根部易打刀且不能清根	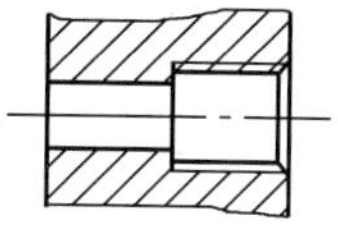	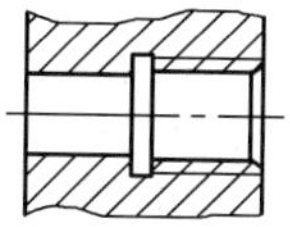	留有退刀槽，可使螺纹清根并避免打刀
3	插齿无退刀空间，小齿轮无法加工	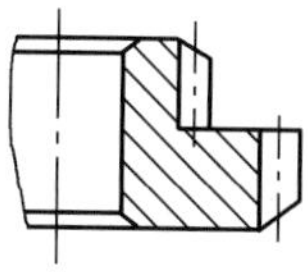	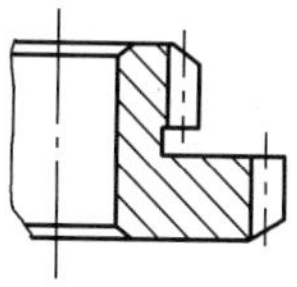	对大齿轮可进行滚齿或插齿，对小齿轮可进行插齿
4	两端轴颈需磨削加工，因砂轮圆角而不能清根	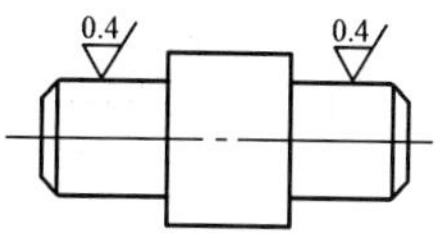 0.4　0.4	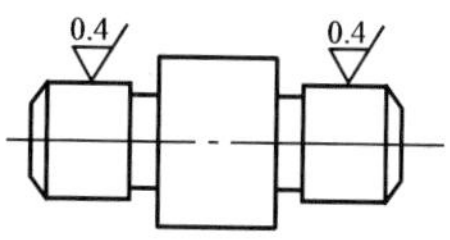 0.4　0.4	留有砂轮越程槽，磨削时可以清根
5	斜面钻孔，钻头易引偏	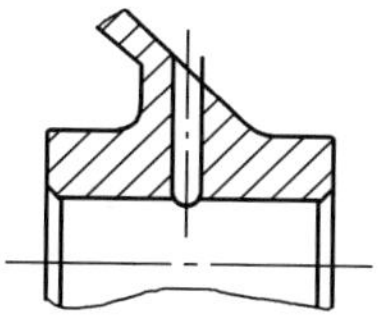	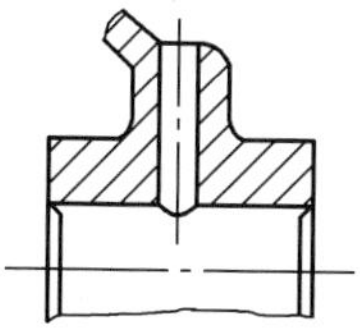	只要结构允许留出平台，可直接加工，否则要在加工孔的部位先加工出平面

（续）

序号	零件结构			
	工艺性不合理		工艺性合理	
6	锥面加工时易碰伤圆柱表面且不能清根	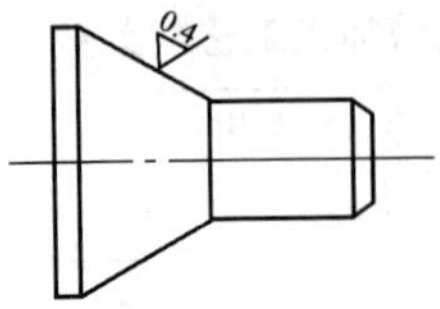	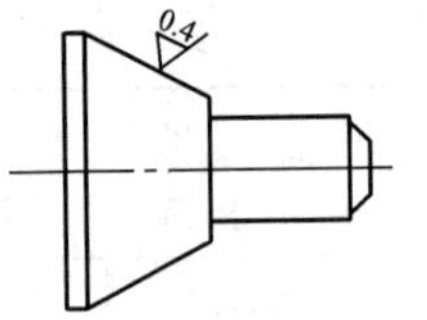	可方便地对锥面进行加工
7	加工面高度不同，需两次调整刀具进行加工，影响生产率	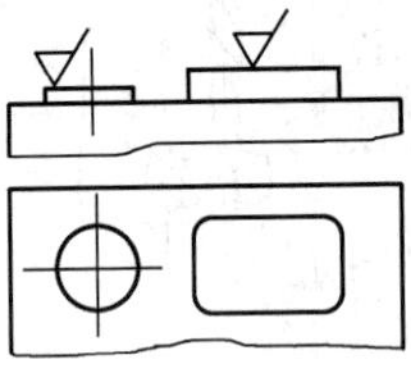	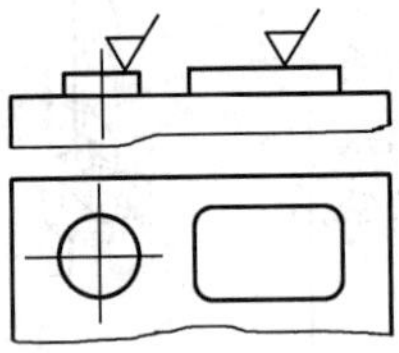	加工面高度相等，一次调整刀具即可加工两个平面
8	三个退刀槽的宽度不等，需要三把不同宽度的刀具加工	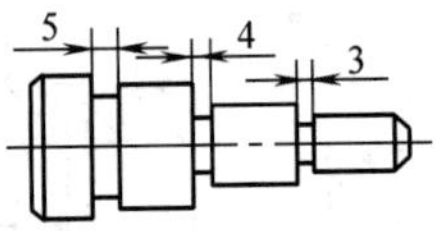 5 4 3	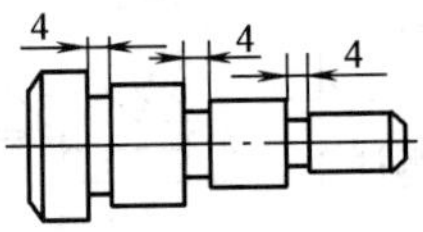 4 4 4	同一宽度尺寸的退刀槽，使用一把刀具即可加工
9	加工面大，加工时间长，平面度误差大	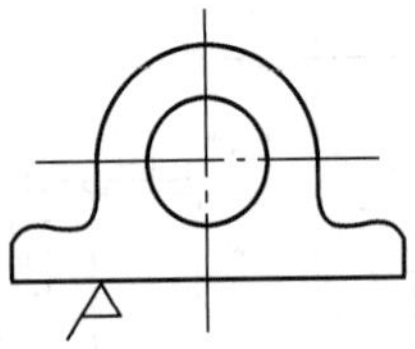	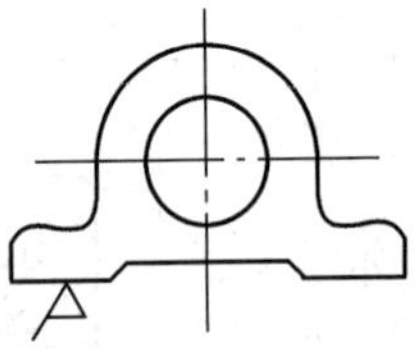	加工面减小，节省工时，减少刀具磨损并易保证平面度要求
10	内壁孔出口处有阶梯面，钻孔时孔易钻偏或钻头折断	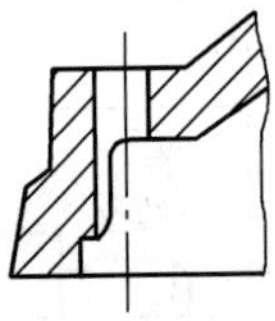	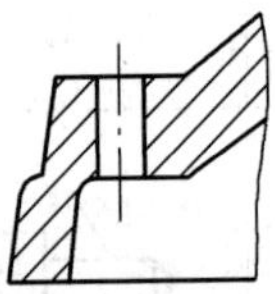	内壁孔出口处平整，钻孔方便，易保证孔中心位置度
11	键槽设置在阶梯轴相差90的方向上，需两次装夹加工	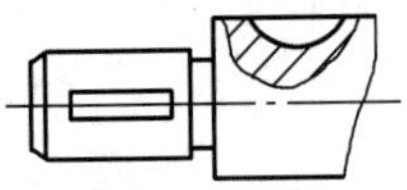	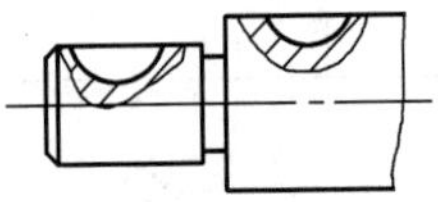	将阶梯轴的两个键槽设计在同一方向上，一次装夹可完成两个键槽的加工
12	钻孔过深，加工时间长，钻头损耗大，且钻头易偏斜	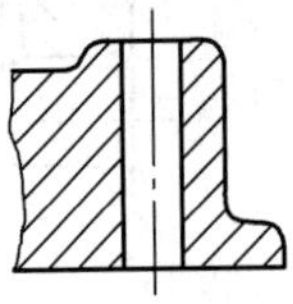	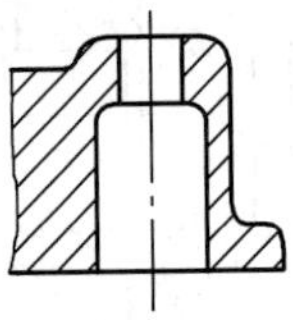	钻孔的一端留空刀，钻孔时间短，钻头寿命长，且不易偏斜

第三节 毛坯选择

选择毛坯的基本任务是选择毛坯的种类和制造方法，了解毛坯的制造误差及其可能产生的缺陷，正确选择毛坯具有重要的技术经济意义，因为毛坯的种类及其不同的制造方法，对零件的质量、加工方法、材料利用率、机械加工劳动量和制造成本等都有很大的影响。

一、毛坯的种类

1. 铸件

通过铸造方式获得的毛坯称为铸件。铸造方法有砂型铸造和特种铸造，特种铸造又可分为金属型铸造、熔模铸造、压力铸造等。铸造用于形状较复杂的零件毛坯。

2. 锻件

通过锻造方式获得的毛坯称为锻件。锻件毛坯主要有自由锻、模锻、热轧及冷挤压等。适用于形状简单，要求强度高的零件毛坯。

3. 焊接件

用焊接的方法获得的结合件称为焊接件。焊接主要采用气焊、电弧焊、电渣焊等焊接手段。对于大件来讲，焊接件简单方便，特别是单件小批生产，可以大大缩短生产周期，但焊接的零件变形大，需经时效处理才能进行加工。

4. 型材

型材按截面分为圆钢、方钢、六角钢、扁钢、角钢、槽钢及其他特殊截面的型材，型材分为热轧和冷拉两种。普通精度热轧钢采用一般机器加工，冷拉钢材采用自动机床或转塔机床加工。

5. 其他毛坯

其他毛坯类型包括冲压、粉末冶金、冷挤、塑料压制等毛坯。

二、毛坯的选择

选用毛坯时应主要考虑以下因素：

1. 零件的材料及其力学性能

零件的材料大致确定了毛坯的种类，例如铸铁和青铜零件选用铸造毛坯；钢质零件当形状不复杂、力学性能要求不太高时可选型材；重要的钢质零件，为保证其力学性能，应选择锻件毛坯。

2. 零件的结构、形状和尺寸

形状复杂的毛坯，一般用铸造方法制造，薄壁零件不宜用砂型铸造；中小型零件可考虑用先进的铸造方法；大型零件可用砂型铸造。一般用途的阶梯轴，如各台阶直径差不大时可用棒料，如相差较大时宜用锻件。外形尺寸大的零件一般用自由锻或砂型铸造毛坯，中小型零件可用模锻件或特种铸造毛坯。

3. 生产类型

大量生产应采用精度和生产率都比较高的毛坯制造方法，铸件应采用金属模机器造型或精密铸造；锻件应采用模锻或精密锻件，单件小批生产则应采用木模手工造型铸件或自由锻造锻件。

4. 毛坯车间的生产条件

在选择毛坯时应尽量结合本厂毛坯车间生产条件来选择，也可由专业化工厂提供毛坯。

5. 充分考虑利用新工艺、新技术、新材料的可能性

如采用精密铸造、精锻、冷轧、冷挤压、粉末冶金、异型钢材及工程塑料等，采用这些方法可大大减少机械加工量，有时甚至可以不再进行机械加工，其经济效果非常显著。

三、毛坯的形状与尺寸

毛坯的形状和尺寸，基本上取决于零件的形状和尺寸。在零件图上相应表面加上机械加工余量即为毛坯尺寸。毛坯制造的尺寸公差称为毛坯公差。毛坯加工余量及公差大小，直接影响加工的劳动量和原材料消耗，所以要尽量减少加工余量，力求作到少切屑、无切屑加工。毛坯加工余量及公差可参照有关工艺手册选取。

确定了毛坯的加工余量后，还要考虑毛坯制造、机械加工和热处理等多方面工艺因素影响。下面仅从机械加工工艺的角度，分析确定毛坯的形状和尺寸时应注意的问题。

1. 工艺凸台的设置

为使加工时工件安装稳定，有些铸件毛坯需要铸出工艺凸台，如图 5-1 所示。工艺凸台在零件加工后一般情况下应切除。

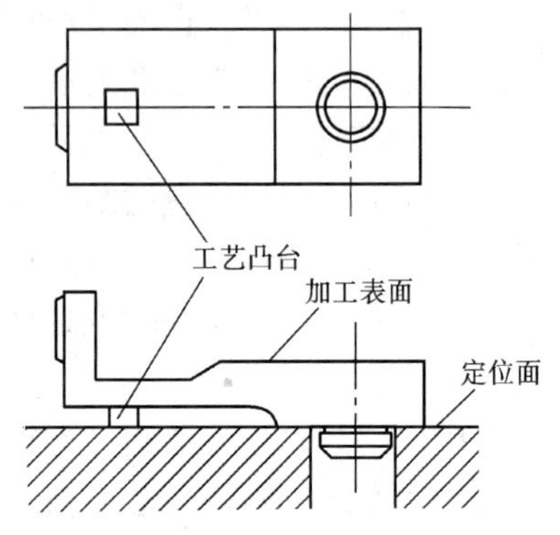

图 5-1 工艺凸台实例

2. 整体毛坯的采用

在机械加工中，有时会遇到像磨床主轴部件中的短三瓦动压滑动轴承、连杆和车床的开合螺母等类零件。为保证加工质量和加工方便，常做成整体毛坯，加工到一定阶段后再切开，如图 5-2 所示为连杆整体毛坯。

3. 合件毛坯的采用

为便于装夹和提高生产率，对于一些形状较规则的小零件，如扁螺母、小隔套等，应将多件合成一个毛坯，待加工到一定阶段后或大多数表面加工完毕后，再加工成单件，图 5-3 所示为扁螺母整体毛坯及其加工示意图。

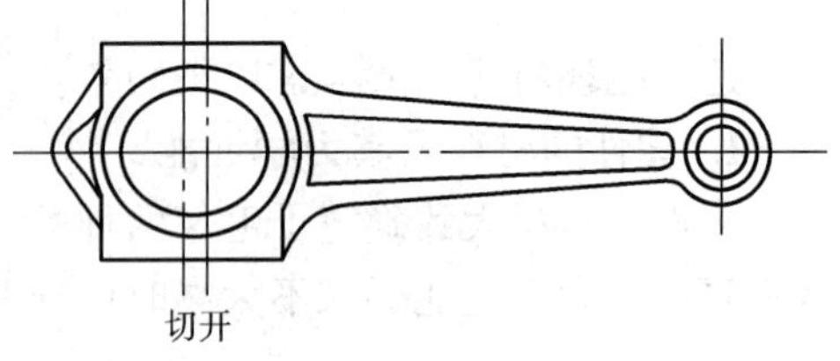

图 5-2 连杆整体毛坯

对于铸件和锻件，在确定了毛坯种类、形状和尺寸后，应绘制毛坯图，作为毛坯生产单位的产品图样，在绘制时要考虑毛坯的具体制造条件，如铸件、锻件铸出和锻出最小孔的条件；铸、锻件表面的拔模斜度和圆角；分型面和分模面的位置等。并用双点划线在毛坯图中表示出零件的表面，如图 5-4 所示。除了图中表示的尺寸、精度外，还应在图上写明具体的技术要求，如未注圆角、拔模斜度、热处理要求及硬度要求等。

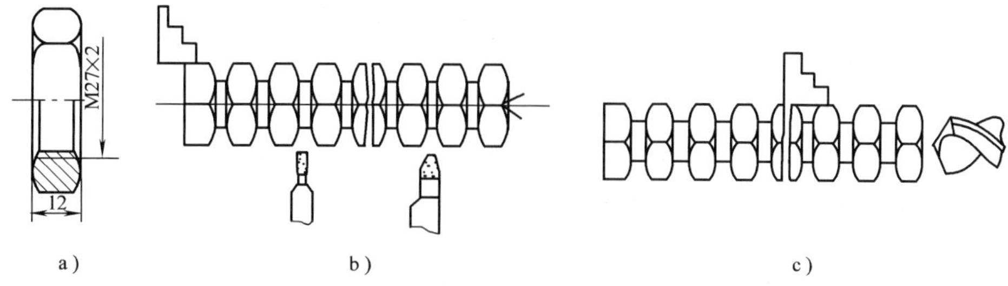

图 5-3　扁螺母整体毛坯及加工

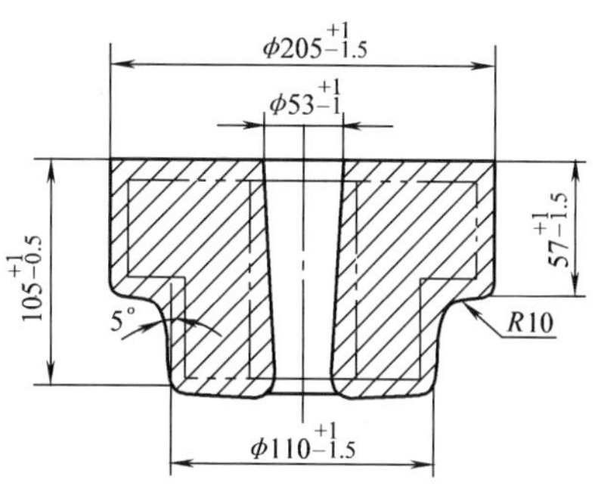

图 5-4　锻件毛坯图

第四节　定位基准的选择

制定工艺规程时，能否正确且合理地选择定位基准，将直接影响到被加工零件的位置精度、各表面加工的先后顺序，有时还会影响到所采用工艺装备的复杂程度，因此，必须重视定位基准的选择。

一、粗基准的选择

在起始工序中，工件定位只能选择未加工的毛坯表面，这种定位表面称为粗基准。选择粗基准时，主要考虑两个问题：一是合理地分配加工面的加工余量；二是保证加工面与不加工面之间的相互位置关系。粗基准选择的原则是：

1）选加工余量小、较准确的、光洁的、面积较大的毛面做粗基准。避免选有毛刺的分型面等做粗基准。

2）选重要表面为粗基准，因为重要表面一般都要求余量均匀。

图 5-5 所示为一床身零件，图 5-5a 是选床腿面为粗基准，可以看出，由于毛坯尺寸有误

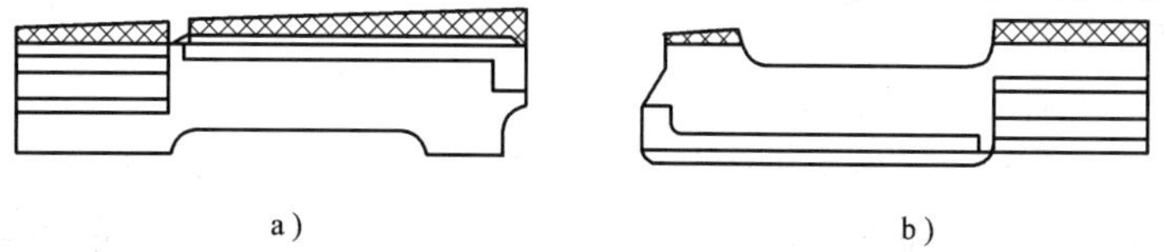

图 5-5　床身零件加工时的粗基准选择

差，使床身导轨面的余量不均匀，一方面增加了整个的加工余量，同时加工后导轨面各处的硬度可能不均匀。若选用床身导轨面为粗基准，如图 5-5b 所示，则以床腿面为精基准加工导轨时，将使导轨面的余量均匀。

3）选不加工的表面做粗基准，这样就可以保证加工表面和不加工表面之间的相对位置要求，同时可以在一次安装下加工更多的表面，如图 5-6 所示。

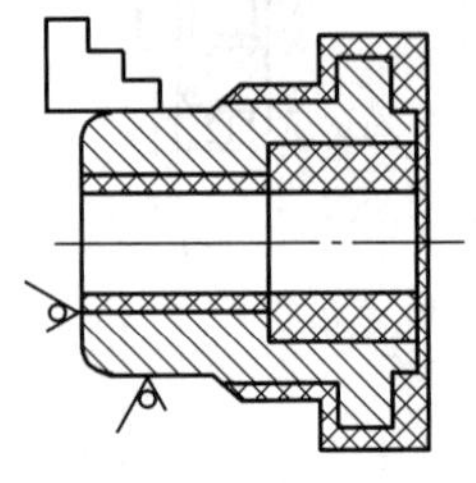

图 5-6 选不加工表面为粗基准

4）粗基准一般只能使用一次。因为粗基准为毛面，定位基准位移误差较大，若重复使用，将造成较大的定位误差，不能保证加工要求。

因此，在制定工艺规程时，第一、第二道工序一般都是为了加工出后面工序的精基准。

在实际应用中，划线安装有时可以兼顾这四条原则。而夹具安装则不能同时兼顾，这就应根据具体情况，抓住主要矛盾，解决主要问题。

二、精基准的选择

选择精基准的总原则是：保证零件的加工精度，同时考虑装夹方便可靠，使零件的制造较为经济、简单。

1. 基准重合原则

在工件的加工过程中，以设计基准作为定位基准从而避免产生基准不重合误差，这一原则称为基准重合原则。图 5-7 所示为在一平面上钻孔的工序图，工序基准为 A、B 端面。此时，宜选 A、B 端面为其定位基准，避免基准不重合误差的产生。

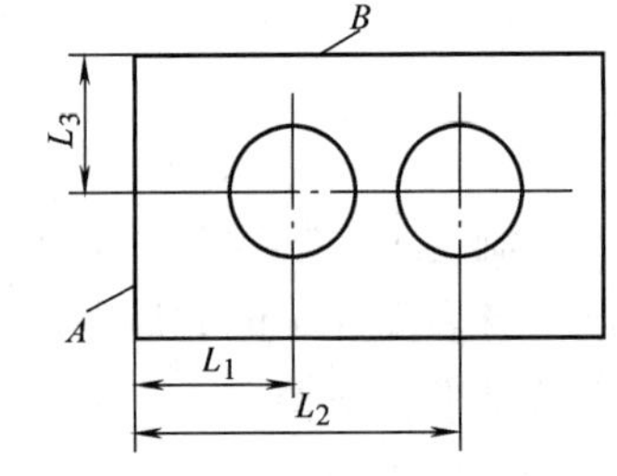

图 5-7 基准重合原则

2. 基准统一原则

在工件的加工过程中尽可能地采用统一的一组定位基准称为基准统一原则。采用这一原则可以有效地保证各表面间的相互位置精度，同时可以简化夹具的设计和制造。例如轴类零件，常采用顶尖孔作为统一基准；箱体常用一面双孔作为精基准；盘类零件常用一端面和一短孔为精基准。

3. 互为基准原则

对于相互位置精度要求高的表面，可以采用加工面间互为基准、反复加工的方法。例如要保证精密齿轮齿圈跳动精度，在齿面淬硬后，先以齿面定位磨内孔，再以内孔定位磨齿面，从而保证位置精度。

4. 自为基准原则

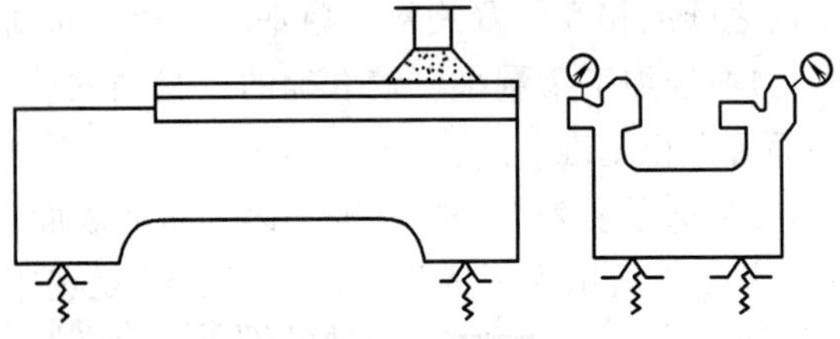

图 5-8 自为基准实例

当精加工或光整加工工序要求余量小而均匀，应选择加工表面本身作为定位基准。如图 5-8 所示导轨面的磨削，就是以导轨面自身为基准找正定位。此外，拉孔、浮动铰孔、浮动镗孔、无心磨外圆及珩磨等都是自为基准的例子。

5. 装夹方便原则

工件要定位稳定，夹紧可靠，操作方便，夹具结构简单。

以上论述了定位基准选择的原则，在实际生产中要根据具体情况，灵活运用。

第五节　拟定工艺路线

机械加工工艺规程的制定，可分为两部分：拟定零件加工的工艺路线；确定各道工序尺寸及公差、所用设备、切削规范和时间定额等。拟定零件加工路线，是制定工艺规程的关键。主要任务是选择各个表面的加工方法、加工方案、确保各个表面的加工先后顺序及整个工艺过程中工序数目多少等。

一、加工方法的选择

拟定工艺路线时，首先要确定各表面的加工方法。零件由不同表面组成，每一种几何表面，都有一系列加工方法与之相对应，可供选择。各种加工方法所能达到的精度和表面粗糙度，可从有关工艺手册中查到。所以我们应充分了解各种加工方法所能达到的经济精度，便于选择最佳方案，降低零件的制造成本。选择加工方法时，还应综合考虑以下因素。

1. 选择相应能获得经济精度的加工方法

例如，加工精度为 IT7，表面粗糙度为 $R_a = 0.4\mu m$ 的外圆柱表面，通过精车可以达到要求，但不如磨削经济。

2. 工件材料的性质

例如，淬硬钢的精加工要用磨削，非铁金属零件的精加工为避免磨削时堵塞砂轮，则要用高速精细车或精细镗（金刚镗）等加工方法。

3. 工件的结构和尺寸

例如，对于 IT7 级精度的孔，常采用拉削、铰削、镗削和磨削等加工方法，但箱体上的孔，一般不宜采用拉或磨，而常常选择镗孔（大孔）或铰孔（小孔）。

4. 结合生产类型考虑生产率和经济性

大批量生产时，应采用生产率高和质量稳定的加工方法。例如平面和孔可采用拉削，同时加工几个表面的组合铣削和磨削等；单件小批量生产则采用刨削、铣削平面和钻、扩、铰孔。避免盲目地采用高效加工方法和专用设备而造成经济损失。

5. 本厂的现有设备和技术条件

应充分利用现有设备，挖掘潜力，发挥人的积极性和创造性。

二、加工阶段划分

1. 加工阶段的划分

零件的加工质量要求较高时，应把整个加工过程划分为以下几个阶段：

（1）粗加工阶段　其主要任务是切除大部分余量，使毛坯在形状和尺寸上接近零件成品。因此，应着重考虑如何获得高的生产率，同时要为半精加工提供精基准，并留有充分均匀的加工余量，为后续工序创造有利条件。

（2）半精加工阶段　达到一定的精度要求，并保证留有一定的加工余量，为主要表面的精加工作好准备，同时完成一些次要表面的加工（如紧固孔的钻削、攻螺纹、铣键槽等）。

（3）精加工阶段　使各主要表面达到图纸规定的质量要求。

（4）光整加工阶段　对于精度要求在 IT6 级以上、表面粗糙度值小于 $R_a=0.2\mu m$ 的零件，需安排光整加工阶段，光整加工可进一步提高尺寸精度和降低表面粗糙度。

2. 划分加工阶段的主要原因

（1）保证加工质量　工件加工阶段划分后，粗加工因余量大，切削力大等因素造成的加工误差，可通过半精加工和精加工逐步纠正，保证加工质量。

（2）有利于合理使用设备　粗加工要求功率大、刚性好、生产率高的设备，精加工则要求精度高的设备。划分加工阶段后，就可充分发挥粗精加工设备的特点，避免以精干粗，合理利用设备。

（3）便于安排热处理工序，使冷热加工工序配合得更好　如粗加工后残余应力大，可安排时效处理，消除残余应力；热处理引起的变形又可在精加工中消除。

（4）便于及时发现毛坯缺陷　粗加工时切除大部分余量，能及早发现毛坯缺陷（如气孔、砂眼、夹渣等），以便及时报废或进行修补，避免浪费精加工工时。

（5）保护加工表面　精加工、光整加工安排在后，可保护精加工和光整加工过的表面少受磕碰损坏。

应指出的是，上述阶段划分不是一成不变的，当加工质量要求不高、工件刚性足够、毛坯质量高、加工余量小时，可不划分加工阶段。例如在自动机床上加工的零件，尤其对重型零件，由于安装、运输费时费力，常不划分加工阶段，而在一次安装时完成大部分甚至全部粗、精加工。

三、工序的集中与分散

为了便于组织生产，常将工艺路线划分为若干工序，划分的原则可采用工序的集中或分散的原则。

1. 工序集中原则

工序集中原则是指零件的加工集中在少数工序内完成，而每道工序的加工内容较多。工序集中的特点是：

1）工序数目少，缩短了工艺路线，从而简化了生产计划和生产组织工作，降低了生产成本。

2）减少了设备数量，相应地减少了操作工人和生产面积。

3）减少了零件的安装次数，不仅缩短了辅助时间，而且在一次安装下能加工较多的表面，也易于保证这些表面的相对位置精度。

4）有利于采用高生产率的专用设备和工艺装备，如采用多刀多刃、多轴机床、数控机床和加工中心等，从而大大提高生产率。

5）辅助时间长，操作调整和维修费时费事。

数控技术的发展为工序的高度集中奠定了基础。

2. 工序分散原则

工序分散指的是整个工艺过程的工序数目多，而每道工序的加工内容却较少。工序分散的特点是：

1）设备和工艺装备结构都比较简单，调整、维修方便。

2）容易适应生产产品的变换。

3）可采用最有利的切削用量，减少机动时间。

4）设备数量多，操作工人多，占用生产面积大。

在确定工序集中或分散问题时，应考虑零件的结构和技术要求、零件的生产纲领、工厂实际生产条件等因素，综合考虑后再确定。在一般情况下，单件小批生产时，多将工序集中；大批量生产时，既可采用多刀、多轴等高效率机床将工序集中，也可将工序分散后组织流水线生产。目前的发展趋势是倾向于工序集中。

四、加工顺序的安排

加工顺序就是指工序的排列次序。它对保证加工质量、降低生产成本有着重要的作用。一般考虑以下几个原则：

1. 基面先行

选作精基准的表面一般应先加工，以便为其他表面的加工提供基准。

2. 先粗后精

零件在切削加工时应先安排各表面的粗加工，中间安排半精加工，最后安排精加工和光整加工。

3. 先主后次

先加工零件上的装配基面和工作表面等主要表面，后加工键槽、紧固用的光孔和螺纹孔等次要表面。由于次要表面加工面积小，又常与主要表面有位置精度要求，所以一般安排在主要表面半精加工后加工。

4. 先面后孔

对于箱体、支架、连杆等类零件，由于平面的轮廓尺寸较大，用它定位比较稳定可靠，因此应选平面作精基准来加工孔，所以应该先加工平面，然后以平面定位加工孔，这样有利于保证孔的加工精度。

5. 进给路线短

数控加工中，应尽量缩短刀具移动距离，减少空行程时间。

6. 减少换刀次数

使用加工中心，每换一把刀具后，应将所能加工的表面全部加工，以减少换刀次数，缩短辅助时间。

7. 工件刚性好

数控铣削中，先铣加强肋，后铣腹板，有利于提高工件刚性，防止振动。

五、热处理工序及辅助工序的安排

常用的热处理方法有退火、正火、时效处理和调质处理等。热处理的目的主要是提高材料的力学性能，改善材料的加工性能和消除内应力。

1. 退火和正火

退火和正火是为了改善切削加工性能和消除毛坯的内应力，一般安排在毛坯制造之后粗加工之前。

2. 时效处理

时效处理主要用于消除毛坯制造和机械加工中产生的内应力，一般安排在粗加工前后，对于精密零件进行多次时效处理。目前一般采用人工时效处理，以保证彻底清除毛坯应力，缩短生产周期。

3. 调质处理

调质处理即淬火后的高温回火，能获得均匀细致的索氏体组织，改善材料力学性能，一般安排在粗加工后进行。

4. 淬火

淬火处理的目的主要是提高零件材料的硬度和耐磨性。一般安排在半精加工与精加工之间进行，淬火后，需进行磨削或研磨，以修正淬火后的变形。在淬火前，需将铣键槽、钻螺纹底孔、车螺纹、攻螺纹等次要表面的加工进行完毕，防止淬硬后不能加工。

5. 渗碳淬火

渗碳淬火适合于低碳钢和低碳合金钢，其目的是使零件表层含碳量增加，从而提高零件表面的硬度和耐磨性，由于渗碳淬火变形大，一般放在精加工之前进行。

6. 氮化、氰化等热处理工序

可根据零件的加工要求安排在粗、精磨之间或精磨之后进行。

7. 辅助工序的安排

（1）检验工序的安排　检验工序是主要的辅助工序，是保证产品质量的重要措施。除了各工序操作者自检外，在粗加工之后、重要工序前后、送往其他车间加工前后以及零件全部加工结束之后，一般均应安排检验工序。

（2）表面装饰工序的安排　表面装饰镀层、发蓝、发黑处理，一般都安排在机械加工完毕后进行。

此外去毛刺、倒钝锐边、去磁、动平衡及清洗等都是不可缺少的辅助工序，在拟定工艺规程时切不可轻视。

六、数控加工工艺安排

零件从毛坯到成品的整个工艺流程中，可根据零件的加工精度要求及加工内容，穿插数控加工工艺，因此，在进行零件工艺分析的同时，就可确定采用数控加工的内容，编制数控加工工艺过程。所谓数控加工工艺过程，实质上就是几道数控加工工序的概括，由于数控加工的控制方式、加工方法的特殊性，其加工工艺也具有一定的特殊性。

1. 工序的划分

为适应数控加工的编程、操作和管理的要求，数控加工一般均采用工序集中的原则，可按下列方法划分工序。

1）以一次安装的加工内容作为一道工序。适用于加工内容不多的工件。

2）以同一把刀具的加工内容划分工序。适用于一次装夹的加工内容较多、程序较长的工件。

3）以加工部位划分工序。适用于加工内容很多的工件。

4）以粗精加工划分工序。对易发生变形的工件，应把粗精加工分在不同的工序中进行。

2. 数控加工顺序安排

一般遵循以下原则：

1）上道工序的加工不影响下道工序的装夹（特别是定位）。

2）先内型内腔的加工工序，后外形的加工工序。

3）以相同装夹方式或一把刀具加工的工序尽可能采用集中的连续加工，减少重复定位误差，减少重复装夹、更换刀具等辅助时间。

4）在一次装夹进行多道工序加工中，应先安排对工件刚性破坏较少的工序，以减少工件的加工变形。

3. 进给路线的选择

进给路线是指在数控加工中刀具刀位点相对工件运动的轨迹与方向。进给路线反映了工步加工内容及工序安排的顺序，是编写程序的重要依据，因此要合理选择进给路线，影响进给路线的因素主要有工件材料、余量、表面粗糙度、机床、刀具及工艺系统的刚性等，合理的进给路线是指在保证零件的加工精度及表面粗糙度的前提下，尽量使数值计算简单、编程量小、程序段少、进给路线短、空程量最小的高效率路线。

对点位控制数控机床的进给路线，必须保证各定位点间的路线总长度最短。欲使刀具在 Z 向的进给路线最短，就需严格控制刀具相对工件在 Z 向切入时的空程量（加工通孔时存在该问题）。

对轮廓控制数控机床，最短路线是以保证零件加工精度和表面粗糙度要求为前提的，因此应保证零件的最终轮廓是连续加工获得。同时要合理设计切入、切出的程序段，避免切削过程中的停顿而使轮廓表面留下刀痕。要尽量采用顺铣加工，注意选择加工后变形最小的进给路线。

第六节　加工余量的确定

一、加工余量概念

加工余量是指在机械加工过程中从加工表面切除的金属层厚度。加工余量分为工序加工余量和总加工余量。工序加工余量是指相邻两工序的工序尺寸之差；总加工余量是指毛坯尺寸与零件图设计尺寸之差，又称毛坯余量，如图 5-9 所示，总加工余量等于各工序加工余量

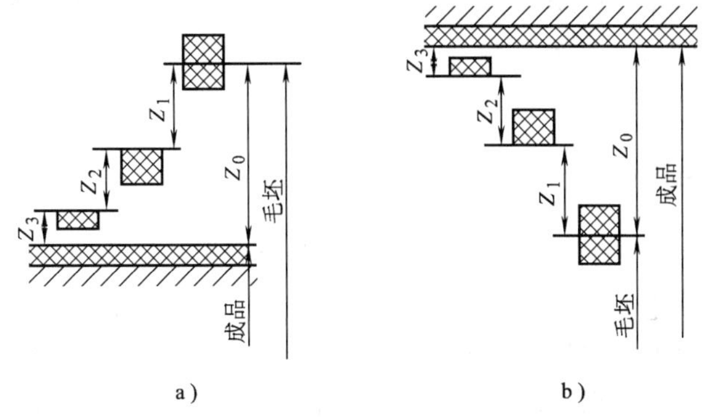

图 5-9　加工总余量与工序余量的关系

a）被包容面（轴）　b）包容面（孔）

之和，即

$$Z_0 = \sum_{i=1}^{n} Z_i \tag{5-1}$$

式中 Z_0——总加工余量；

Z_i——第 i 道工序的加工余量；

n——形成该表面的工序总数。

由于工序尺寸有公差，故实际切除的余量大小不等，出现最小加工余量和最大加工余量。图 5-10 表示工序余量与工序尺寸的关系，由图可知，工序余量的基本尺寸（公称余量或基本余量）可按下式计算：

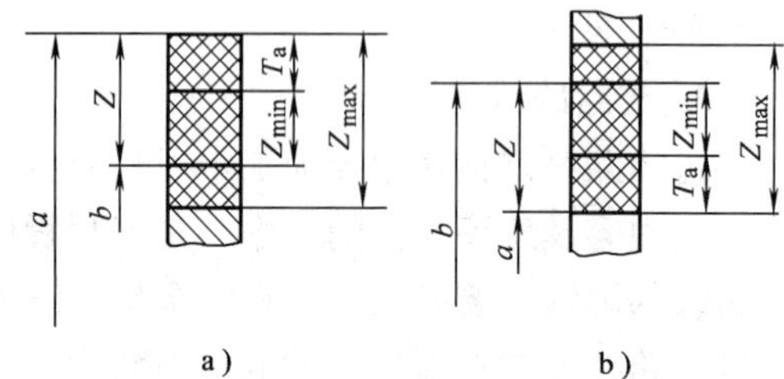

图 5-10 工序余量与工序尺寸及其公差的关系

a）被包容面（轴） b）包容面（孔）

对于被包容面（轴）

$$Z = a - b \tag{5-2}$$

对于包容面（孔）

$$Z = b - a \tag{5-3}$$

式中 Z——本工序余量的基本尺寸；

a——前道工序的基本尺寸；

b——本道工序基本尺寸。

为了便于加工，工序尺寸都按“入体原则”标注极限偏差，即被包容面的工序尺寸取上偏差为零；包容面的工序尺寸取下偏差为零。毛坯尺寸则按双向布置上、下偏差。工序余量和工序尺寸公差按下式计算：

$$Z = Z_{\min} + T_a \tag{5-4}$$

$$Z_{\max} = Z + T_b = Z_{\min} + T_a + T_b \tag{5-5}$$

式中 $Z_{\min}$——最小工序余量；

$Z_{\max}$——最大工序余量；

T_a——前工序尺寸的公差；

T_b——本工序尺寸的公差。

加工余量有单边余量和双边余量之分。平面的加工余量是单边余量，它等于实际切削的金属层厚度。对于回转表面（如外圆和孔等），加工余量指双边余量，即以直径方向计算，实际切削的金属为加工余量数值的一半。

二、影响加工余量的因素

加工余量的大小对工件的加工质量和生产率有较大影响。加工余量过大，会浪费工时，增加刀具、金属材料及电力的消耗；加工余量过小，既不能消除上工序留下的各种缺陷和误差，也不能补偿本工序的装夹误差，造成废品。因此，应合理地确定加工余量。确定加工余量的基本原则是在保证加工质量的前提下，越小越好，影响加工余量的因素如下：

1. 前工序的尺寸公差

由于工序尺寸有公差，上工序的实际工序尺寸有可能出现最大或最小极限尺寸。为了使上工序的实际工序尺寸在极限尺寸的情况下，本工序也能将上工序留下的表面粗糙度和缺陷层切除，本工序的加工余量应包括上工序的尺寸公差。

2. 前工序的形位误差

当工件上有些形状和位置偏差不包括在尺寸公差的范围内时，这些误差又必须在本工序加工纠正，则在本工序的加工余量中必须包括它。

3. 工序的表面粗糙度和缺陷层

为了保证加工质量，本工序必须将上工序留下的表面粗糙度和缺陷层切除。

4. 本工序的装夹误差

安装误差包括工件的定位误差和夹紧误差，若用夹具装夹，还应有夹具在机床上的装夹误差。这些误差会使工件在加工时的位置发生偏移，所以加工余量还必须考虑安装误差的影响。例如图 5-11 所示用三爪自定心卡盘夹持工件外圆加工孔时，若工件轴心线偏离主轴旋转轴线 e 值，造成孔的切削余量不均匀，为了确保上下工序各项误差和缺陷的切除，孔的直径余量应增加 $2e$。

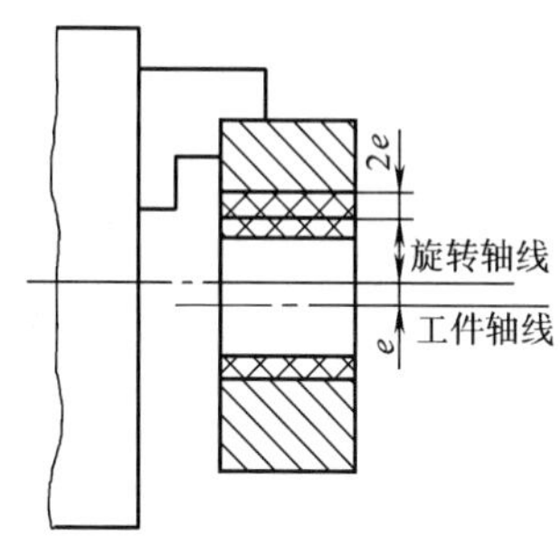

图 5-11　三爪自定心卡盘装夹误差对加工余量的影响

三、确定加工余量的方法

确定加工余量的方法有三种：分析计算法、查表修正法和经验估算法。

1. 分析计算法

本方法是根据有关加工余量计算公式和一定的试验资料，对影响加工余量的各项因素进行分析和综合计算来确定加工余量。用这种方法确定加工余量比较经济合理，但必须有比较全面和可靠的试验资料。目前，只在材料十分贵重，以及军工生产或少数大量生产的工厂中采用。

2. 查表修正法

根据工艺手册或工厂中的统计经验资料查表，并结合具体情况加以修正来确定加工余量，此法在实际生产中广泛应用。

3. 经验估算法

依靠实际经验来确定加工余量。为防止因余量过小而产生废品，所估余量一般偏大，此法只可用于单件小批生产。

第七节　工艺尺寸链

一、工艺尺寸链的概念

1. 尺寸链的定义

在机器装配或零件加工过程中，由相互联系的尺寸形成封闭尺寸组，称为尺寸链。如图 5-12a 所示，用零件的表面 1 来定位加工表面尺寸 2，得尺寸 A_1。仍以表面 1 定位加工表面

3，保证尺寸 A_2，于是 $A_1 \to A_2 \to A_0$ 连接成一个封闭的尺寸组（如图 5-12b 所示），形成尺寸链。

在机械加工过程中，同一个工件的各有关工艺尺寸组成的尺寸链，称为工艺尺寸链。

2. 工艺尺寸链的组成

（1）环　组成工艺尺寸链的各个尺寸都称为工艺尺寸链的环。如图 5-12 中的尺寸 A_1、A_2、A_0 都是工艺尺寸链的环。

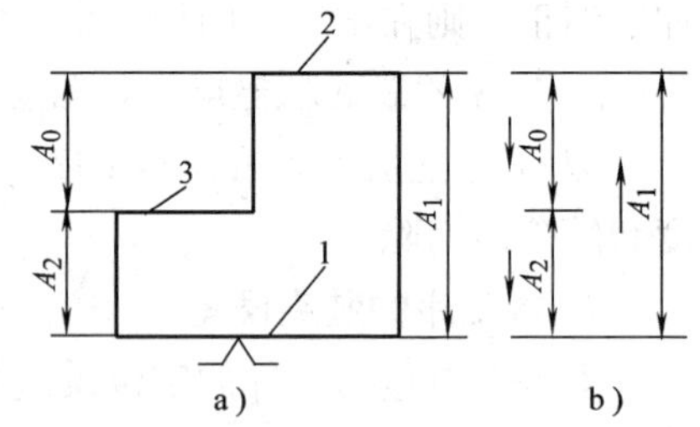

图 5-12　加工尺寸链示例

（2）封闭环　工艺尺寸链中间接得到的环称为封闭环。图 5-12 中的尺寸 A_0，是加工后间接获得的，因此是封闭环，每个尺寸链只有一个封闭环。

（3）组成环　除封闭环以外的其他环都称为组成环。图 5-12 中尺寸 A_1、A_2 都是组成环，组成环分增环和减环两种。

1）增环。在组成环中，那些自身增大会使封闭环也随之增大的组成环称为称为增环，图 5-12 中尺寸 A_1 为增环，用 $\overrightarrow{A_1}$ 表示。

2）减环。在组成环中，那些自身增大会使封闭环随之减小的组成环称为减环，图 5-12 中尺寸 A_2 为减环，用 $\overleftarrow{A_2}$ 表示。

3. 增减环的判定方法

为了正确地判断增环与减环，可在尺寸链图上，先给封闭环任意定出方向并画出箭头，然后沿此方向环绕尺寸链回路，依次给每一个组成环画出箭头。凡箭头方向与封闭环相反的为增环，相同的则为减环，如图 5-13 所示。

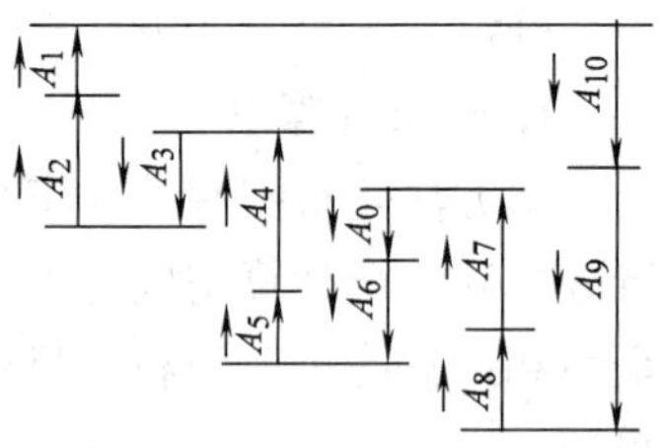

图 5-13　增、减环的简易判断图

4. 工艺尺寸链的特征

（1）关联性　组成工艺尺寸链的各尺寸之间必然存在着一定关系，工艺尺寸链中的每一个组成环不是增环就是减环，其尺寸发生变化都要引起封闭环尺寸变化。

（2）封闭性　尺寸链必须是一组首尾相接并构成一个封闭图形的尺寸组合，其中应包含一个间接得到的尺寸，不构成封闭图形的尺寸组合就不是尺寸链。

5. 建立工艺尺寸链的步骤

（1）确定封闭环　即加工后间接得到的尺寸。

（2）查找组成环　从封闭环一端开始，按照尺寸之间的联系，首尾相连，依次画出对封闭环有影响的尺寸，直到封闭环的另一端，形成一个封闭图形，就构成一个工艺尺寸链，如图 5-12 所示。

（3）判断增减环　按照各组成环对封闭环的影响确定增环或减环。

二、工艺尺寸链计算的基本公式

尺寸链的计算方法有两种：极值法与概率法。目前生产中多采用极值法计算，下面仅介绍极值法计算的基本公式，概率法将在第八章中介绍。

极值法是按误差综合的两个不利情况，即各增环皆为最大极限尺寸而各减环皆为最小极限尺寸，以及各增环皆为最小极限尺寸而各减环皆为最大极限尺寸，来计算封闭环极限尺寸的方法。该方法简便、可靠，但对组成环的公差要求过于严格。工艺尺寸链多用极值法计算。

用极值法计算尺寸链的基本公式：

1）封闭环的基本尺寸等于各增环尺寸之和减去各减环尺寸之和。

$$A_0 = \sum_{i=1}^{n} \overrightarrow{A}_i - \sum_{i=n+1}^{m} \overleftarrow{A}_i \tag{5-6}$$

式中　A_0——封闭环基本尺寸；

$\overrightarrow{A}_i$——增环的基本尺寸；

$\overleftarrow{A}_i$——减环的基本尺寸；

n——增环的环数；

m——组成环的环数。

2）封闭环的最大值等于各增环的最大值之和减去各减环最小值之和。封闭环的最小值等于各增环最小值之和减去各减环最大值之和。

$$A_{0\max} = \sum_{i=1}^{n} \overrightarrow{A}_{i\max} - \sum_{i=n+1}^{m} \overleftarrow{A}_{i\min} \tag{5-7}$$

$$A_{0\min} = \sum_{i=1}^{n} \overrightarrow{A}_{i\min} - \sum_{i=n+1}^{m} \overleftarrow{A}_{i\max} \tag{5-8}$$

3）封闭环的上偏差等于各增环上偏差之和减去各减环下偏差之和。封闭环的下偏差等于各增环的下偏差之和减去各减环的上偏差之和。

$$\mathrm{ES}_0 = \sum_{i=1}^{n} \overrightarrow{\mathrm{ES}}_i - \sum_{i=n+1}^{m} \overleftarrow{\mathrm{EI}}_i \tag{5-9}$$

$$\mathrm{EI}_0 = \sum_{i=1}^{n} \overrightarrow{\mathrm{EI}}_i - \sum_{i=n+1}^{m} \overleftarrow{\mathrm{ES}}_i \tag{5-10}$$

4）封闭环的公差等于各组成环公差之和。

$$T_0 = \sum_{i=1}^{m} T_i \tag{5-11}$$

三、计算工艺尺寸链的步骤

工艺尺寸链的计算一般有下面两种情况：已知全部组成环的尺寸，求封闭环的尺寸，称为正计算，多用于验算、校核设计的正确性；已知封闭环的尺寸，求组成环的尺寸，称为反计算，多用于工序设计。计算工艺尺寸链问题的步骤为：

1）根据题意，按照零件各表面间的相互联系，绘出尺寸链简图。

2）确定封闭环。

3）判断增、减环。

4）按上述公式计算。

5）按入体尺寸标注尺寸公差。即轴的工序尺寸，其上偏差为零；孔的工序尺寸，其下偏差为零；长度尺寸，可按轴也可按孔分布。

四、工艺尺寸链的应用

1. 基准不重合时工序尺寸及公差的确定

在零件加工中，有时会遇到一些表面加工之后，按设计尺寸不便（或无法）直接测量的情况。因此需要在零件上另选一易于测量的表面作测量基准进行加工，以间接保证设计尺寸要求。此时，即需要进行工艺换算。另外当加工表面的定位基准与设计基准不重合时，也要进行一定的尺寸换算。

例 5-1 如图 5-14 所示零件，当 C、B 面均加工完，现需加工 D 面，由于 D 面的设计基准是 C 面（保证尺寸 A_1）但采用 C 面定位时加工不便，若采用调整法加工时，以 B 面为定位基准需控制 A_3 尺寸，而控制 A_3 尺寸需要通过尺寸链计算。已知 $A_1 = 15 \pm 0.12\text{mm}$，$A_2 = 30^{0}_{-0.2}\text{mm}$，求 A_3 尺寸。

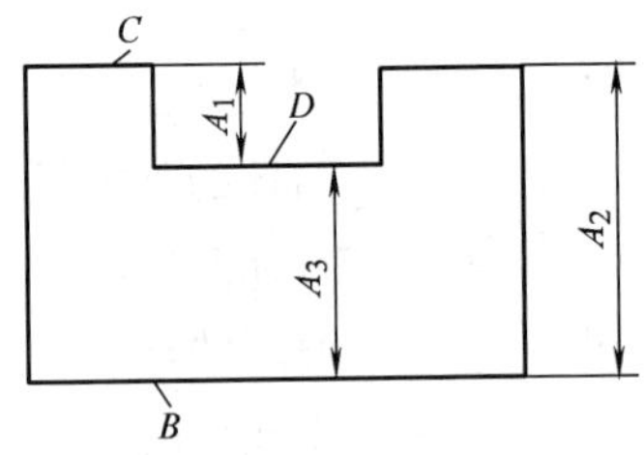

图 5-14 基准不重合时的尺寸换算

解 采用调整法加工时，定位基准 B 面需控制尺寸为 A_3，A_2 尺寸在前一道工序中已保证，所以 A_1 为封闭环。

1）画尺寸链简图，如图 5-15 所示。

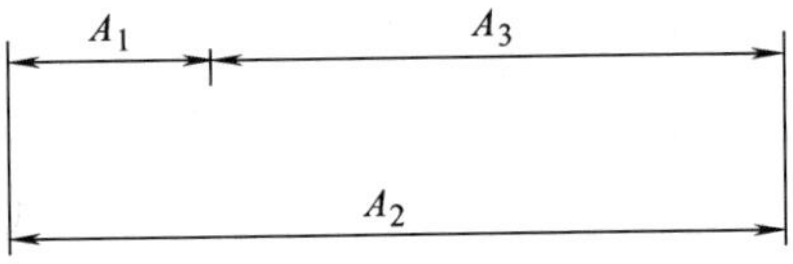

图 5-15 尺寸链简图

2）判断增减环

A_1——封闭环；

A_2——增环；

A_3——减环。

3）根据式（5-6）、式（5-9）、式（5-10）计算

由
$$A_1 = A_2 - A_3$$
得
$$A_3 = A_2 - A_1 = 30 - 15 = 15\text{mm}$$
由
$$ES_1 = ES_2 - EI_3$$
得
$$EI_3 = ES_2 - ES_1 = 0 - 0.12 = -0.12\text{mm}$$
由
$$EI_1 = EI_2 - ES_3$$
得
$$ES_3 = EI_2 - EI_1 = -0.2 - (-0.12) = -0.08\text{mm}$$
则
$$A_3 = 15^{-0.08}_{-0.12}\text{mm} \rightarrow 14.92^{0}_{-0.04}\text{mm}\ （入体分布）$$

如果基准不转换，只要保证加工尺寸精度为 0.24mm 即可，但转换基准后，要保证加工尺寸精度为 0.04mm，提高了本工序的加工精度，因此运用极值法计算工序尺寸和公差应注意可能有假废品出现。为避免假废品的出现，对换算后工序尺寸超差的零件，应按设计尺寸再进行复量和核算。

2. 多环尺寸链的工序尺寸及公差的确定

（1）从尚需继续加工表面上标注工序尺寸及公差的确定　在零件加工中，有些加工表面的测量基准或定位基准是一些还需要继续加工的表面，造成这些表面在最后一道加工工序中出现需要同时控制两个尺寸的要求，其中一个尺寸是直接控制由测量获得，而另一个尺寸变成间接获得，形成了尺寸链系统中的封闭环。

例 5-2 如图 5-16a 所示为齿轮内孔简图，其加工工艺过程如下：

工序Ⅰ　镗内孔至 $A_1 = \phi 39.6^{+0.10}_{0}\text{mm}$；

工序Ⅱ　插键槽至尺寸 A_2；

工序Ⅲ　淬火；

工序Ⅳ　磨内孔至 $A_3=\phi40_{0}^{+0.025}$mm，同时间接保证键槽深度 $A_4=46_{0}^{+0.3}$ mm。求插键槽深度 A_2。

解　1）画尺寸链简图

根据工艺过程可知，磨削内孔时保证 A_3 尺寸的同时也间接保证了 A_4 尺寸，且 A_4 尺寸随其他尺寸变化而变化，所以 A_4 是封闭环。由于孔和磨孔尺寸及公差的一半对封闭环有影响，所以作出如图 5-16b 所示尺寸链简图。

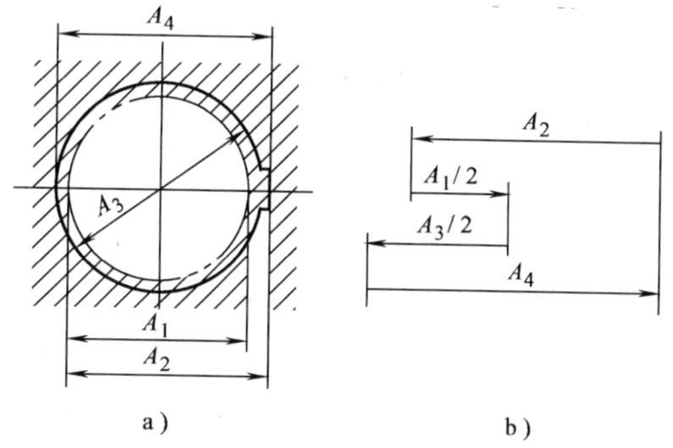

图 5-16　内孔键槽加工尺寸换算

2）判断增减环

A_4——封闭环；

A_2、$A_3/2$——增环；

$A_1/2$——减环。

3）根据公式 5-1、5-4 和 5-5 计算

由
$$A_4=A_2+\frac{A_3}{2}-\frac{A_1}{2}$$

得
$$A_2=A_4-\frac{A_3}{2}+\frac{A_1}{2}=(46-20+19.8)\ \text{mm}=45.8\text{mm}$$

由
$$ES_4=ES_2+\frac{ES_3}{2}-\frac{EI_1}{2}$$

得
$$ES_2=ES_4-\frac{ES_3}{2}+\frac{EI_1}{2}=(0.3-0.0125+0)\ \text{mm}=0.2875\text{mm}$$

由
$$EI_4=EI_2+\frac{EI_3}{2}-\frac{EI_1}{2}$$

得
$$EI_2=EI_4-\frac{EI_3}{2}+\frac{EI_1}{2}=(0-0+0.05)\ \text{mm}=0.05\text{mm}$$

则
$$A_2=45.8_{+0.05}^{+0.2875}\text{mm}\rightarrow45.85_{0}^{+0.2375}\text{mm（入体分布）}$$

（2）零件进行表面处理时的工序尺寸计算　某些零件表面需要进行渗碳、渗氮或表面镀铬等工序，且在精加工后还需保持其一定的厚度时，也涉及到尺寸链的计算问题。

例 5-3　如图 5-17a 所示零件的 ϕF 表面要求镀银，镀银层为 $0.2_{0}^{+0.1}$mm，ϕF 的最终尺寸为 $\phi63_{0}^{+0.03}$mm，该表面的加工顺序为：磨内孔至尺寸 A_1；镀银；磨内孔至尺寸 A_2，并保证镀银层厚度 $0.2_{0}^{+0.1}$mm，问镀层尺寸 A_1 为多少才能保证要求？

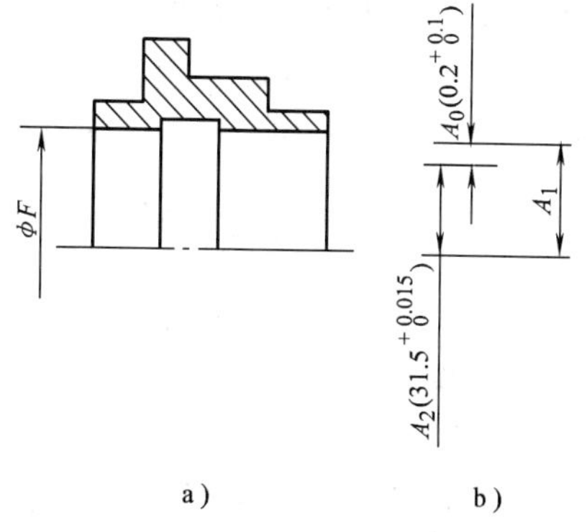

图 5-17　表面处理层尺寸换算

解　1）画尺寸链图

因镀层是单边的，因此应把 $\phi63_{0}^{+0.03}$mm 换成半径方向为 $\phi31.5_{0}^{+0.015}$mm。尺寸链如图 5-17b 所示。

2）判断增减环

A_1——增环；

A_2——减环；

A_0——封闭环。

3）根据式（5-6）、式（5-9）和式（5-10）计算

由
$$A_0 = A_1 - A_2$$
得
$$A_1 = A_0 + A_2 = (0.2 + 31.5)\ \text{mm} = 31.7\text{mm}$$
由
$$ES_0 = ES_1 - EI_2$$
得
$$ES_1 = ES_0 + EI_2 = (0.1 + 0)\ \text{mm} = 0.1\text{mm}$$
由
$$EI_0 = EI_1 - ES_2$$
得
$$EI_1 = EI_0 + ES_2 = (0 + 0.015)\ \text{mm} = 0.015\text{mm}$$
则
$$A_1 = 31.7_{+0.015}^{+0.1}\text{mm} \rightarrow 31.715_{0}^{+0.085}\text{mm}$$
换算成直径方向上的尺寸为：$\phi63.43_{0}^{+0.17}$。

第八节 机床及工艺装备的选择

一、机床的选择

选择机床时应注意以下几点：

1）所选机床的主要规格尺寸应与加工工件的尺寸相适应。即小零件应选小的机床，大零件应选大的机床，做到设备合理使用。

2）所选机床的精度应与要求的工件加工精度相适应。对于高精度的工件，在缺乏精密设备时，可通过设备改造，以粗干精。

3）所选机床的生产率应与加工工件的生产类型相适应。单件小批生产一般选择通用设备，大批量生产宜选高生产率的专用设备。

4）机床的选择应结合现场实际情况。例如设备的类型、规格及精度状况，设备负荷的平衡情况以及设备分布排列情况等。

5）合理选用数控机床。在通用机床无法加工、难加工、质量难以保证情况下，可考虑选用数控机床，当加工效率要求高，工人劳动强度大时，也可选用数控机床。

二、工艺装备的选择

工艺装备的选择包括夹具、刀具和量具的选择。

1. 夹具的选择

单件小批生产，应尽量选择通用夹具。例如各种卡盘、台虎钳、回转台等。如果条件具备，为了提高生产率和加工精度，可选用组合夹具。大批大量生产，应选择生产率和自动化程度高的专用夹具。多品种中、小批生产可选用可调夹具或成组夹具。夹具的精度应与加工

精度相适应。

2. 刀具的选择

选择刀具时，优先选择通用刀具，以缩短刀具制造周期和降低成本。必要时可采用各种高生产率的专用刀具和复合刀具。刀具的类型、规格及精度等应符合加工要求，如铰孔时，应根据被加工孔不同精度，选择相应精度等级的铰刀。

3. 量具的选择

单件小批量生产应采用通用量具，如游标卡尺、百分表等。大批量生产应采用各种量规和高效的专用检具，量具的精度必须与加工精度相适应。

确定了加工设备与工装之后，就需要合理选择切削用量，正确选择切削用量，对满足加工精度、提高生产率、降低刀具的消耗意义很大。在一般工厂中，由于工件材料、毛坯状况、刀具材料与几何角度及机床刚度等工艺因素的变化较大，故在工艺文件上不规定切削用量，而由操作者根据实际情况自己确定。但是在大批量生产中，特别是在流水线或自动化生产线上，必须合理地确定每一道工序的切削用量，确定切削用量可查阅有关的工艺手册，或按经验估算而定。

思考与练习题

5-1 试述工艺规程的作用及制定工艺规程的基本原则。

5-2 简述制定工艺规程的步骤。

5-3 零件的技术要求分析包括哪几个方面？

5-4 选择毛坯时应考虑哪些因素？

5-5 粗基准和精基准选择的原则是什么？

5-6 选择加工方法时应综合考虑哪些因素？

5-7 何谓工序集中和工序分散？各自的特点是什么？

5-8 加工顺序的安排一般考虑哪几个方面？

5-9 简述退火、正火、时效、调质、淬火、渗碳等热处理工序在工艺过程中的位置和各自的作用。

5-10 数控加工顺序安排一般遵循哪些原则？对于点位控制和轮廓控制的数控机床进给路线的选择应注意哪些问题。

5-11 什么是加工余量？影响加工余量的因素有哪些？

5-12 简述尺寸链、封闭环、组成环、增环和减环概念。

5-13 图 5-18 所示零件在车床上加工阶梯孔时，尺寸 $10^{0}_{-0.04}$ mm 不便测量，需要通过测量尺寸 X 来保证设计要求。试换算该测量尺寸。

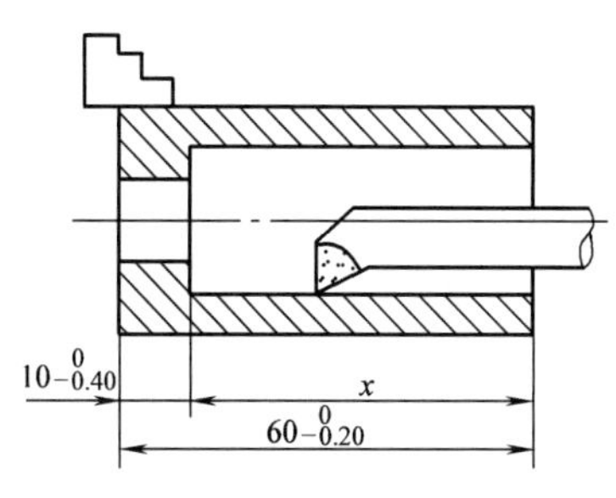

图 5-18 题 15-13 图

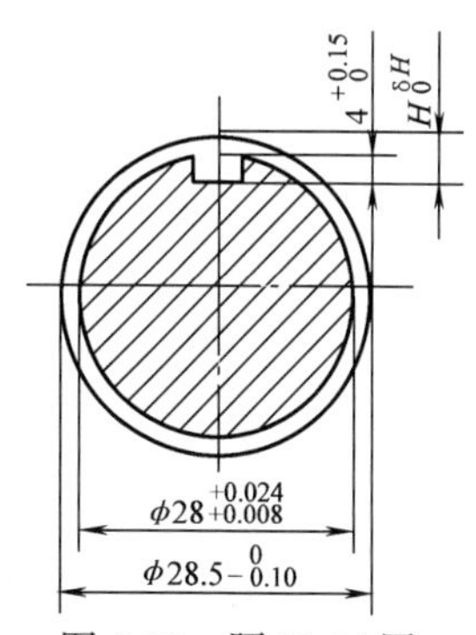

图 5-19 题 15-14 图

5-14 如图 5-19 所示，加工主轴时，要保证键槽深度 $4_{0}^{+0.15}$ mm，其工艺过程如下：

1）车外圆至尺寸 $\phi28.5_{-0.1}^{0}$ mm。

2）铣键槽尺寸至 $H_{0}^{\delta H}$。

3）热处理。

4）磨外圆尺寸至 $\phi28_{+0.008}^{+0.024}$ mm。

设磨外圆的同轴度误差为 $\phi0.04$mm，试用极值法计算铣键槽工序尺寸 $H_{0}^{\delta H}$。

5-15 如图 5-20 所示的销轴，要求电镀。工艺过程为车—粗磨—精磨—电镀。成批生产时镀层厚度为 0.025 ~ 0.015mm，由电镀工艺保证。试确定精磨工序的工序尺寸及其允许偏差。

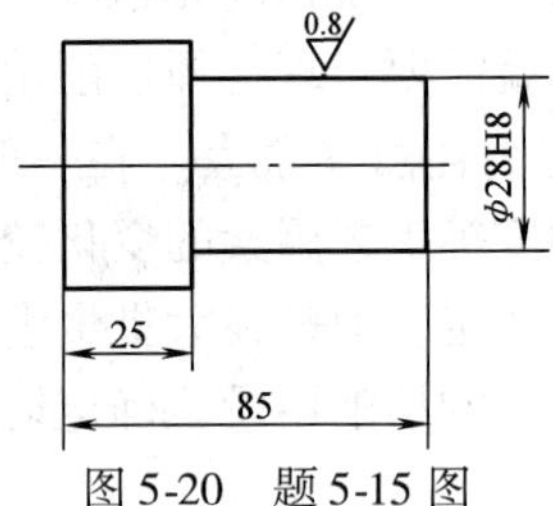

图 5-20 题 5-15 图

第六章　典型零件的加工

机械加工中，常见的典型零件有轴类、套类、箱体类及圆柱齿轮等，各类型的零件在加工中要突出解决的问题有所侧重，需根据技术要求、毛坯材料、生产类型等制定不同的机械加工工艺过程。

第一节　轴类零件的加工

一、概述

1. 轴类零件的功用与结构特点

轴类零件是机械加工中经常遇到的典型零件之一。它的作用是支承传动零件（齿轮、带轮等）、传递转矩、承受载荷，以及保证装在轴上的零件（或刀具）具有一定的回转精度。轴类零件根据结构形状可分为光轴、空心轴、半轴、阶梯轴、花键轴、十字轴、偏心轴、曲轴及凸轮轴等，如图 6-1 所示。

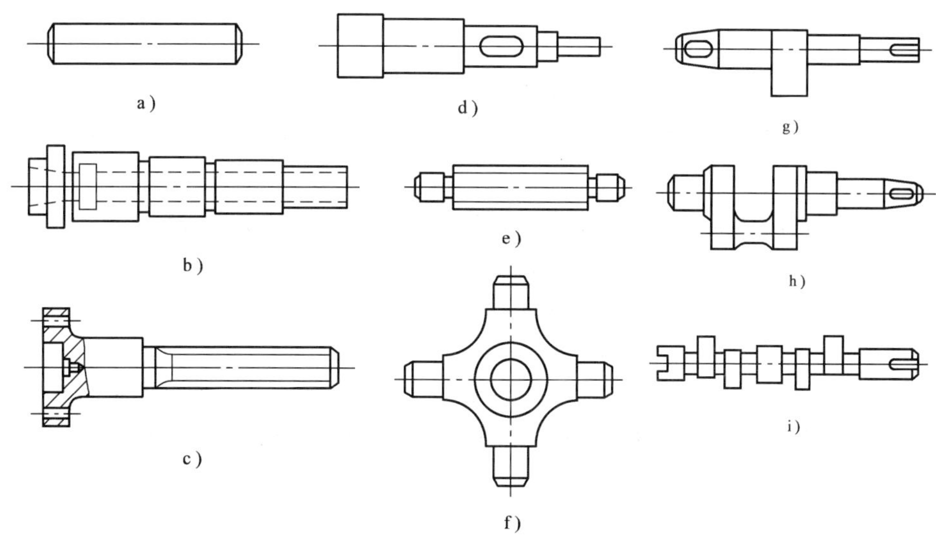

图 6-1　轴的种类

a) 光轴　b) 空心轴　c) 半轴　d) 阶梯轴　e) 花键轴　f) 十字轴　g) 偏心轴　h) 曲轴　i) 凸轮轴

根据轴的长度和直径之比，又可分为刚性轴（$L/d \leqslant 12$）和挠性轴（$L/d > 12$）两类。根据上述轴的结构形状可以看出，轴类零件一般为回转体零件，其长度大于直径，加工表面通常有内外圆柱面、圆锥面，以及螺纹、花键、键槽、横向孔、沟槽等。

2. 轴类零件的技术要求

下面以车床主轴为例说明轴类零件的技术要求，如图 6-2 所示为车床主轴零件图。

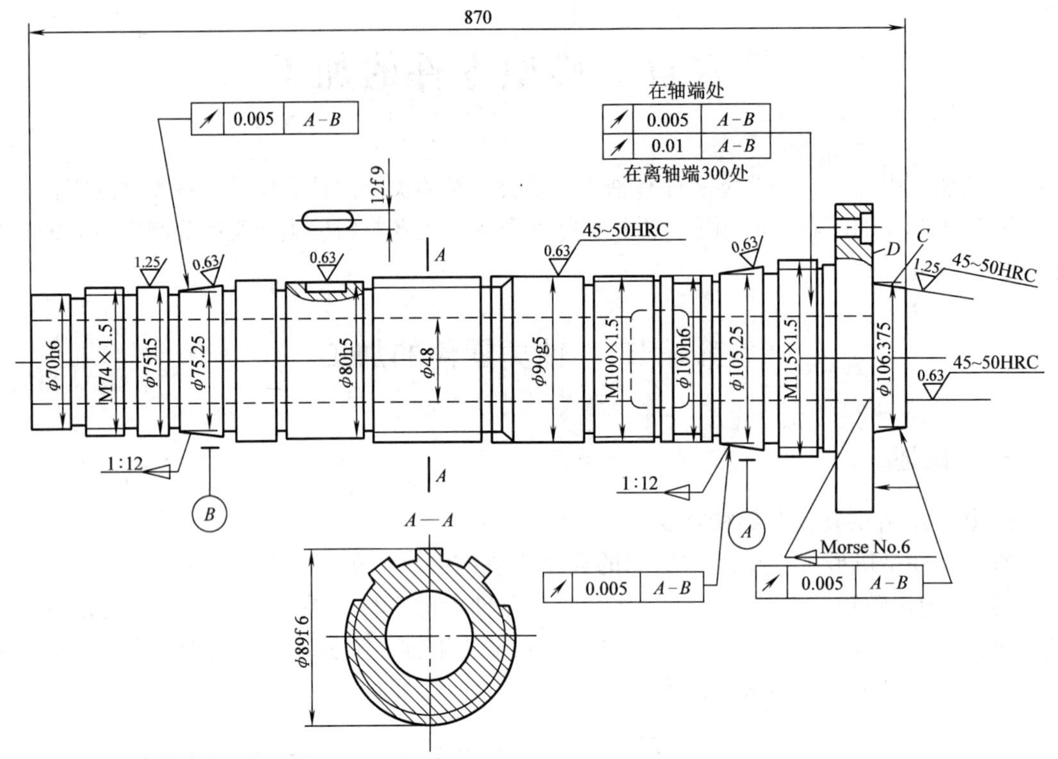

图 6-2 车床主轴简图

1）主轴的轴颈是主轴部件的装配基准，其制造精度直接影响到主轴部件的回转精度，故对支承轴颈提出较高的要求。

2）主轴前端的莫氏 6 号锥孔用来安装顶尖或工具锥柄，其锥孔轴线必须与支承轴颈轴线同轴，否则被加工工件会出现相对位置误差。

3）主轴前端的圆锥面和端面是安装卡盘或车床夹具的定位表面，为了保证卡盘的定心精度，该圆锥表面必须与支承轴颈同轴，端面必须与主轴的回转轴线垂直。

4）主轴上的螺纹是用来固定与调节主轴轴承间隙的。当螺纹中径对于支承轴颈歪斜时，会造成锁紧螺母端面不垂直，轴承位置发生变动，引起主轴径向跳动。因此螺纹中径与支承轴径有同轴度要求。

5）主轴零件的各加工表面均有表面粗糙度要求。

3. 轴类零件的材料、毛坯及热处理

（1）轴类零件的材料　轴类零件材料常用 45 钢；对于中等精度而转速较高的轴，可选 40Cr 等合金钢；精度较高的轴，可选用轴承钢 GCr15 和弹簧钢 65Mn 等，也可选用球墨铸铁；对于高转速、重载荷条件下工作的轴，选用 20CrMnTi、20Mn2B、20Cr 低碳合金钢或 38CrMoAl 氮化钢。

（2）轴类零件的毛坯　轴类零件最常用的毛坯是圆棒料和锻件；有些大型轴或结构复杂的轴采用铸件。毛坯经过加热锻造后，可使金属内部纤维组织沿表面均匀分布，从而获得较高的抗拉、抗弯强度。

（3）轴类零件的热处理　轴类零件的使用性能除与所选钢材种类有关外，还与所采用的热处理有关。锻造毛坯在加工前，需安排正火或退火处理，使钢材内部晶粒细化，消除锻造应力，降低材料硬度，改善切削加工性能。

为了获得较好的综合力学性能，轴类零件常要求进行调质处理。调质一般安排在粗车之后、半精车之前，以便消除粗车时产生的残余应力。表面淬火一般安排在精加工之前，这样可纠正因淬火引起的局部变形。对精度要求高的轴，在局部淬火或粗磨之后，还需低温时效处理（在160℃油中进行长时间的低温时效），以保证尺寸的稳定。

二、主轴的加工工艺及分析

1. 车床主轴加工工艺过程

表6-1是某车床主轴成批生产时的加工工艺过程。主轴材料为45钢，毛坯为模锻件，生产纲领为大批量生产。

表6-1　车床主轴加工工艺过程

序号	工序名称	定位基准	加工设备
1	模锻		
2	热处理；正火		
3	铣端面钻中心孔	外圆与端面	专用机床
4	粗车外圆	夹小头顶大头；夹大头顶小头	
5	热处理；调质		
6	车大头外短锥、端面及台阶	顶尖孔	仿形车床C620B
7	仿形车小头各部外圆	顶尖孔	仿形车床CE7120
8	钻ϕ48通孔	夹小头托大头	深孔钻床
9	车小头1:20内锥孔	夹大头托小头	仿形车床C620B
10	车大头莫氏6号锥孔、外短锥及端面	夹小头托大头	仿形车床C620B
11	钻大头端面各孔	大头内锥面	Z55钻床钻模
12	热处理；高频淬火外圆各有关表面、短锥及莫氏6号锥孔、ϕ90g5、ϕ100h6		
13	粗磨、ϕ90g5、外圆	两锥堵顶尖孔	万能外圆磨床
14	粗磨小头工艺内锥孔		内圆磨床M2120
15	粗磨大头莫氏6号内锥孔	托ϕ100h6及ϕ75h5外圆	内圆磨床M2120
16	仿形精车各外圆并切槽	两锥堵顶尖孔	数控车床CSK6163
17	粗精铣花键	两锥堵顶尖孔	花键铣床YB6016
18	铣12f9键槽	托ϕ80h5及M115x1.5外圆	铣床X52
19	车螺纹M115x1.5、M100x1.5、M74x1.5	两锥堵顶尖孔	CA6140
20	粗磨各外圆至尺寸	两锥堵顶尖孔	万能外圆磨床
21	粗精磨三圆锥面及端面	两锥堵顶尖孔	专用组合磨床
22	粗磨莫氏6号锥孔	前支承轴颈A及ϕ75h5外圆	主轴锥孔磨床
23	按图样要求检验		

2. 车床主轴加工工艺过程分析

(1) 加工阶段的划分 由于主轴要求精度较高，又是多阶梯带通孔的零件，切除大量金属后会引起残余应力重新分布而变形，因此在安排工序时，应将粗精加工分开，先完成各表面的粗加工，再完成各表面的半精加工和精加工，而主要表面的精加工则放在最后进行。这样主要表面的精度就不会受到其他表面的加工应力重新分布的影响。

表6-1中的主轴，加工阶段大致划分为三个阶段：调质前的工序为各主要表面的粗加工阶段；调质后至表面淬火前的工序为半精加工阶段；表面淬火以后的工序为精加工阶段。要求较高的支承轴颈莫氏6号锥孔的精加工则放在最后进行。

(2) 合理选择定位基准面 轴类零件的定位基准，最常用的为两中心孔。这样可保证各外圆表面、锥孔、螺纹等表面的同轴度和端面对旋转轴线的垂直度，上述各表面的设计基准一般都是轴的中心线，符合基准重合原则。而且用中心孔作为定位基准，还能够在一次装夹中尽量多地加工出各外圆和端面。这也符合基准统一原则。

但有两种情况不能采用中心孔面作定位基面，一是粗加工外圆，为提高零件刚度，采用轴的外圆表面作为定位基准或以外圆和中心孔同作定位基面（一夹一顶）；二是当主轴为通孔零件时，作为定位基准的中心孔因钻出通孔而消失，因此在工艺上一般都采用带有中心孔的锥堵（闷堵）或锥堵心轴。

当主轴孔的锥度比较小（如1∶20和莫氏6号锥度），就使用锥堵，如图6-3a所示；当锥孔的锥度较大（如铣床主轴7∶24）或圆柱孔时，可用带锥堵的拉杆心轴，简称拉杆心轴，如图6-3b所示。

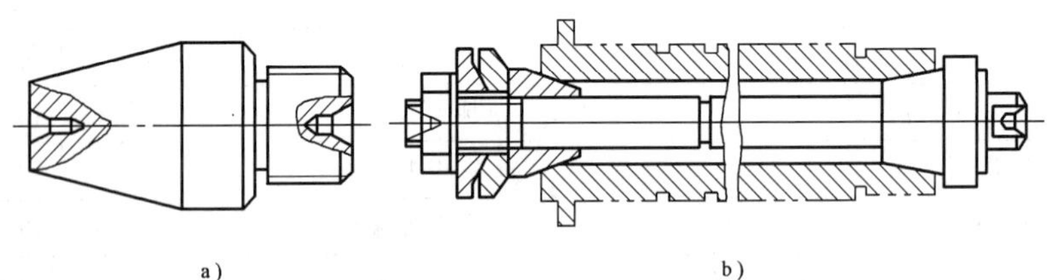

图6-3 锥堵与锥套心轴

a) 锥堵 b) 锥套心轴

采用锥堵应注意以下几点：锥堵应具有较高的精度，锥堵的中心孔既是锥堵本身制造的定位基准，又是磨削主轴的精基准，因而必须保证锥堵上锥面与中心孔有较高的同轴度。此外，应尽量减少锥堵装夹次数，以减少安装误差。所以对中小批来讲，锥堵安装后中途一般不再更换。

在表6-1中，主轴工艺过程正是这样考虑和安排的：工艺过程开始时，就以外圆面作粗基准，铣端面打中心孔，为粗车外圆提供定位基准；而粗车外圆又为深孔加工提供了基准；此后加工前后锥孔、安装前后锥堵，为外圆的半精加工和精加工提供定位基准。由于支承轴颈是磨削锥孔的定位基准，所以终磨锥孔前必须磨好轴颈表面。

(3) 应安排足够的热处理工序 在主轴加工的整个过程中，应安排足够的热处理工序，以保证主轴力学性能及加工精度的要求，并改善工件的切削加工性能。

毛坯锻造应安排正火处理，以消除锻造应力，改善切削性能；粗加工后安排调质处理，以提高其力学性能，并为表面淬火准备良好的金相组织；半精加工后安排表面淬火处理，以提高其耐磨性。

（4）主轴加工顺序的安排　安排主轴加工工序的顺序时，应注意以下几点：

1）基准先行　机械加工工艺安排时，总是先加工好定位基准面。主轴加工也总是先安排铣端面钻中心孔，以便为后续工序准备好定位基准。

2）深孔加工　深孔加工应安排在调质以后进行，调质处理时工件变形较大，如先加工孔后调质处理，会使深孔产生弯曲变形，影响主轴高速旋转时的动平衡。此外，深孔加工应安排在外圆粗车或半精车之后，以便有一个较为精确的轴颈作为定位基准，保证深孔与外圆同轴及主轴壁厚均匀。

3）外圆表面的加工顺序　先加工大直径的外圆，然后加工小直径的外圆，以免一开始就降低了工件的刚度。

4）次要表面加工安排　主轴上的花键、键槽等次要表面的加工，一般都应安排在外圆精车或粗磨以后进行，否则不仅在精车时造成断续切削而产生振动，影响加工质量，损坏刀具，而且键槽的尺寸也难以保证。

三、轴类零件主要工序的加工方法

1. 中心孔的加工

中心孔是轴类零件加工时最常用的定位基准面。其质量对加工精度有着重大影响。在成批大量生产时，均采用轴颈外圆面作粗基准面，而在单件小批量生产或加工大型轴类零件时，可采用划线法找中心，然后加工中心孔。为避免中心钻钻头引偏或折断，应先加工轴两端面。在单件小批生产时，常采用车削、铣削或锯床加工。在大批大量生产时，为提高生产率和加工精度，常采用卧式双面专用机床，在完成铣削端面的同时加工中心孔。

轴类零件在加工过程中，中心孔因多次使用产生磨损，或因热处理引起变形和产生氧化皮等原因，需要对中心孔进行修磨，以保证定位精度。修磨中心孔大多采用铸铁顶尖或环氧树脂顶尖等工具，加研磨剂在卧式车床或钻床上进行。中心孔修磨工序的安排应根据工件的精度的要求来确定。一般精度的轴可不安排，较高精度的轴一般在精加工前安排，高精度的轴在加工中可安排若干次。同时为排除中心孔锥面误差对工件圆度的影响，应适当减少顶尖孔 60°锥面与顶尖的接触长度，使中心孔与顶尖接触改为线接触。

2. 外圆的加工

车削是粗加工和半精加工外圆表面应用最广泛的加工方法。成批生产时采用转塔车床、数控车床；大批量生产时，采用多刀半自动车床、液压仿形半自动车床等。

磨削是外圆表面主要的精加工方法，适用于加工精度高、表面粗糙度较小的外圆表面，特别适用于加工淬火钢等高硬度材料。当生产批量较大时，常采用组合磨削、成形砂轮磨削及无心磨削等高效磨削方法。

外圆柱面加工尺寸的经济精度见表 6-2。

3. 主轴锥孔的磨削

主轴锥孔对主轴支承轴颈的径向圆跳动，是一项重要的精度指标，因此锥孔加工是关键工序。主轴锥孔磨削通常均采用专用夹具，如图 6-4 所示。

夹具由底座 1、支架 2 及浮动夹头 3 三部分组成，两个支架固定在底座上，作为工件定位基准面的两段轴颈放在两个 V 形块上，V 形块镶有硬质合金，以提高耐磨性，并减少工件

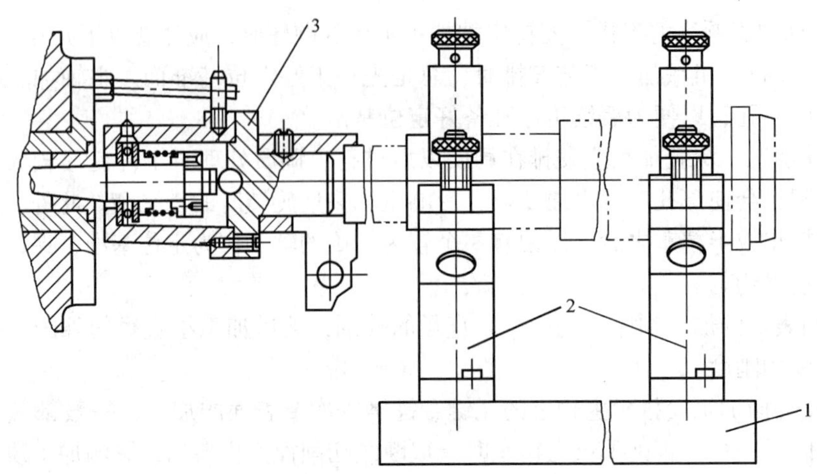

图 6-4 磨主轴锥孔夹具

1—底座 2—支架 3—浮动夹头

表 6-2 外圆柱表面加工尺寸经济精度

公称直径 /mm	车削					磨削				研磨	用钢珠或滚柱工具滚压			
	粗车	半精车或一次加工		精车		一次加工	粗磨	精磨						
	加工的公差等级和偏差值/μm													
	13~12	12	11	10	9	7	9	7	6	5	10	9	7	6
1~3	120	120	60	40	20	9	20	9	6	4	40	20	9	6
>3~6	160	160	80	48	25	12	25	12	8	5	48	25	12	8
>6~10	200	200	100	58	30	15	30	15	10	6	58	30	15	10
>10~18	240	240	120	70	35	18	35	18	12	8	70	35	18	12
>18~30	280	280	140	84	45	21	45	21	14	9	84	45	21	14
>30~50	620-340	340	170	100	50	25	50	25	17	11	100	50	25	17
>50~80	740-400	400	200	120	60	30	60	30	20	13	120	60	30	20
>80~120	870-460	460	230	140	70	35	70	35	23	15	140	70	35	23
>120~180	1000-530	530	260	160	80	40	80	40	27	18	160	80	40	27
>180~260	1150-600	600	300	185	90	47	90	47	30	20	185	90	47	30
>260~360	1350-680	680	340	215	100	54	100	54	35	22	215	100	54	35
>360~500	1550-760	760	380	250	120	62	120	62	40	25	250	120	62	40

接触部位的划痕，工件的中心高应正好等于磨头砂轮的中心高，否则将产生双曲线误差，影响内锥孔的接触精度。后端的浮动夹头用锥柄装在磨床主轴的锥孔内，工件尾端插入弹性套内，用弹簧把浮动夹头外壳连同工件向左拉，通过钢球压向镶有硬质合金的锥柄端面，限制工件的轴向窜动。采用此连接方式，可以保证工件支承轴颈的定位精度不受内圆磨床主轴回转误差的影响，也可减少机床本身振动对加工质量的影响。

4. 花键加工

花键是轴类零件上的典型表面，它与单键比较，具有定心精度高、导向性能好、传递转矩大、易于互换等优点。

（1）花键的铣削加工　单件小批生产中，通常在卧式铣床上借助分度头进行加工。铣削前工件用千分表找正，然后用两个两面刃铣刀试切，当符合键宽尺寸后，即可把一批工件的花键齿加工完毕，然后再用成形铣刀铣出花键的其他部分。此法加工精度低，生产率低。当产量较大时，可采用花键滚刀在花键铣床上用展成法加工，其加工质量与生产率均比用三面刃铣刀高，为了提高花键轴加工的质量和生产率，还可采用双飞刀高速铣花键，铣削时，飞刀高速回转，花键轴只作轴向移动，如图6-5所示。

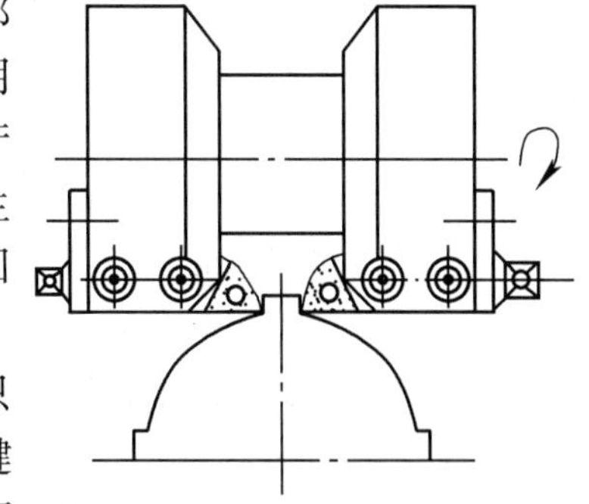

图6-5　飞刀铣削花键

（2）花键的磨削加工　以外径定心的花键轴，通常只磨削外径，键的侧面及内径铣出后不再进行磨削，若花键轴经过淬火热处理而出现较大的扭曲变形时，要对键侧面进行磨削加工。

以内径定心的花键，其内径和键均需进行磨削加工。小批生产时可用工具磨床或平面磨床，借助分度头分两次磨削。大批生产时，可在花键磨床上或专用机床上利用高精度等分板在一次安装下将花键轴磨出。

5. 主轴零件的深孔加工

一般将孔的深度与孔径之比（L/D）大于5的孔称为深孔。深孔加工比一般孔加工难度大，生产率低，加工时，工件安装常用“一托一夹”方式。孔的粗加工多选用深孔钻削或镗削，对于单件小批量生产，常采用加长麻花钻在普通车床或转塔车床上进行，钻头每进给一段不长的距离就需由孔内退出一次，效率低，工人的劳动强度大；对于成批大量生产，宜采用深孔钻头在专用深孔钻床上进行。深孔镗削采用深孔钻床，利用镗刀头镗孔和浮动镗孔。深孔加工的难度一方面在于加工过程中，由于刀具刚性差，易使其位置偏斜；另一方面排屑、散热和冷却润滑条件差。针对这些问题采取以下措施：

1）为防止刀具引偏，宜采用工件旋转的方式并改进刀具导向结构。

2）为解决散热和排屑问题，采用压力输送切削液方法，以冷却刀具和排出切屑；同时改进刀具结构，使其即能有一定压力的切削液输入和断屑，又有利于切屑的顺利排出。

3）在钻削深孔前，先加工出一个与深孔直径相同的导向孔，该孔要求有较高的加工精度，其深度为（0.1～1.5）d（d为钻孔直径），导向孔的加工可在卧式车床上进行，深孔钻削若为大批量生产，可在深孔钻床上进行，若为单件小批量生产，则仍然选用卧式车床。

三、主轴检验

轴类零件在加工过程中和加工完了以后都要按工艺规程的要求进行检验。检验的项目包括表面粗糙度、表面硬度、表面几何形状精度、尺寸精度和相互位置精度。

轴类零件的精度检验常按一定的顺序进行。一般先检验几何精度，然后检验尺寸精度，最后检验各表面之间的相互位置精度。这样可以判断和排除不同性质的误差之间对测量精度的干扰。

1. 加工中检验

加工过程中的检验目前已广泛使用自动测量装置，可将其作为辅助装置安装在机床上。此方法能在不影响加工的情况下，根据测量结果，主动地控制机床的工作过程，如改变进给量，自动补偿刀具磨损，自动退刀、停车等，使之适应加工条件的变化，防止产生废品，故又称为主动检验。主动检验属在线检测，即在设备运行、生产不停顿的情况下，根据信号处理的基本原理，掌握设备运行状况，对生产过程进行预测、预报及必要调整。在线检测在机械制造中的应用越来越广泛。

2. 加工后检验

单件小批生产中，尺寸精度一般用外径千分尺检验；大批大量生产时，为节省时间，常采用光滑极限量规检验，长度大而精度高的工件可用比较仪检验。

表面粗糙度可用粗糙度样板进行检验；要求较高时则用光学显微镜或轮廓仪检验。几何形状的圆度误差，可用千分尺测出的工件同一截面内直径的最大差值之半来确定，也可用千分表借助V形铁来测量，若条件许可，可用圆度仪检验。圆柱度误差通常用千分尺测出同一轴向剖面内最大与最小之差的方法来确定。

主轴相互位置精度检验一般以轴两端顶尖孔或工艺锥堵上的顶尖孔为定位基准，在两支承轴颈上方分别用千分表测量。主轴转一周后从两表所得读数即分别为两支承轴颈相对于轴线的径向圆跳动误差；两读数之差为两支承轴颈的同轴度误差。主轴其他表面对支承轴颈的相互位置精度可用图6-6所示的方法检验，将轴的两支承轴颈放在平板上的两个V形铁上。轴的一端用挡铁1、钢球2限制其轴向窜动，用工艺锥堵5和检验心棒6及表X检测主轴的轴向窜动。测量相互位置精度时，先用表Ⅰ、Ⅱ和可调V形块3调整轴心线与平板平行，然后将平板7倾斜一定角度（通常为15°），使工件靠自重压向钢球而紧密接触。最后，将轴均匀转动一周，从各表读数即可确定各表面间的相互位置误差。表Ⅷ和表Ⅸ检查锥孔轴线对支承轴颈轴线的同轴度误差，表Ⅰ、Ⅱ、Ⅳ、Ⅴ、Ⅵ检查各相应轴颈相对于支承轴颈的径向圆跳动误差，表Ⅺ、Ⅻ和ⅩⅢ检查F、E、D端面跳动误差。

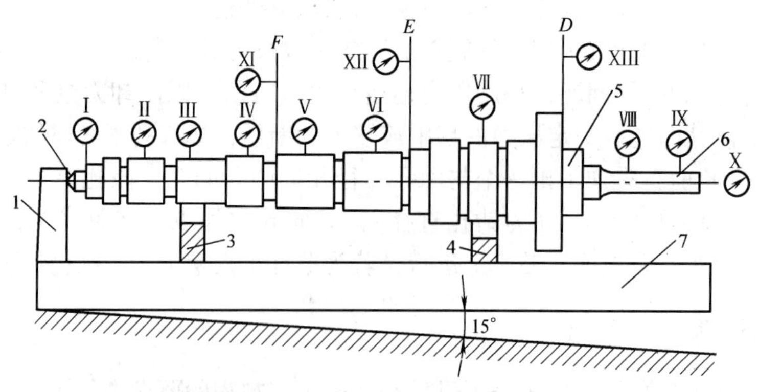

图6-6 轴的相互位置精度检验

1—挡铁 2—钢球 3—可调V形块 4—V形块 5—锥堵 6—检验心棒 7—平板

第二节　套筒类零件加工

一、概述

1. 套筒类零件的功用与结构

套筒类零件是机械中常见的零件之一，应用广泛。如支承旋转轴的各种形式的滑动轴承、钻床夹具中的钻套、内燃机气缸套、液压缸缸筒以及一般用途的套筒。由于功用不同，其结构和尺寸的差别很大，但仍有共同特点：零件的主要表面为同轴度较高的内外圆回转表面、壁厚较薄易变形、长度一般大于直径等。

2. 套筒类零件的技术要求

套筒类零件的主要表面是孔和外圆，其主要技术要求如下：

（1）孔的技术要求　孔是套筒类零件起支承和导向作用的最主要表面，通常与运动的轴、刀具或活塞相配合。孔的直径尺寸公差一般为 IT7，精密轴套可取 IT6，气缸和液压缸由于与其配合的活塞上有密封圈，要求较低，通常取 IT9。孔的形状精度，应控制在孔径公差内，精密套筒的形状精度应控制在孔径公差的 1/2 ~ 1/3，甚至更严。对于长的套筒，除了圆度要求以外，还应标注孔的圆柱度。孔的表面粗糙度为 $R_a = 1.6 \sim 0.16\mu m$，要求高的精密套筒表面粗糙度可达 $R_a = 0.04\mu m$。

（2）外圆表面的技术要求　外圆表面是套筒类零件的支承表面，常以过盈配合或过渡配合与箱体机架上的孔连接，外径尺寸公差等级通常取 IT6 ~ IT7，形状精度控制在外径公差内，表面粗糙度值 $R_a = 3.2 \sim 0.63\mu m$。

（3）孔与外圆的同轴度要求　当孔的最终加工是将套筒装入机座后进行时，套筒内外圆间的同轴度要求较低；若最终加工是在装配前完成的，其同轴度要求较高，一般为 0.01 ~ 0.05mm。

（4）孔轴线与端面的垂直度要求　套筒的端面（包括凸缘端面）若在工作中承受轴向载荷，或虽不承受载荷，但在装配或加工中作为定位基准时，端面与孔轴线垂直度要求较高，一般为 0.01 ~ 0.05mm。

3. 套筒类零件的材料、毛坯及热处理

套筒类零件一般用钢、铸铁、青铜或黄铜制成。有些滑动轴承采用双金属结构，以离心铸造法在钢或铸铁套内壁上浇注巴氏合金等轴承合金材料，既可节省贵重的非铁金属，又能提高轴承的寿命。

套筒类的毛坯选择与其材料、结构、尺寸及生产批量有关。孔径小的套筒，一般选择热轧或冷拉棒料，也可采用实心铸件。孔径较大的套筒，常选择无缝钢管或带孔的铸件、锻件。大量生产时，采用冷挤压和粉末冶金等先进毛坯制造工艺，既节约用材，又提高生产率。

套筒零件常用的热处理方法有渗碳淬火、表面淬火、调质、高温时效及渗氮等。

二、主要表面的加工方法

套筒的外圆表面加工方法根据精度要求可选择车削和磨削。内孔表面的加工则比较复杂，要根据其结构特点、孔径大小、长径比大小、加工精度和表面粗糙度以及生产规模等因素来选择。

1. 孔加工方案确定的原则

1）孔径较小时（如 30 ~ 50mm 以下），大多采用钻孔、扩孔、铰孔方案。批量大的生产，则可采用钻孔后拉孔的加工方案，其精度稳定，生产率高。

2）孔径较大时，大多采用钻孔后镗孔或直接镗孔的方案。缸筒类零件的孔在精镗后通常还要进行珩磨或滚压加工。

3）淬硬套筒零件，多采用磨孔方案，可获得较高的精度和较细的表面粗糙度。对于精密套筒，相应增加孔的光整加工，如高精度磨削、珩磨、研磨、抛光等加工方法。

2. 孔表面的典型加工路线

（1）钻—粗拉—精拉　对于大批量生产中的孔一般可选择这条加工路线，加工质量稳定，生产率高，特别是带键槽的内孔，用拉削更为方便。若毛坯上没有孔时，则要有钻孔工序，如果是中孔（ϕ30 ~ ϕ50mm），有时毛坯上铸出或锻出，这时则需要粗镗后再粗拉孔。对模锻的孔，因精度较高也可以直接粗拉。

（2）钻—扩—铰—手铰　主要用于小孔和中孔，孔径超过 ϕ50mm 时则用镗孔，手铰就是用手工铰孔。加工时铰刀以被加工表面本身定位，主要提高孔的形状精度、尺寸精度和降低表面粗糙度值，是成批生产中加工精密孔的有效方法之一。

（3）钻或粗镗—半精镗—精镗—金刚镗　对于毛坯未铸出或锻出孔时，先要钻孔。已有孔时，可直接粗镗孔。对于大孔，可采用浮动镗刀块镗削，非铁金属的小孔则可以采用金刚镗。

（4）钻或粗镗—粗磨—半精磨—精磨—研磨、珩磨　这条路线主要用于淬硬零件或精度要求高、表面粗糙度值小的内孔表面加工。

圆柱形孔加工尺寸的经济精度，见表 6-3。

表 6-3　圆柱形孔加工尺寸经济精度

公称直径/mm	钻及扩钻孔				扩孔				铰孔						拉孔	
	无钻模		有钻模		粗扩	铸孔或冲孔后一次扩孔		粗扩或钻后精扩	粗铰		半精铰		精铰		粗拉铸孔或冲孔	
	加工的公差等级和偏差值/μm															
	12	11	12	11	12	12	11	10	11	10	9	8	7	6	11	10
1 ~ 3	—	60	—	60	—	—	—	—	—	—	—	—	—	—	—	—
>3 ~ 6	—	80	—	80	—	—	—	—	80	48	25	18	13	8	—	—
>6 ~ 10	—	100	—	100	—	—	—	—	100	58	30	22	16	9	—	—
>10 ~ 18	240	—	—	120	240	—	120	70	120	70	35	27	19	11	—	—
>18 ~ 30	280	—	—	140	280	—	140	84	140	84	45	33	23	—	—	—
>30 ~ 50	340	—	340	—	340	340	170	100	170	100	50	39	27	—	170	100
>50 ~ 80	—	—	400	—	400	400	200	120	200	120	60	46	30	—	200	120
>80 ~ 120	—	—	—	—	460	460	230	140	230	140	70	54	35	—	230	140
>120 ~ 180	—	—	—	—	—	—	—	—	260	160	80	63	40	—	260	160
>180 ~ 260	—	—	—	—	—	—	—	—	300	185	90	73	45	—	—	—
>260 ~ 360	—	—	—	—	—	—	—	—	340	215	100	84	50	—	—	—
>360 ~ 500	—	—	—	—	—	—	—	—	—	—	—	—	—	—	—	—

（续）

公称直径/mm	拉孔			镗孔							磨孔			研磨	用钢珠、挤压杆校准，用钢珠或滚柱扩孔器挤孔			
	粗拉孔后或钻孔后精拉孔			粗	半精	精			细		粗	精						
	加工的公差等级和偏差值/μm																	
	9	8	7	12	11	10	9	8	7	6	9	8	7	6	10	9	8	7
1～3	—	—	—	—		—	—	—	—	—	—	—	—	—	—	—	—	—
>3～6	—	—	—	—	—	—	—	—	—	—	—	—	—	—	—	—	—	—
>6～10	—	—	—	—	—	—	—	—	—	—	—	—	—	—	—	—	—	—
>10～18	35	27	19	240	120	70	35	27	19	11	35	27	19	11	70	35	27	19
>18～30	45	33	23	280	140	84	45	33	23	13	45	33	23	13	84	45	33	23
>30～50	50	39	27	340	170	100	50	39	27	15	50	39	27	15	100	50	39	27
>50～80	60	46	30	400	200	120	60	46	30	18	60	46	30	18	120	60	46	30
>80～120	70	54	35	460	230	140	70	54	35	21	70	54	35	21	140	70	54	35
>120～180	80	63	40	530	260	160	80	63	40	—	80	63	40	24	160	80	63	40
>180～260	—	—	—	600	300	185	90	73	45	—	90	73	45	27	185	90	73	45
>260～360	—	—	—	680	340	215	100	84	50	—	100	84	50	30	215	100	84	50
>360～500	—	—	—	760	380	250	120	95	60	—	120	95	60	35	250	120	95	60

注：1. 孔加工精度与工具的制造精度有关。

2. 6 级细镗孔要采用金刚石工具。

3. 用钢珠或挤压杆校准适用于孔径≤50mm。

三、套筒的加工工艺及分析

套筒类零件由于功用、结构形状及尺寸、材料、热处理方法的不同，其工艺过程差别很大。但其中大多数在加工中都要保证主要加工表面中内孔与外圆的同轴度以及端面与内、外圆轴线的垂直度的要求。

1. 气缸套加工工艺分析

图 6-7 所示为 A110 型柴油机气缸套，属于短套类零件（$L/D\approx3$），其加工工艺过程见表 6-4。内孔 G 面 $\phi110^{+0.035}_{0}$mm 是重要的工作面，需经粗加工、半精加工、精加工和精密加工四个加工阶段才能完成。外圆面 $\phi129^{-0.043}_{-0.085}$mm、$\phi132^{-0.085}_{-0.148}$mm 和法兰凸台端面均与内孔 $\phi110^{+0.035}_{0}$有位置精度要求，在工艺上采用互为基准的方法来实现。该零件选用 QT600－02 材料，以保证其耐磨性的力学性能。

对于气缸套这样的短套零件，加工内孔时，可直接夹紧外圆。为达到图样要求的加工精度和表面粗糙度，先采用金刚镗，再进行珩磨加工，进一步提高内孔精度和满足图样表面粗糙度要求，为降低孔的误差，粗珩后，将气缸套调头安装再进行精珩。加工外圆时，为提高生产率，可采用靠模加工，头部凸台部位采用法兰专用刀具，即保证精度又能提高生产率。工件的定位和夹紧采用高效气压胀胎夹具，不但定位精确夹紧迅速方便。气缸套的这些工艺特点均是按大批量生产条件考虑的。

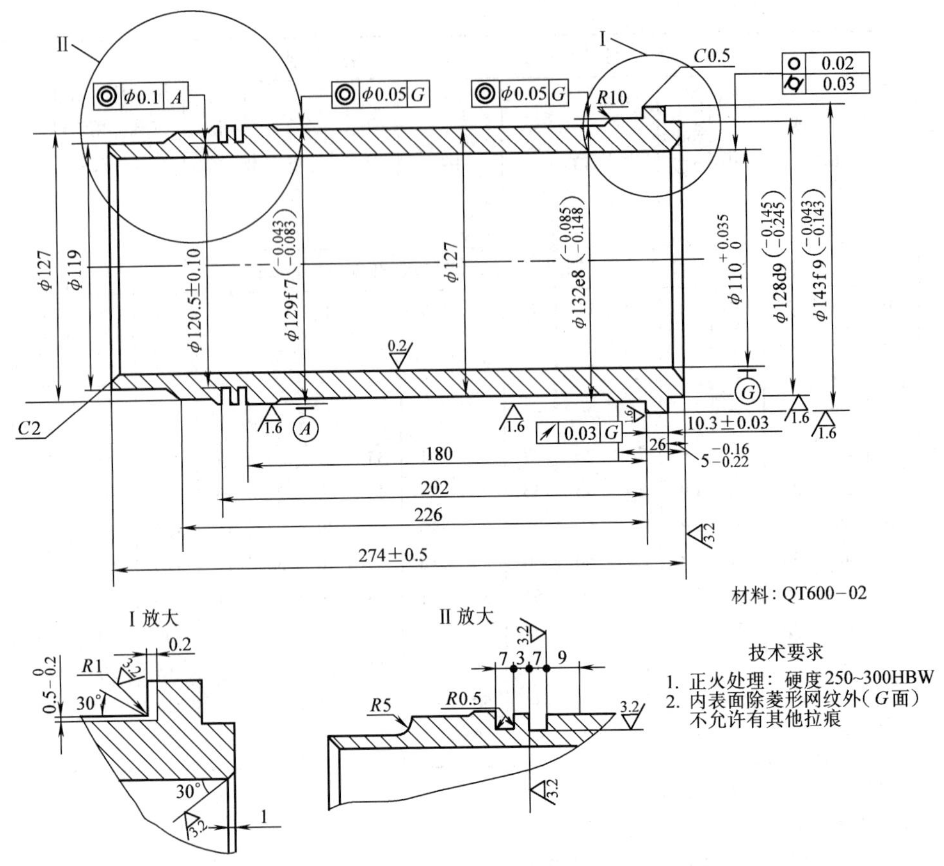

图 6-7 A110 型柴油机气缸套零件图

表 6-4 气缸套加工工艺过程

工序号	工序名称	工 序 内 容	定位夹紧
1	铸造毛坯		
2	人工时效		
3	粗镗内孔	镗内孔至 $\phi108^{+0.20}_{0}$mm 和一端台阶 $\phi135$mm	外圆
4	粗车外圆	粗车各级外圆	内孔 气压胀胎夹具
5	热处理	正火	
6	半精车	半精车法兰凸台端面及外圆	内孔 气压胀胎夹具
7	半精镗	半精镗内孔至 $\phi109^{+0.1}_{0}$mm 及总长 $269^{+0.5}_{-0.5}$mm	外圆 法兰凸台端面及外圆
8	精 车	精车法兰凸台端面，外圆切槽	内孔 气压胀胎夹具
9	去氧化皮	用圆弧车刀 R10 车外圆并用靠模样板	
10	半精车	半精车密封槽	外圆 法兰凸台端面及外圆
11	精 镗	精镗内孔至 $\phi110^{-0.065}_{-0.10}$mm	外圆 法兰凸台端面及外圆
12	精 车	精车外圆至 $\phi129^{-0.043}_{-0.085}$mm 和 $\phi132^{-0.085}_{-0.148}$mm	内孔 气压胀胎夹具
13	粗 珩	粗珩磨内孔至 $\phi110^{-0.025}_{-0.06}$mm	外圆 法兰凸台端面及外圆
14	精 珩	精珩磨内孔至 $\phi110^{+0.035}_{0}$mm	外圆 法兰凸台端面及外圆

2. 液压缸加工工艺过程分析

图6-8所示的液压缸属长套类零件，为保证活塞在液压缸内移动顺利且不漏油，除图中各项要求外，还特别要求：内孔必须无纵向划痕；若为铸铁材料时，要求组织紧密，不得有砂眼、针孔及疏松，必要时用泵检漏。该液压缸成批生产加工的加工工艺见表6-5。

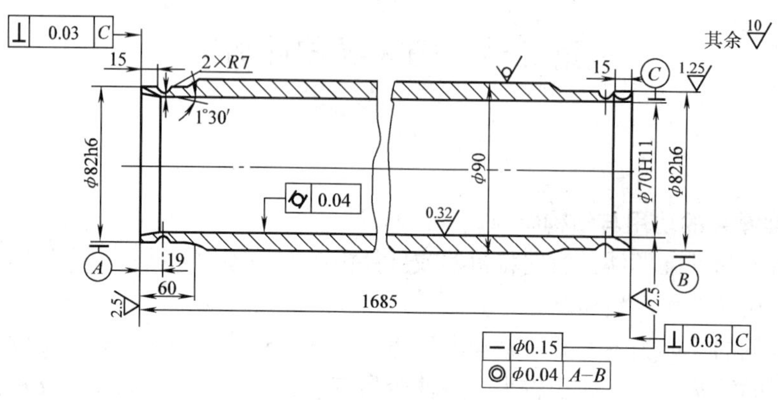

图6-8　液压缸简图

表6-5　液压缸加工工艺过程

序号	工序名称	工 序 内 容	定位与夹紧
1	备料	无缝钢管切断	
2	车	1. 车 ϕ82mm 外圆到 ϕ88mm 及 M88×1.5mm 螺纹（工艺螺纹） 2. 车端面及倒角 3. 调头车 ϕ82mm 外圆到 ϕ84mm 4. 车端面及倒角取总长 1686mm（加工余量 1mm）	一夹一顶（大头） 一夹一托（ϕ88mm） 一夹一顶 一夹一托（ϕ88mm）
3	深孔推镗	1. 半精推镗孔到 ϕ68mm 2. 精推镗孔到 ϕ69.85mm 3. 精铰（浮动镗刀镗孔）到 $\phi70\pm0.02$mm，表面粗糙度 R_a = 0.32μm	用 M88×1.5mm 处螺纹固定在夹具中，另一端搭中心架
4	滚压孔	用滚压头滚压孔至 $\phi70^{+0.20}_{0}$mm，表面粗糙度为 R_a = 0.32μm	同上
5	车	1. 车去工艺螺纹，车 ϕ82mmh6 到尺寸，割 R7 槽 2. 镗内锥孔 1°30′及端面 3. 调头，车 ϕ82mmh6 到尺寸 4. 镗内锥孔 1°30′及端面取总长 1685mm	一夹一顶（软爪） 一夹一托（找正） 一夹一顶（软爪） 一夹一托（找正）

液压缸加工工艺过程分析如下：

（1）定位基准选择　长套筒零件的加工中，为保证内外圆的同轴度，在加工外圆时，一般与空心主轴的安装相似，即以孔的轴线为定位基准，用双顶尖顶孔口棱边或一头夹紧一头用顶尖顶孔口；加工孔时，与深孔加工相同，一般采用夹一头，另一头用中心架托住外圆。作为定位基准的外圆表面应为已加工表面，以保证基准精度。

（2）加工方法的选择　因为对液压缸孔的形状精度和表面质量要求较高，因此终加工采用滚压以提高表面质量，精加工采用镗孔和浮动铰孔以保证较高的圆柱度和孔的直线度要求。由于毛坯采用无缝钢管，毛坯精度高，加工余量小，内孔加工时，可直接进行半精镗。该孔的加工方案为：半精镗—精镗—精铰—滚压。

（3）夹紧方式的选择　液压缸壁较薄，采用径向夹紧易变形。但由于轴向长度大，加工时需要两端支承，因此经常要装夹外圆表面。为使外圆受力均匀，先在一端外圆表面上加工出工艺螺纹使下面的工序都能有工艺螺纹夹紧外圆，孔最终加工完以后，再车去工艺螺纹达到外圆要求的尺寸。

第三节　箱体类零件加工

一、概述

1. 箱体类零件的功用与结构特点

箱体是机器的基础部件，由它将机器或部件中的有关零件连接成一个整体，以保持正确的相互位置，彼此能协调地运动。

机械中常见的箱体类零件有：减速器箱体、变速器箱体、差速器箱体、发动机缸体等。

箱体零件的结构复杂，体积较大，壁薄容易变形，有精度要求较高的支承孔和平面，以及精度不高但数量较多的紧固孔和油孔等，加工难度大。现以卧式车床主轴箱为例，说明箱体的加工工艺过程，图 6-9 为卧式车床主轴箱箱体简图。

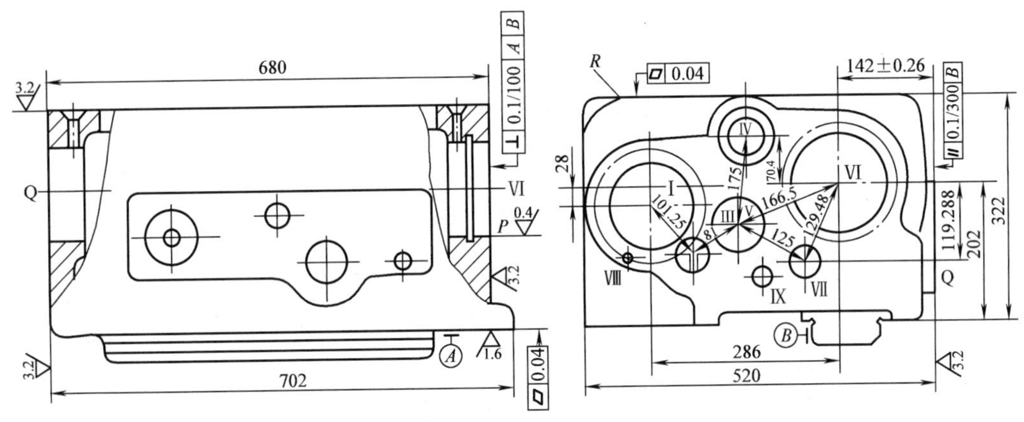

图 6-9　车床主轴箱箱体简图

2. 箱体零件的技术要求

（1）孔的尺寸精度与几何形状精度　主轴孔尺寸精度为 IT6 级，其他主要支承孔为 IT6 ~ IT7 级，几何形状误差一般不超过其孔径尺寸公差的一半。

（2）孔与孔间相互位置精度　同轴线支承孔的同轴度公差一般为 0. 01 ~ 0. 02mm；三支承主轴的三孔同轴度公差为 0. 012mm。有传动关系的各轴孔间的中心距公差为 ±0. 05mm 左右。各纵向孔轴线的平行公差为 400/0. 05 ~ 300/0. 04。

（3）主要平面的精度　主要平面的平面度为 0. 04mm。主要平面与基准平面的垂直度公差为 300：0. 1。

（4）孔与装配基准平面的平行度公差为 600/0. 1。

（5）表面粗糙度　主轴孔为 R_a = 0. 4μm，其他各纵向孔为 R_a 小于 0. 8μmm。

3. 箱体零件的材料及毛坯

箱体零件的材料常用铸铁，这是因为铸铁容易成形，切削性能好，价格低，吸振性和耐磨性较好。主轴箱常用 HT200 材料。在单件小批量生产或生产某些重型机械时，为缩短生产周期和降低成本而采用钢板焊接。在某些特定条件下，也有采用其他材料的，如发动机机箱，为了减轻重量，常用镁铝合金制造。为了尽量减小铸件内应力，箱体毛坯浇铸后应安排时效处理工序。

二、主轴箱箱体加工工艺过程

通常平面的加工精度容易达到，而箱体上一系列孔的精度较难保证。所以，在制定箱体零件加工工艺时，应以如何保证孔系的精度作为重点；同时也要注意批量的大小和工厂的条件。表 6-6 与表 6-7 为不同生产批量的主轴箱的两个工艺过程。表中的 M、N、O、P 及 Q 各面与图 6-9 相符。

表 6-6　中小批生产的主轴箱箱体工艺过程

序号	工序内容	定位基准
1	铸造	
2	时效	
3	涂装	
4	划线；考虑主轴孔的加工余量并使之均匀；考虑孔与平面及非加工表面的尺寸问题	
5	粗加工、半精加工顶面 R	按线找正
6	粗加工、半精加工装配基面 M、N 和侧面 O	顶面 R 并找正主轴孔轴线
7	粗加工、半精加工端面 P、Q	装配基面 M、N
8	精加工顶面 R	
9	精加工装配基面 M、N 及侧面 O	顶面 R 及侧面 O
10	精加工两端面 P、Q	
11	粗加工、半精加工各纵向孔	装配基面 M、N
12	精加工各纵向孔	
13	粗加工、精加工横向孔	
14	精加工主轴孔 VI	
15	加工螺纹孔、紧固孔、油孔等，钳工修锉毛刺	
16	清洗	
17	检验	

表 6-7　大批大量生产的主轴箱箱体工艺过程

序号	工序内容	定位基准
1	铸造	
2	时效	
3	涂装	
4	铣顶面 R	VI 轴与 I 轴铸孔
5	钻、扩、铰两个工艺孔，钻 8 个 M8 的孔	顶面 R，VI 轴孔导向、中间支承
6	铣 M、N、O、P、Q 平面	顶面 R 和两工艺孔
7	磨 R 平面	M、Q 平面
8	粗镗各径向孔	R 面及两工艺孔
9	精镗各纵向孔	R 面及两工艺孔
10	半精镗、精镗主轴三孔	R 面及 III－V 轴孔
11	加工各横向孔	R 面及两工艺孔
12	磨 M、N、O、P 和 Q 平面	R 面及两工艺孔（装配时以主轴孔为基准磨 M、N）
13	钳工去毛刺	
14	清洗	
15	检验	

1. 不同批量箱体工艺的共性

(1) 先面后孔的工艺顺序　先加工平面，后加工轴孔，符合一般的加工规律。在加工轴孔时，往往采用平面作为精基准，所以作为精基准的平面要先加工。

(2) 加工阶段粗、精加工分开　箱体重要加工表面都要分为粗、精加工两个阶段，这样可避免或减小粗加工产生的内应力和切削热对精加工的影响，有利于及时发现毛坯缺陷，避免浪费；还可合理使用加工设备，提高经济效益。但对于单件小批量箱体的加工，若粗、精加工严格分开，则机床夹具数量增加，经济性差，故常将粗、精加工安排在同一台机床上进行，只是在粗加工后将工件松开，使粗加工产生的内应力和切削热得到一定的释放和冷却，然后再进行精加工。

(3) 热处理的安排　箱体毛坯铸造后，需进行人工时效处理，以改善金相组织、降低铸造内应力、改善工件材料的可切削性，从而有利于保持加工精度的稳定。对于精密机床或壁薄而结构复杂的主轴箱体，有时在粗加工后再进行一次人工时效处理。

2. 不同批量箱体工艺的特殊性

由于生产批量的不同，加工箱体所用的机床设备和工艺装备也不同，加工工艺中选用的定位基准也有区别。

(1) 精基准的确定　选择合适的定位基准，对保证箱体的加工质量尤为重要。应尽量选择设计基准作为精基准，以使基准重合，且还可作为箱体其他表面加工的定位基准，做到基准统一。精基准还应注意保证主轴孔的加工余量。确定精基准一般有下列两种方案：

第一种是以箱体底面 M 和导向面 N 作为精基准。M 和 N 面是主轴箱的装配基准，也是主轴孔的设计基准，并且与各主要纵向轴承孔及大端面、侧面等均有直接的相互位置关系。此方案的特点为：符合基准重合原则；有利于各工序的基准统一，简化了夹具设计；定位稳定可靠，安装误差较小；更换导向套、安装调整刀具、测量尺寸、观察加工情况非常方便；有利于清除切屑；但镗削箱体中间壁上的支承孔需要设置导向支承模板，以支承镗杆，提高刀具系统刚度。由于箱口朝上，中间导向支承模板只能是吊在夹具上。此方案安装不便，生产率低，费时费力，因此适用于中小批量生产。

第二种是以箱体顶面 R 及两销孔作定位精基准，如图 6-10 所示。其特点为：箱体口朝下，中间导向支承模板可紧固在夹具体上，提高了刚性，有利于保证加工位置精度，工件装卸方便，辅助时间少；各工序定位基准符合基准统一的原则；但与设计基准或装配基准不重合，应进行尺寸链换算；因箱口朝下，加工中不便于观察、调整刀具及测量等。为此，可采用定尺寸刀具控制孔径误差；定位用的两销孔在前几道工序中必须增加钻—扩—铰工序。因此方案生产率高，精度高，适用于大批大量生产。

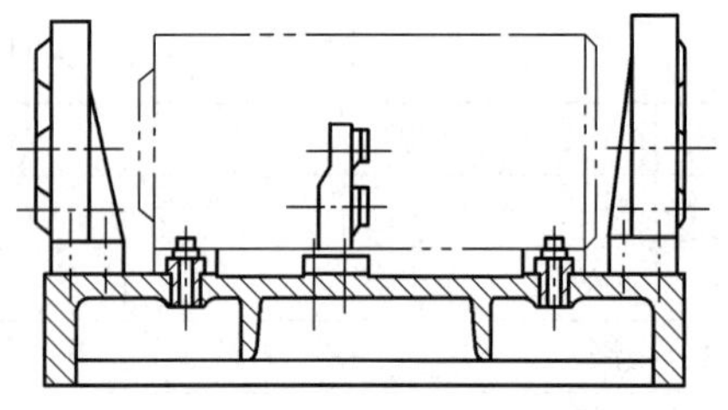
图 6-10　顶面及两销定位镗模

(2) 粗基准的选择　选择主轴箱粗基准时应注意：保证最重要的主轴孔有足够而均匀的加工余量；装入箱内的回转零件距内壁有足够的间隙，通常应选择主轴孔和距主轴孔较远的一个轴承孔作为粗基准。大批大量生产时，所采用的粗铣顶面 R 的专用夹具如图 6-11 所示。箱体工件先放在预定位支承 1、2、3、4 上，侧面紧靠支承 5，端面紧靠支承 9；操纵手

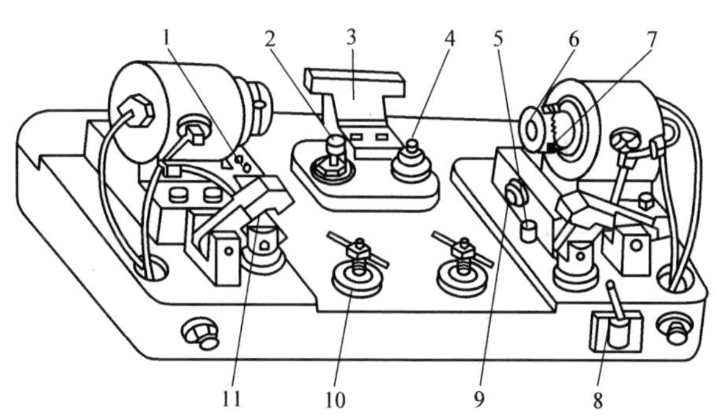

图 6-11　主轴孔为粗基准的铣床夹具

1、2、3、4、5、9、10—支承　6—轴　7—支承柱　8—手柄　11—压板

柄后由压力油推动两短轴 6 插入两端主轴孔内，两短轴 6 上各有三个活动支承柱 7 伸出并撑住两端主轴孔，工件将被略微抬起，调整两辅助支承 10 并用样板校正另一轴孔位置，然后操纵手柄 8，使两只压板 11 插入两端孔中完成夹紧动作。

小批量生产时，则采用划线工序，先划出主轴毛坯孔的中心位置，然后校核箱体上各表面与箱壁间的尺寸，适当照顾到其他各轴孔和平面有足够的余量。加工时，按划线找正，先加工出顶面 *R*，再以 *R* 面为基准加工 *M*、*N* 面。

(3) 加工方式与机床设备的选用　对于中小批量生产的主轴箱体，加工设备均采用通用机床，各工序原则上依赖于工人技术熟练程度和机床的工作精度，除孔系加工工序外，一般不采用专用夹具。

大批量生产中则广泛采用组合加工方式。例如，平面加工采用多轴龙门铣床、组合磨床；各主要轴承孔采用多工位组合机床、专用镗床等，生产率得到了较大的提高。

三、主轴箱箱体加工工序分析

1. 平面加工

箱体平面的粗加工及半精加工常采用刨削或铣削，精加工则采用磨削。

刨削可以在龙门刨床上利用几个刀架，在一次装夹中完成几个平面的刨削；还可以在龙门刨床上一次装夹多个箱体实现多件加工。

铣削箱体平面的生产率比刨削高，适用批量较大的场合。在多轴龙门铣床上利用多把铣刀同时加工，如图 6-12 所示，用几把铣刀同时加工各有关平面，以保证平面间的相互位置精度并提高生产率。

平面磨削的加工质量比刨和铣都高，而且还可以加工淬硬零件。磨削平面的粗糙度 R_a 可达 0.32～1.25μm。生产批量较大时，箱体的平面常用磨削来精加工。为了提高生产率和保证平面间的相互位置精度，工厂还常采用组合磨削（如图 6-13 所示）来精加工平面。

平面加工尺寸经济精度见表 6-8。

2. 主轴箱孔系加工

孔系是指箱体零件上一系列具有相互位置精度要求的轴承孔的集合，可分为：平行孔系、同轴孔系和交叉孔系。各孔径的尺寸精度由孔加工刀具保证；而保证孔距精度和相互位置精度，是孔系加工的关键技术。

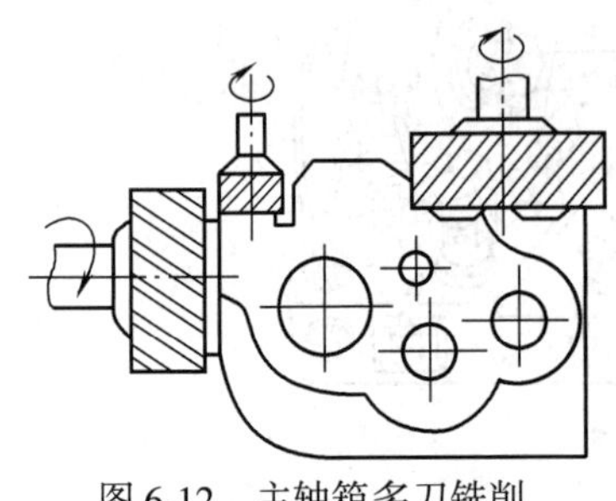
图 6-12 主轴箱多刀铣削

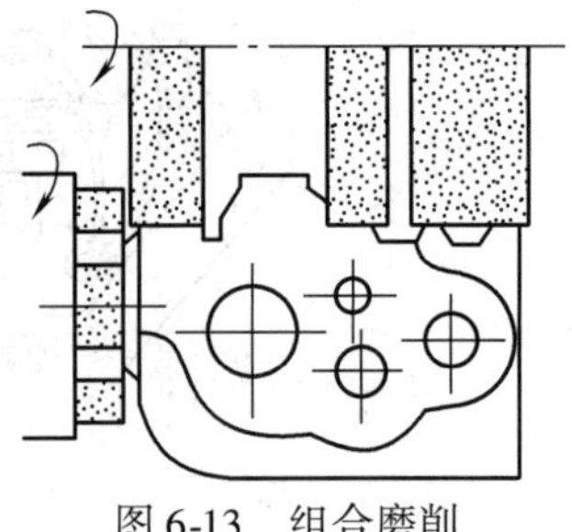
图 6-13 组合磨削

按孔系的加工精度和生产批量的不同可分别采用以下方法：①划线找正法；②用心轴和量块找正法；③用样板找正法；④用定心套找正法；⑤镗模法；⑥坐标法；⑦数控法。前四种为校正法，孔的位置精度主要取决于操作者的技术水平，借助相关的量具和精密的块规或样板，进行测量及调整试切，仅适合于单件小批量生产。下面主要介绍镗模法和坐标法。

（1）镗模法　如图 6-14 所示。工件 5 定位安装在镗模上，镗杆 4 被支承在镗模的导套 6 中，导套的位置决定了镗杆的位置，装在镗杆上的镗刀 3 将工件上的孔加工出来。用镗模镗孔时，镗杆与机床主轴多采用浮动联接，机床精度对孔系精度影响很小。孔距精度和相互位置精度主要取决于镗模的精度，因而可以在精度较低的机床上加工出精度较高的孔系；同时镗杆刚度大大提高，有利于采用多刀同时切削，且定位夹紧迅速，生产率高。另一方面，镗模的精度要求高，制造周期长，成本高。因此，镗模法加工孔系广泛应用于成批及大量生产，即使是单件小批生产，对一些精度要求较高，结构复杂的箱体孔系，往往也采用镗模法加工。

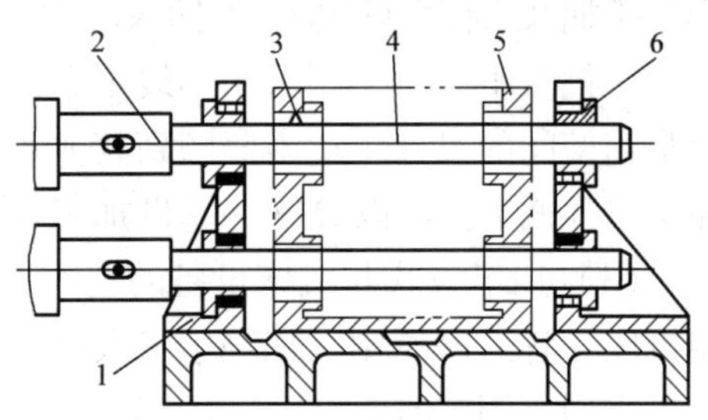

图 6-14 用镗模加工孔系
1—镗杆支架 2—镗床主轴 3—镗刀
4—镗杆 5—工件 6—导套

由于镗模本身的制造误差和导套与镗杆的配合间隙对孔系加工精度有影响，因此，用镗模加工孔系，不可能达到很高的加工精度。一般孔径尺寸精度为 IT7 级左右，表面粗糙度值为 $R_a = 1.6 \sim 0.8\mu m$；孔与孔之间的同轴度和平行度，当从一端加工时，可达 0.02 ~ 0.03mm；当从两端加工时，可达 0.04 ~ 0.05mm；孔距精度一般为 ±0.05mm。

用镗模法加工孔系，即可在通用机床上加工，也可在专用机床或组合机床上加工。

（2）坐标法　坐标法镗孔是先将被加工孔系的孔距尺寸换算成两个互相垂直的坐标尺寸，然后在普通卧式镗床、坐标镗床或数控铣床等设备上，利用坐标尺寸测量装置，使机床主轴与工件间按坐标尺寸作精确的相对位移，从而间接保证孔距尺寸的加工精度的一种加工方法。

坐标法镗孔的孔距精度主要取决于坐标位移精度。在精密坐标镗床上，装有光屏—刻线尺、光栅、感应同步器、激光干涉仪等测量系统，孔距精度可达 ±0.015 ~ 0.004mm。在数控镗铣床或加工中心上，孔距精度取决于机床工作台（或主轴）的位移精度，一般其位移精度达 0.01mm 左右，精密数控机床可达 0.002mm。

表 6-8　平面加工尺寸经济精度

公称直径/mm	刨削和圆柱铣刀及套式面铣刀铣削									拉　削					磨　削					研磨	用钢珠或滚柱工具滚压		
	粗			半精或一次加工		精	细			粗拉铸造冲压表面		精拉			一次加工		粗	精	细				
	加工的公差等级和偏差值/μm																						
	13	12	11	12	11	10	9	7	6	11	10	9	7	6	9	7	9	7	6	5	10	9	7
10～18	430	240	120	240	120	70	35	18	12	—	—	—	—	—	35	18	35	18	12	8	70	35	18
>18～30	520	280	140	280	140	84	45	21	14	140	84	45	21	14	45	21	45	21	14	9	84	45	21
>30～50	620	340	170	340	170	100	50	25	17	170	100	50	25	17	50	25	50	25	17	11	100	50	25
>50～80	700	400	200	400	200	120	60	30	20	200	120	60	30	20	60	30	60	30	20	13	120	60	30
>80～120	870	460	230	460	230	140	70	35	23	230	140	70	35	23	70	35	70	35	28	15	140	70	35
>120～180	1000	530	260	530	260	160	80	40	27	260	160	80	40	27	80	40	80	40	27	18	160	80	40
>180～260	1150	600	300	600	300	185	90	47	30	300	185	90	47	30	90	47	90	47	30	20	185	90	47
>260～360	1350	680	340	680	340	215	100	54	35	—	—	—	—	—	100	54	100	54	35	22	215	100	54
>360～500	1550	760	380	760	380	250	120	62	40	—	—	—	—	—	120	62	120	62	40	25	250	120	62

注：1. 表内资料适用于尺寸 <1m，结构刚性好的零件加工；用光洁的加工表面作为定位基准和测量基准。

2. 套式面铣刀铣削的加工精度在相同的条件下大体上比圆柱铣刀铣削高一级。

采用坐标法加工孔系时，应注意基准孔和镗孔顺序的选择，因为孔距精度是由坐标尺寸保证的，坐标尺寸的累积误差会影响孔距精度。应选精度要求高的孔为基准孔，首先将基准孔镗出来，再以其为基准镗出孔距精度要求较高的孔，然后加工孔距要求较低的孔。在依次加工各孔时，应力求使工作台朝一个方向移动，以消除工作台往返移动由间隙造成的误差。

（3）数控法　它是利用数字控制的大功率多功能的可自动更换刀具的精密镗铣卧式加工中心机床，在一次安装中，对主轴箱体实现多工位多工步的连续加工。此法无需专用的镗模，各孔的位置精度由机床数控系统保证，其移动坐标尺寸的定位精度约为 0.01mm，特别适合于单件小批量和成批生产，其加工精度高，且生产率也高、成本低。

轴心线相互平行、垂直的孔的经济精度分别见表 6-9 和表 6-10。

四、箱体的检验

箱体类零件的主要检验项目有：各加工表面的表面粗糙度及外观；孔与平面的尺寸精度及几何形状精度；孔距精度和孔系相互位置精度等。

1. 表面粗糙度检验

表面粗糙度检验通常采用目测或样板比较法，只有当 R_a 值很小时，才考虑使用光学仪器，外观检查只需要根据工艺规程检查完工情况及加工表面有无缺陷即可。

2. 孔的尺寸精度检验

一般用塞规检查。在需要确定误差数值或单件小批量生产时可用内径千分尺或内径千分表检验；若精度要求很高可用气动量仪检验。平面的直线度可用平尺和厚薄规或水平仪与桥板检验；平面的平面度可用自准直仪或水平仪与桥板检验，也可用涂色法检验。

3. 箱体类零件孔系相互位置精度及孔距精度的一般检验方法

(1) 同轴度检验　工厂一般常用检验棒检验同轴度，若检验棒能自由通过同轴线上的孔，则孔的同轴度在允差之内。当孔系同轴度要求不高时，可用图 6-15 所示的方法；若孔系同轴度允差很小时，可改用专用检验棒。图 6-16 所示方法可测定孔同轴度误差数值。

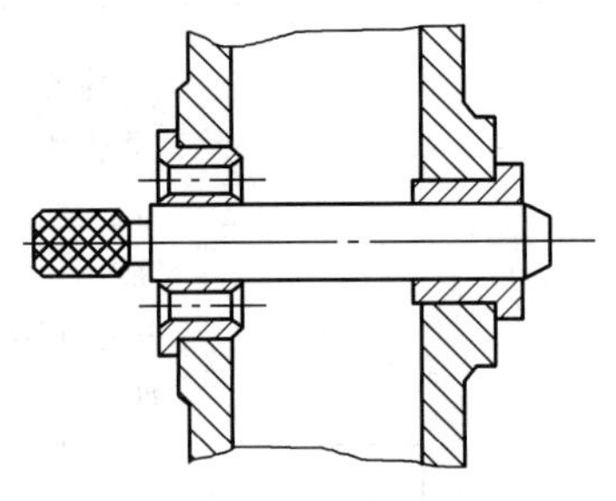

图 6-15　用通用检验棒与检验套检验同轴度

(2) 孔间距和孔轴线平行度检验　如图 6-17 所示，根据孔距精度的高低，可分别使用游标卡尺或千分尺，测量出图示 a_1 和 a_2 或 b_1 和 b_2 的大小即可得出孔距 A 和平行度的实际值。使用游标卡尺时也可不用心轴和衬套，直接量出两孔母线间的最小距离。孔距精度和平行度要求严格时，也可用块规测量。

表 6-9　轴心线相互平行的孔的位置经济精度　（单位：μm）

加工方法		两孔中心线的距离误差或自中心孔中心线到平面的距离误差	加工方法		两孔中心线的距离误差或自中心孔中心线到平面的距离误差
立钻或摇臂钻上钻孔	按划线	500～1000	卧式镗床上镗孔	按划线	400～600
	使用钻模	100～200		使用游标尺	200～400
立钻或摇臂钻上镗孔	使用镗模	50～100		使用内径规或使用塞尺	50～250
车床上镗孔	按划线	1000～3000		使用镗模	50～80
	在角铁式夹具上	100～300		按定位器的指示读数	40～60
坐标镗床上镗孔	使用光学仪器	4～15		使用程序控制的坐标装置	40～50
金刚镗床上镗孔	—	8～20		使用定位样板	80～200
多轴组合机床上镗孔	使用镗模	50～200		使用块规	50～100

表 6-10　轴心线相互垂直的孔的位置经济精度　（单位：μm）

加工方法		在 100mm 长度上轴心线的垂直度	轴心线的位置度	加工方法		在 100mm 长度上轴心线的垂直度	轴心线的位置度
在立钻上钻孔	按划线	500～1000	500～2000	卧式镗床镗孔	按划线	500～1000	500～2000
	使用钻模	100	500		使用钻模	40～200	20～60
在铣床上镗孔	回转工作台	20～50	100～200		回转工作台	60～300	30～80
	回转分度头	50～100	300～500		在带有百分表的回转工作台上	50～150	50～100
多轴组合机床上镗孔	使用镗模	20～50	10～30				

(3) 孔轴线对基准平面的距离和平行度检验　检验方法如图 6-18 所示。

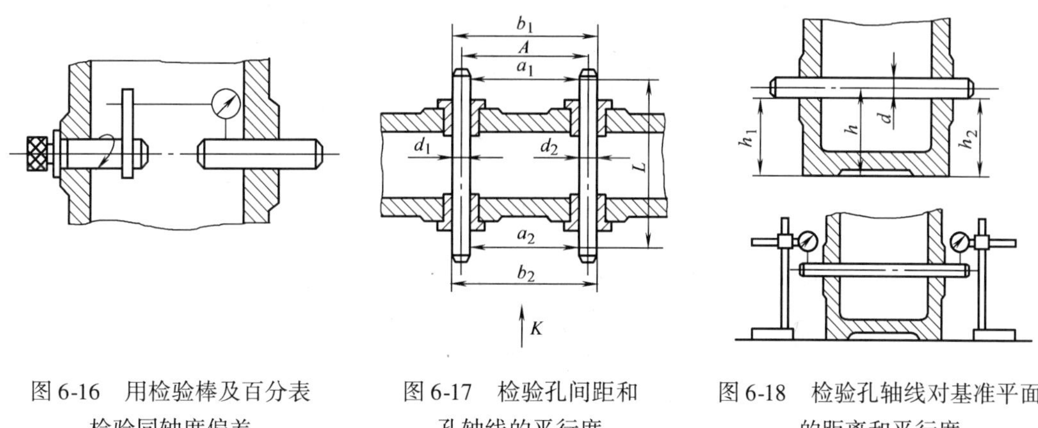

图 6-16　用检验棒及百分表检验同轴度偏差

图 6-17　检验孔间距和孔轴线的平行度

图 6-18　检验孔轴线对基准平面的距离和平行度

4. 三坐标测量机

三坐标测量机可同时对零件的尺寸、形状和位置等进行高精度的测量。测量机的三个测量方向互成直角，建立起一个直角坐标系，测量头与被测工件接触并沿着被测工件的几何形面移动时，测量机可随时给出测量头的位置，并获得被测表面上各测点的坐标值，根据这些坐标值，计算机可算出待测的尺寸和形位误差。

第四节　圆柱齿轮加工

一、概述

1. 圆柱齿轮的功用与结构特点

圆柱齿轮是机械传动中应用极为广泛的零件，其功用是按一定的速比传递运动和动力。

圆柱齿轮一般由齿圈和轮体两部分组成。按轮齿的分布形式可分为直齿、斜齿和人字齿等；按轮体的结构形式可分为盘类齿轮、套类齿轮、轴类齿轮和齿条等，如图 6-19 所示。

圆柱齿轮的结构形式直接影响齿轮的加工工艺。单齿圈盘类齿轮（如图 6-19a 所示）的结构工艺性最好，可采用任何一种齿形加工方法加工；双联或三联等多齿圈齿轮（如图 6-19b、c 所示）的小齿圈的加工受其轮缘间的轴高距离的限制，其齿形加工方法的选择就受到了限制，加工工艺性较差。

2. 圆柱齿轮的主要技术要求

(1) 齿轮的传动精度要求　齿轮的制造精度对机器的工作性能、承载能力、噪声及使用寿命影响很大，所以其制造必须满足齿轮传动的使用要求。

1) 传递运动的准确性　要求齿轮在一转中的转角误差限制在一定范围内，使齿轮副传动比变化小，确保传递运动准确。

2) 传递运动的平稳性　要求齿轮一齿范围内的转角误差限制在一定范围内，使齿轮副瞬时传动比变化小，以保证齿轮传动平稳，无冲击，振动和噪声小。

3) 载荷分布的均匀性　要求传动中工作齿面接触良好，以保证载荷分布均匀。否则将

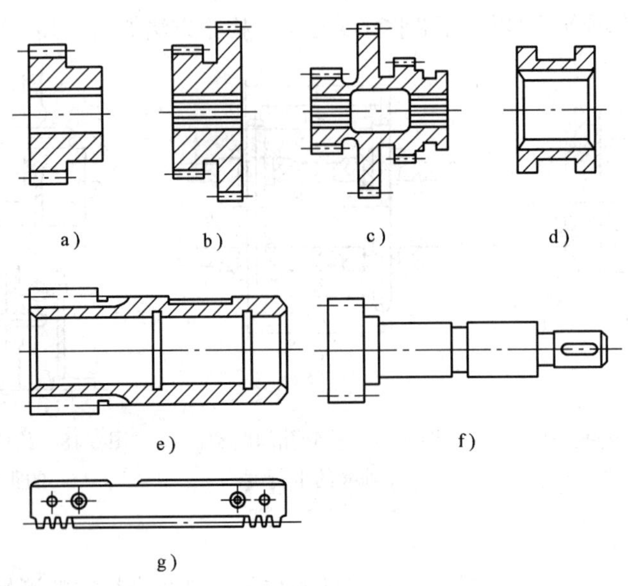

图 6-19 圆柱齿轮的结构形式

导致齿面应力集中，过早磨损而降低使用寿命。

4）齿侧间隙的合理性 要求啮合轮齿的非工作齿面留有一定的侧隙，以便储存润滑油，补偿弹性变形和热变形及齿轮的制造和安装误差。

（2）齿坯的主要技术要求 齿坯的内孔、端面常被用作齿轮加工、检验和安装的基准。因此对齿坯的基准孔的直径公差和基准端面的端面跳动有相应的要求。

3. 齿轮的材料、热处理和毛坯

齿轮的材料及热处理对齿轮的使用性能和寿命有很大影响。

（1）齿轮的材料及热处理 对于低速、轻载或中载的一些不重要的齿轮一般采用中碳钢（如 45 钢）并进行调质处理或表面淬火；对于中速、中载及精度较高的齿轮采用中碳合金钢（如 40Cr）并进行调质或表面淬火；对于高速、中载或有冲击载荷的齿轮采用低碳合金钢（如 20Cr、20CrMnTi）进行渗碳淬火或液体碳氮共渗；对于轻载的齿轮采用铸铁及其他非金属材料（如夹布胶木、尼龙等）这些材料强度低，易于加工。

（2）齿轮毛坯 齿轮毛坯的选择取决于齿轮的材料、结构形式与尺寸、使用条件及生产批量等因素，常用的齿轮毛坯有：

1）棒料 用于一些不重要、受力不大且尺寸较小、结构简单的齿轮。

2）锻件 用于重要而受力较大的齿轮。

3）铸钢件 用于直径大或结构形状复杂、不宜锻造的齿轮。铸钢的晶粒较粗，加工性能不好，加工前应先经正火处理，以改善加工性能。

4）铸铁件 用于受力小，无冲击的开式传动齿轮。

二、圆柱齿轮的加工方法

齿形加工方法按照加工中有无切屑而分为无屑加工和切削加工两大类。无屑加工包括热轧、冷轧、压铸、注塑和粉末冶金等，无屑加工生产率高，材料消耗小成本低，但材料的塑性差，精度不够高，目前尚未广泛应用。齿形切削加工分为成形法和展成法。成形法加工是采用了刀刃形状和被加工齿槽形状相同的成形刀具加工，而展成法是使齿轮刀具和齿坯严格保持一对啮合齿轮的运动关系来进行加工。常用加工方法及设备见表6-11。

表6-11 常用齿形加工方法及设备

齿形加工方法		刀 具	机 床	加 工 精 度 和 适 用 范 围
成形法	铣齿	模数铣刀	铣 床	加工精度和生产效率均较低，精度等级为IT9以下
	拉齿	齿轮拉刀	拉 床	加工精度和生产效率均较高，拉刀多为专用工具，结构复杂制造成本高，适用于大批生产，适于拉内齿轮
展成法	滚齿	齿轮滚刀	滚齿机	一般情况下精度等级为IT10～IT6，最高可达IT4，生产率较高，通用性好，常用于加工直齿齿轮、斜齿的外啮合圆柱齿轮和蜗轮
	插齿	插齿刀	插齿机	一般精度等级为IT9～IT7，最高可达IT6，生产率较高，通用性好，常用于加工内外啮合齿轮、扇形齿轮和齿条等
	剃齿	剃齿刀	剃齿机	一般精度等级为IT7～IT5，生产率较高，用于齿轮滚齿、插齿和预加工后、淬火前的精加工
	磨齿	砂 轮	磨齿机	一般精度等级为IT7～IT3，生产率较低，加工成本较高，大多用于淬硬后齿形的精加工
	珩齿	珩磨轮	珩磨机	一般精度等级为IT7～IT6，多用于经过剃齿和高频淬火后齿形的精加工

1. 铣齿

在普通铣床上用盘形或指状齿轮铣刀加工齿形，是成形法加工齿轮较常用的方法。加工时，将齿坯安装在分度头上，铣完一个齿槽后用分度头分度，再铣另一个齿槽，依次铣完所有齿槽。铣齿加工的生产率和加工精度都较低，通常能加工9级以下的齿轮，如图6-20所示。

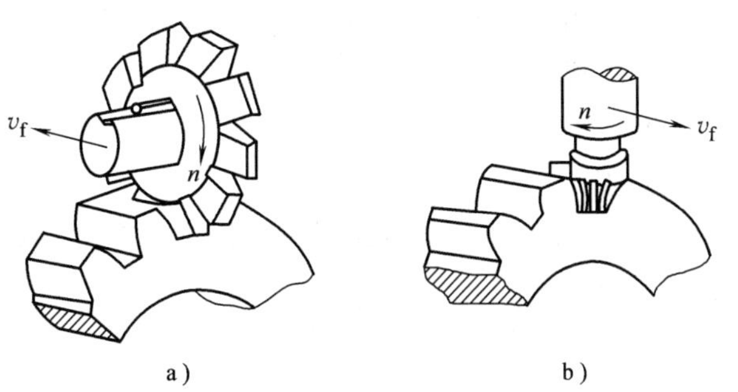

图6-20 直齿圆柱齿轮的成形铣削

a）盘铣刀铣削 b）指状铣刀铣削

2. 滚齿

（1）滚齿原理 滚齿加工是按照展成法原理加工的。在滚齿机上用齿轮滚刀加工齿轮的过程，相当于一对螺旋齿轮啮合传动的过程（如图6-21a所示）。将其中的一个齿数减少到一个或几个，轮齿的螺旋角很大（如图6-21b所示）并进行开槽、铲背、刃磨及淬火后，就成为齿轮滚刀（如图6-21c所示）。当机床使滚刀和工件严格地按一对螺旋齿轮的传动关系作相对旋转运动时，就可在工件上连续不断地切出齿形来。

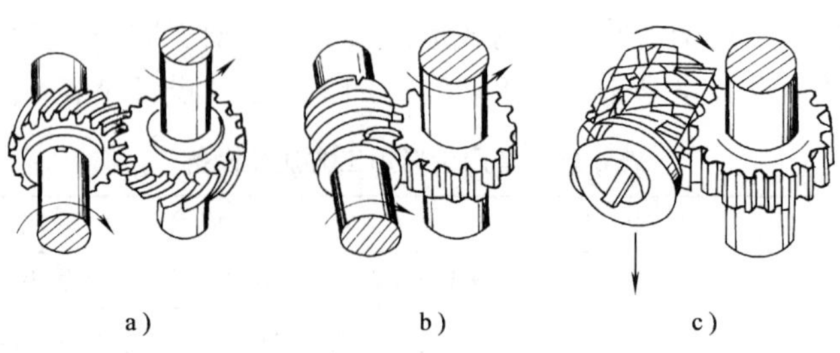

图 6-21　滚齿原理

(2) 滚齿的基本运动　图 6-22 所示的是用齿轮滚刀加工齿轮的情况。当加工直齿圆柱齿轮时:

1) 主运动——滚刀的旋转运动。

2) 展成运动——工件相对于滚刀所作的啮合对滚运动。

3) 垂直进给运动——滚刀沿工件轴线方向作连续的进给运动，从而加工出整个齿宽上的齿形。

当加工斜齿圆柱齿轮时，除上述三个运动，还需给工件一个附加运动。

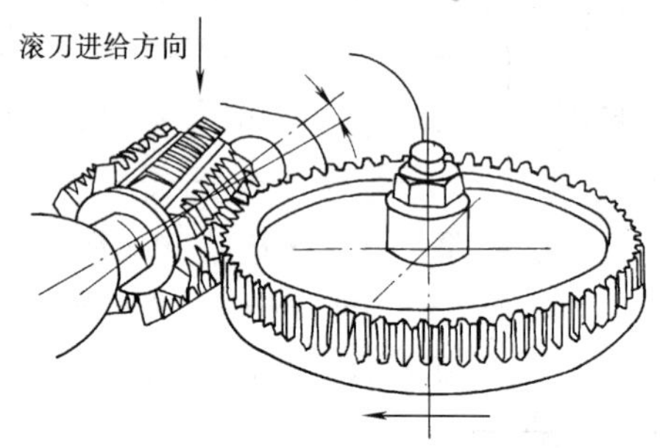

图 6-22　滚齿

(3) 滚刀的安装　为使滚刀刀齿方向与被切齿轮的齿槽方向一致，滚刀轴线与工件端面倾斜一个角度 δ，如图 6-23 所示。

滚切直齿圆柱齿轮时 $\delta=\lambda$ (λ 为滚刀的螺旋升角)，滚刀的倾斜方向根据滚刀的螺旋线方向而定。如图 6-23a 和图 6-23b 所示。

加工斜齿圆柱齿轮时，$\delta=\beta\pm\lambda$ (β 为工件的螺旋角，滚刀和工件的螺旋线方向相反时取 "+"，相同时取 "−")，如图 6-23c、图 6-23d、图 6-23e 和图 6-23f 所示。滚切斜齿圆柱齿轮时，应尽量采用与工件螺旋方向相同的滚刀，使滚刀的安装角较小，以有利于提高机床运动的平稳性和加工精度。

(4) 滚齿加工的工艺特点

1) 适应性好　滚齿加工可用一把滚刀加工模数相同而齿数和螺旋角不同的直齿圆柱齿轮、斜齿轮，还可用于加工蜗轮。

2) 生产率较高　滚齿为连续切削，无空程损失，另外高速滚削、多头滚刀、多件加工等还可提高滚削效率，所以滚齿生产率一般比插齿高。

3) 分齿精度高但齿形精度较低　滚齿可以获得较高的运动精度，可用于齿轮的粗加工或精加工。加工精度一般为 6 至 9 级。但因滚齿时齿面是由滚刀的刀齿包络而成，由于参加切削的刀齿数有限，齿形精度较插齿低。

3. 插齿

(1) 插齿原理及运动　插齿是另一种常见的展成法齿面加工方法，相当于一对圆柱齿轮的啮合，插齿刀相当于一个端面磨有前角、齿顶及齿端磨有后角的变位齿轮，工件齿槽的齿面曲线由插齿刀切削刃多次切削的包络线所形成。

插齿的主要运动如图 6-24 所示。

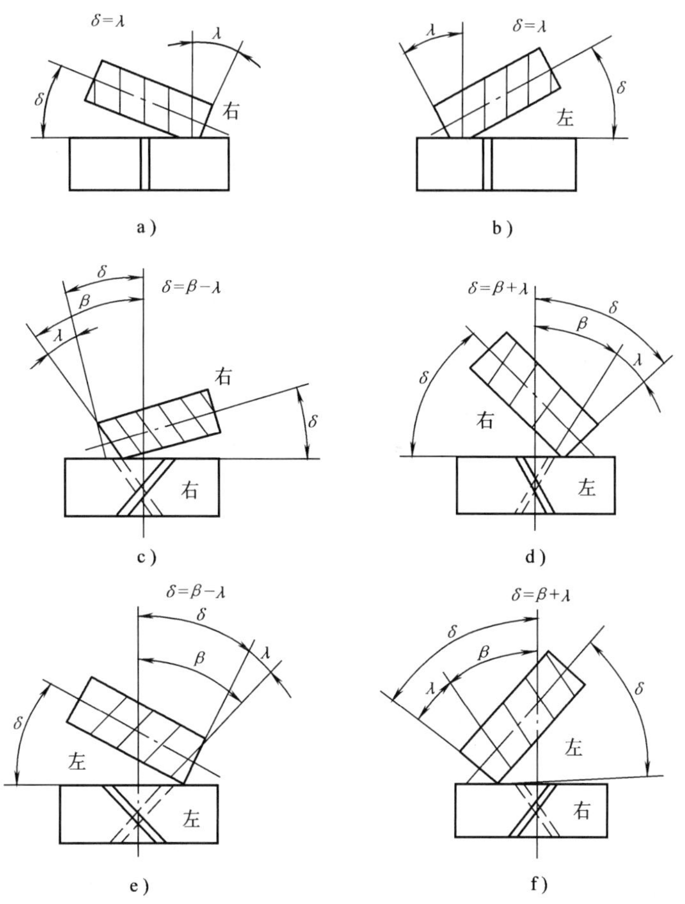

图 6-23　滚刀的安装角度

1）主运动——插齿刀沿工件轴向所作的往复直线运动（双行程/min）。向下运动为工作行程，向上运动为空行程。

2）展成运动——工件与插齿刀所作的啮合旋转运动。

3）圆周进给运动——插齿刀绕自身轴线的旋转运动。

4）径向进给运动——工件逐渐地向插齿刀径向送进。

5）让刀运动——空行程时为避免擦伤已加工表面，减少刀具磨损，刀具和工件间应让开一小段距离，工作行程前，迅速复位。这种让开和恢复原位的运动称为让刀运动。

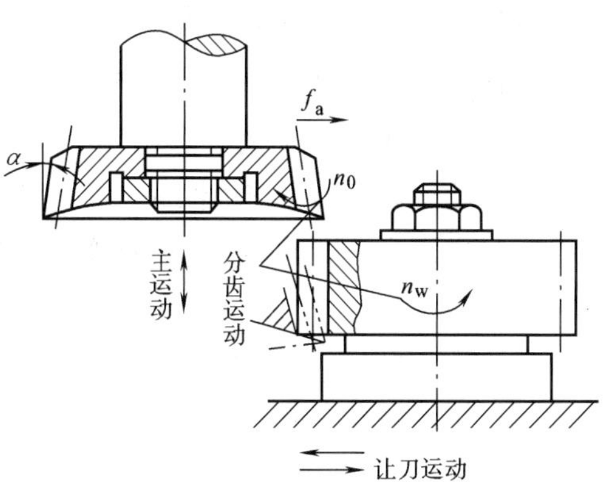

图 6-24　插齿原理

（2）插齿加工的工艺特点　插齿能加工直齿圆柱齿轮，特别适宜加工多联齿轮、内齿轮、扇形齿轮和齿条等。机床配有专门附件时，可加工斜齿轮，但不如滚齿方便。插齿通常用于齿形的粗加工，也可用作精加工，插齿能加工 7 至 9 级精度齿轮，最高可达 6 级。

插齿过程为往复运动，有空行程，插齿系统刚度较差，切削用量不能太大，所以一般插齿的生产率比滚齿低，因此插齿多用于中小模数齿轮加工。

4. 剃齿

（1）剃齿原理及运动 如图 6-25 所示，剃齿刀 1 与被切齿轮 2 相当于一对交错齿轮副的啮合，因螺旋角不等，它们的轴线在空间交错一个角度 ϕ，当机床带动剃齿刀回转时，其圆周速度 v 可分解为两个分量：一个与齿轮方向垂直的法向分速度 v_n，以带动工件旋转；另一个与齿轮方向平行的齿向分速度 v_t，使两啮合面产生相对滑移。因为剃齿刀的齿面上开有小槽，沿渐开线齿形成刀刃，（如图 6-25b 所示），所以剃齿刀在一定压力的作用下，从工件的齿面上剃下很薄的切屑，且在啮合过程中逐渐把余量切除。

剃齿时剃齿刀和齿轮是无侧隙的双面啮合，剃齿刀的两侧面都能进行切削。由图 6-25c 所示的截面可见，按 v_t 方向，刀齿两侧的切削角是不同的，A 侧为锐边具有正前角，起切削作用；B 侧为钝边具有负前角，起挤压作用。当剃齿刀反向时，v_t 也反向，剃齿刀两侧刀刃的作用互换。为使齿轮两侧均能得到剃削，剃齿过程需具备以下几种运动：

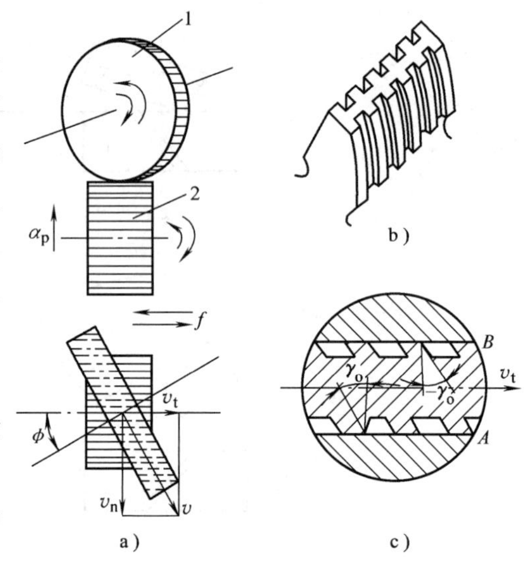

图 6-25 剃齿原理示意图

1—剃齿刀 2—工件

1）主运动——剃齿刀正反转动。

2）工件沿轴向往复进给运动——使齿轮全宽均可剃出。

3）工件每次往复行程后的径向进给运动——以切除全部余量。

由上述剃齿原理可知，剃齿刀由机床传动链带动旋转，而工件由剃齿刀带动，它们之间无强制的展成运动，是自由对滚，故机床传动链短，结构简单。

（2）剃齿加工的工艺特点 由于剃齿刀与被切齿轮自由对滚而无强制性的啮合运动，剃齿对齿轮传递运动的准确性提高不多或无法提高，对传动平稳性和载荷均匀性都有较大的提高，且齿面粗糙度值较小。因此剃齿前的齿形加工以滚齿为好，一般剃前精度比最终精度低一级。

剃齿生产率高，剃削中等尺寸的齿轮只需 2～4min，比磨齿效率高 10 倍以上，机床结构简单，调整操纵方便，辅助时间短；刀具耐用度高，但刀具价格昂贵，不易修磨。故剃齿广泛用于成批大量生产中未淬硬的齿轮精加工。

近年来，由于含钴、钼成份较高的高性能高速钢刀具的应用，使剃齿也能进行硬齿面（45～55HRC）的齿轮精加工。加工精度可达 7 级，齿面粗糙度值 R_a 为 0.8～1.6μm。但淬硬前的精度应提高一级，留硬剃余量 0.01～0.03mm。

5. 珩齿

（1）珩齿原理及运动 珩齿原理和运动与剃齿相同，珩轮与工件是一对交错齿轮副无侧隙的紧密啮合，珩齿所用的刀具（即珩磨轮）是由磨料、环氧树脂等原料混合后在铁心上浇铸而成的斜齿轮。当珩磨齿轮与工件齿轮自由对滚啮合时，借助于齿面间一定的压力和相对滑动速度而进行加工。

（2）珩齿加工的工艺特点　珩齿是齿轮热处理后的一种光整加工方法，目前生产中应用较广，与剃齿相比具有以下特点：

1）珩齿时由于切削速度低，加工过程为低速切削，是研磨和抛光的综合过程，故被加工工件表面不会出现烧伤和裂痕现象，表面质量好。

2）珩齿时，齿面间隙沿齿向产生滑移进行切削外，沿渐开线方向的滑移使磨粒也能切削，因而齿面形成复杂的刀痕，提高了齿面质量，其粗糙度由 $R_a=1.6\mu m$ 降低到 $R_a=0.4\sim0.8\mu m$。

3）珩齿弹性较大，对珩前齿轮各项误差修正能力不强，因此珩轮精度要求不高，主要用于去除热处理后齿面上的氧化皮和毛刺，加工精度可达 IT6～7。珩前的齿形预加工应尽量采用滚齿。

4）珩齿余量一般不超过 0.025mm，珩轮速度达 1000r/min 以上，一般工作台 35 个往复行程即可完成珩齿，大约用时 1min。

6. 磨齿

（1）加工原理及运动　按照齿轮加工的原理，磨齿分为成形法和展成法。

图 6-26 所示为成形法磨齿，砂轮的两侧面做成被加工齿槽的形状，用砂轮直接磨出齿形。该方法需专门的砂轮修整机构，而且磨削面积大，砂轮磨损不均匀，容易烧伤齿面，加工精度低，故应用很少。

展成法磨齿是利用齿轮与齿条的啮合原理来加工的，由砂轮侧面构成假想齿条。根据所用砂轮形状不同，展成法磨齿包括锥形砂轮磨齿、双碟形砂轮磨齿和蜗杆砂轮磨齿等形式。

1）锥形砂轮磨齿　将砂轮的磨削部分修成锥形，以便构成假想齿条（如图 6-27 所示）。磨削时强制砂轮与被磨齿轮保持齿轮和齿条的啮合关系，从而包络出渐开线齿形。磨削时，所需的运动为：砂轮的高速旋转运动（主运动）；齿轮的往复滚动即齿轮边转动边移动，以磨削齿槽的两个侧面 1 和 2；砂轮沿被加工齿轮齿向作往复进给运动；分齿运动，即每磨完一个齿槽后，砂轮自动退离，齿轮自动转过 $1/z$ 圈，直至磨完全部齿槽。

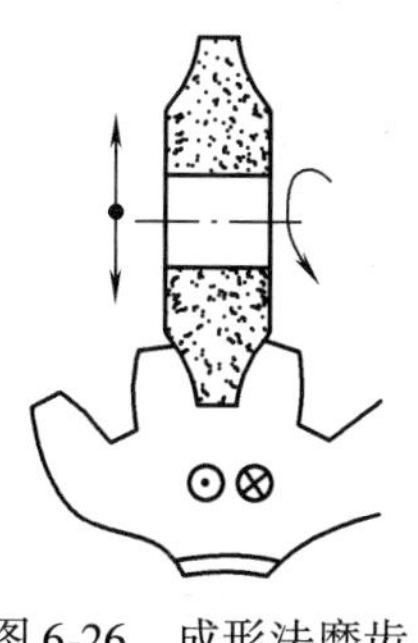

图 6-26　成形法磨齿

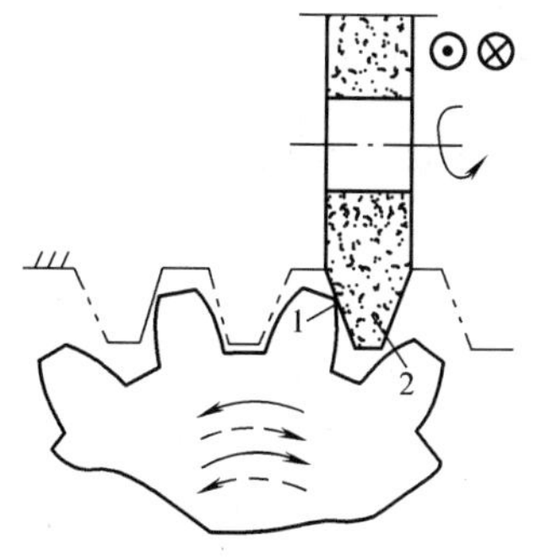

图 6-27　锥形砂轮磨齿

2）碟形双砂轮磨齿　如图 6-28 所示，用两个碟形砂轮倾斜成一定角度，以构成假想齿条的两齿侧面，同时对齿轮的两齿面进行磨削，其原理与锥面砂轮磨齿相同，为磨出全齿宽，工件应沿被磨齿轮齿向进行往复直线运动。

3）蜗杆砂轮磨齿　目前，在批量生产中日益采用蜗杆砂轮磨齿。它的工作原理与滚齿加工相同，蜗杆砂轮相当于滚刀。加工时，砂轮与工件相对倾斜一定角度，两者保持严格的啮合关系，如图6-29所示。为磨出整个齿宽，还须沿工件轴向作进给运动，由于砂轮的转速很高（约2000r/min），工件相应的转速也较高，所以磨削效率高。

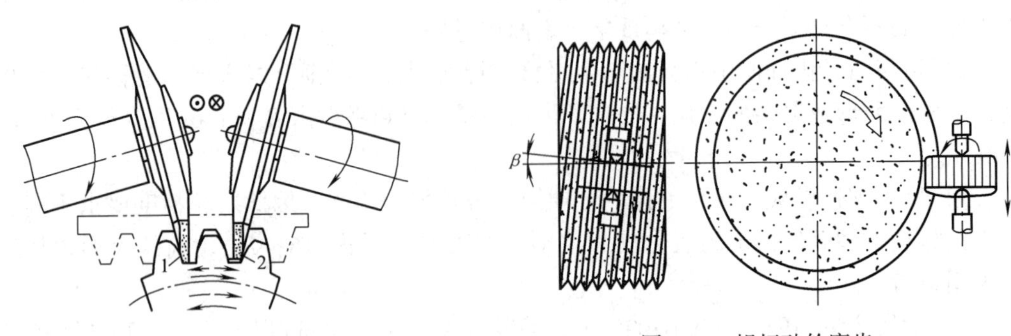

图6-28　双碟形砂轮磨齿　　图6-29　蜗杆砂轮磨齿

（2）磨齿加工的工艺特点　磨齿加工的加工精度高，一般条件下加工精度可达6～4级，表面粗糙度为R_a=0.8～0.2μm。由于采用强制啮合方式，不仅修正误差的能力强，而且可以加工表面硬度很高的齿轮，但磨齿（蜗杆砂轮磨齿除外）的加工效率低，机床结构复杂，调整困难，加工成本高，目前主要用于加工精度很高的齿轮。

三、圆柱齿轮的加工工艺

1. 工艺过程

在编制齿轮加工工艺过程中，常因齿轮的结构、精度等级、生产批量以及生产环境的不同，而采取不同的方案。

图6-30所示为一直齿圆柱齿轮的简图，表6-12列出该齿轮机械加工工艺过程。

表6-12　齿轮加工工艺过程

序号	工序内容简介及要求	定位基准	设备
1	锻造		
2	正火		
3	粗车各部均放余量1.5mm	外圆、端面	转塔车床
4	精车各部，内孔至锥孔塞规刻线外露6～8mm，其余符合图样要求	外圆、内孔、端面	C616车床
5	滚齿 F_w=0.036mm　F_i''=0.10mm f_i''=0.022mm　F_β=0.011mm $W=80.84_{-0.19}^{-0.14}$mm　齿面R_a=2.5μm	内孔、B端面	Y38滚齿机
6	倒角	内孔、B端面	倒角机
7	插键槽达图样要求	内孔、B端面	插床
8	去毛刺		
9	剃齿	内孔、B端面	Y5714

（续）

序号	工序内容简介及要求	定位基准	设备
10	热处理，齿部 5132		
11	磨内锥孔，磨至锥孔塞规小端面	外圆、*B* 端面	M220
12	珩齿达图样要求	内孔、*B* 端面	Y5714
13	检验		

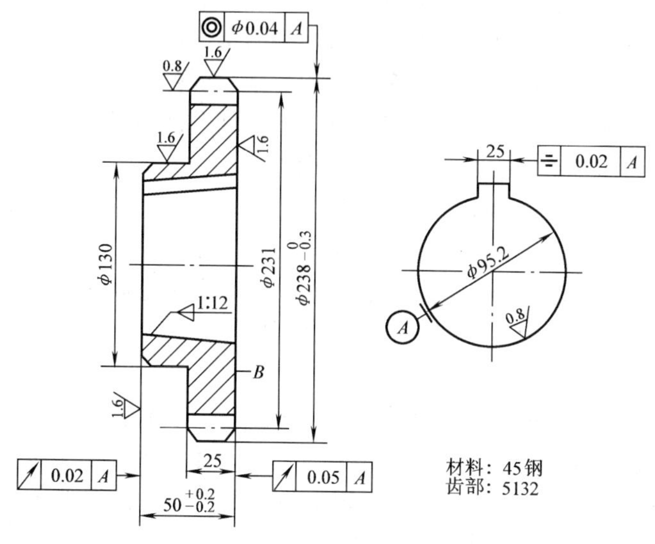

模数	m	3.5	公法线长度变动公差	F_W	0.036	齿向公差	F	0.009
齿数	z	66	径向综合公差	F''_z	0.08	公法线平均长度	W	$80.72^{-0.14}_{-0.19}$
精度等级		766KM	一齿径向综合公差	F''_1	0.016			

图 6-30　直齿圆柱齿轮简图

2. 齿轮加工工艺过程分析

（1）定位基准的选择　为保证齿轮的加工精度，应根据“基准重合”原则，选择齿轮的设计基准、装配基准和测量基准为定位基准，且尽可能在整个加工过程中保持“基准统一”。

轴类齿轮的齿形加工一般选择中心孔定位，某些大模数的轴类齿轮多选择轴颈和一端面定位。

盘类齿轮的齿形加工可采用两种定位基准：

1）以内孔和端面定位　这种方式可使定位基准、设计基准、装配基准和测量基准重合，符合“基准重合”原则。采用专用心轴，定位精度高，生产率高，广泛用于成批生产中，为保证内孔的尺寸精度和对基准端面的要求，应尽量在一次安装中同时加工内孔和端面。

2）以外圆和端面定位　不符合“基准重合”原则。用端面作轴向定位，以外圆为找正基准，不需专用心轴，生产率较低，故适用于单件小批量生产。为保证齿轮的加工质量，必须严格控制齿坯外圆尺寸对内孔的径向圆跳动。

（2）齿轮毛坯的加工　齿坯加工工艺主要取决于齿轮的轮体结构、技术要求和生产类型，轴类、套类齿轮的齿坯加工工艺和一般轴类、套类零件基本相同，下面介绍盘类齿轮的齿坯加工：

1）中小批生产的齿坯加工　中小批生产尽量采用通用机床加工。对于圆柱孔齿坯，可采用粗车—精车的加工方案：①在卧式车床上粗车齿坯各部分；②在一次安装中精车内孔和基准端面，以保证内孔基准端面对内孔的跳动要求；③以内孔在心轴上定位，精车外圆、端面及其他部分。对于花键孔齿坯，采用车—拉—精车的加工方案：①在卧式车床上粗车外圆端面和花键底孔；②以花键底孔定位，端面支承，拉花键孔；③以花键孔在心轴上定位，精车外圆、端面和其他部分。

2）大批量生产的齿坯加工　大批量生产，应采用高生产率的机床和专用高效夹具加工。无论是圆柱孔齿坯还是花键孔齿坯，均采用多刀车—拉—多刀车的加工方案：①在多刀半自动车床上粗车外圆、端面和内孔；②以端面支承、内孔定位拉花键孔或圆柱孔；③以孔在可胀心轴或精密心轴上定位，在多刀半自动车床上精车外圆、端面及其他部分。为车出全部外形表面，常分为两个工序在两台机床上完成加工。

（3）齿形及齿端的加工　齿面加工是齿轮加工的关键，根据设备条件、齿轮精度、表面粗糙度、硬度等不同，加工方案也不同。常用的方案如下：

1）8 级精度以下的齿轮　不淬硬的齿轮用滚齿或插齿便能满足要求。对于淬硬齿轮可采用：滚（插）齿—齿端加工—淬火—校正孔的加工方案，但淬火前齿面加工精度应提高一级。

2）6、7 级精度齿轮　对于淬硬齿轮，可采用：滚（插）齿—齿端加工—剃齿—表面淬火—校正基准—珩齿。此方案生产率高、设备简单、成本较低，适于批量生产。

3）5 级以上精度的齿轮　一般采用：粗滚齿—精滚齿—齿端加工—淬火—校正基准—粗磨齿—精磨齿。此方案加工精度高，但生产率低、成本较高。

齿形加工的经济精度见表 6-13。

齿轮的齿端加工有倒圆、倒尖、倒棱和去毛刺等方式，如图 6-31 所示。倒圆、倒尖后的齿轮在换档时容易进入啮合状态，减少碰击现象，倒棱可除去齿端尖边和毛刺。图 6-32 所示的是用指状铣刀对齿端进行倒圆的加工示意图。倒棱时，铣刀高速旋转，并沿圆弧作摆动，加工完一个齿后，工件退离铣刀，经分度再快速向铣刀靠近加工下一个齿的齿端。齿端加工必须在齿轮淬火之前进行，通常都在滚（插）齿之后，剃齿之前安排齿端加工。

a)

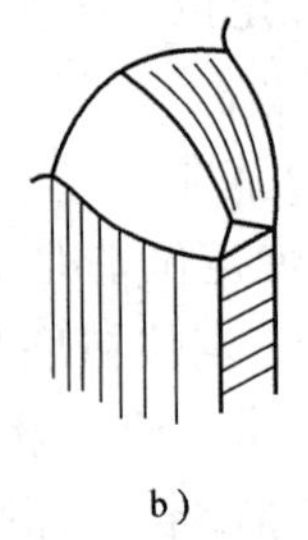
b)

c)

图 6-31　齿端加工

a）倒圆　b）倒尖　c）倒棱

（4）齿轮加工中的热处理　在齿轮加工工艺编制过程中，热处理工序的合理安排十分重要，它直接影响齿轮的力学性能及切削加工的难易程度，一般来讲在齿轮加工过程中要完成下面的两个热处理工序：

1）毛坯热处理　在齿轮毛坯粗加工前后安排预先热处理—正火或调质。正火安排在齿坯加工前，目的在于消除锻造内应力，改善材料的加工性能，减缓拉孔和切削加工时刀具的磨损，表面粗糙度较细，故生产中应用较多。调质一般安排在齿坯粗加工之后，可消除锻造内应力和粗加工引起的残余应力，提高材料的综合力学性能，但齿坯硬度较高，不易切削，故生产中应用较少。

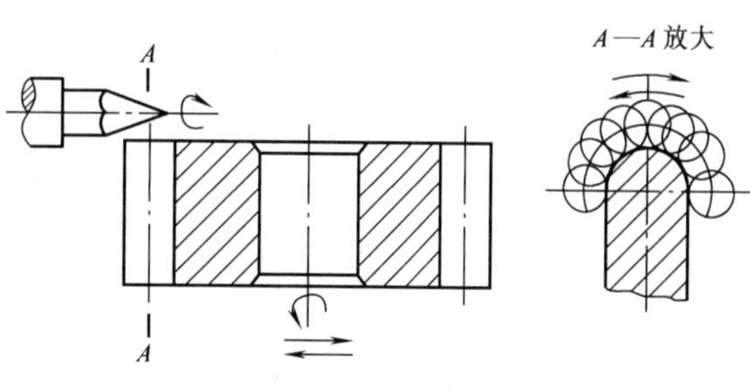

图 6-32　齿端倒圆

表 6-13　齿形加工的精度等级

<table>
<tr><th colspan="4">加工方法</th><th>精度等级
GB/T10095—1988</th><th colspan="2">加工方法</th><th>精度等级
GB/T10095—1988</th></tr>
<tr><td rowspan="5">滚齿</td><td rowspan="4">单头滚刀
（m =1 ~20mm）</td><td rowspan="4">滚刀精度等级</td><td>AA</td><td>6 ~7</td><td rowspan="4">磨齿</td><td>成形砂轮仿形法</td><td>5 ~6</td></tr>
<tr><td>A</td><td>8</td><td>盘形砂轮范成法</td><td>3 ~6</td></tr>
<tr><td>B</td><td>9</td><td>双盘形砂轮范成法（马格法）</td><td>3 ~6</td></tr>
<tr><td>C</td><td>10</td><td>蜗杆砂轮范成法</td><td>4 ~6</td></tr>
<tr><td colspan="3">多头滚刀（m =1 －20mm）</td><td>8 ~10</td><td colspan="2">模数铣刀铣齿</td><td>9 级以下</td></tr>
<tr><td rowspan="3">插齿</td><td rowspan="3">圆盘形插齿刀
（m =1 ~20mm）</td><td rowspan="3">插齿刀精度等级</td><td>AA</td><td>6</td><td colspan="2">用铸铁研磨轮研齿</td><td>5 ~6</td></tr>
<tr><td>A</td><td>7</td><td colspan="2">直齿锥齿轮刨齿</td><td>8</td></tr>
<tr><td>B</td><td>8</td><td colspan="2">螺旋齿锥齿轮刀盘铣齿</td><td>8</td></tr>
<tr><td rowspan="3">剃齿</td><td rowspan="3">圆盘形剃齿刀</td><td rowspan="3">剃齿刀等级</td><td>A</td><td>5</td><td colspan="2">蜗轮模数滚刀滚蜗轮</td><td>8</td></tr>
<tr><td>B</td><td>6</td><td rowspan="2">热轧</td><td rowspan="2">热轧齿轮（m =2 ~8mm）
轧后冷校准齿型</td><td>8 ~9</td></tr>
<tr><td>C</td><td>7</td><td>7 ~8</td></tr>
<tr><td colspan="4">珩齿</td><td>6 ~7</td><td colspan="2">冷扎齿轮（m≤1.5mm）</td><td>7</td></tr>
</table>

2）齿面热处理　为了提高齿面硬度，增加齿轮的承载能力和耐磨性而进行的齿面高频感应加热淬火、渗碳淬火、液体氮碳共渗等热处理工序。以渗碳淬火的齿轮变形较大，对高精度齿轮还需进行磨齿加工。经高频感应加热淬火的齿轮变形较小，但内孔直径一般会缩小 0.01 ~0.05mm，应予以修正。有键槽的齿轮，淬火后内孔常呈现椭圆形，为此键槽加工应安排在淬火之后进行。

思考与练习题

6-1　轴类零件有哪些作用，其结构特点是什么？

6-2　轴类零件常采用哪几种材料？

6-3　在加工的各个阶段应安排哪些合适的热处理工序？

6-4　试分析主轴加工工艺过程中如何体现“基准统一”、“基准重合”、“互为基准”的原则？它们在保证主轴的精度要求中起到什么重要作用？

6-5　中心孔在轴类零件加工中起什么作用？如何加工？

6-6　如何合理安排轴上花键加工工序？

6-7　主轴深孔如何加工？为确保加工精度应采取哪些措施？

6-8 套筒类零件的毛坯常选用哪些材料？

6-9 简述孔加工方案确定的原则。

6-10 加工薄壁套筒类零件时有哪些技术难点？为解决这些难点，在工艺上一般采取哪些措施？（提示：从减小切削力和切削热的影响、减少夹紧力的影响、减少热处理变形等方面考虑）

6-11 箱体类零件的结构特点及主要技术要求有哪些？

6-12 为什么箱体类零件的材料常用铸铁？

6-13 箱体加工的精基准有哪几种方案？试举例说明这些定位方案的优缺点及适用场合。

6-14 箱体加工的粗基准选择侧重考虑哪些主要问题？生产批量不同时工件如何安装？

6-15 箱体平面加工方法有哪些？简述其加工特点。

6-16 箱体孔系有哪几种？各有哪些加工方案？

6-17 试比较镗模法、坐标法、数控法加工主轴箱孔系的特点。

6-18 箱体的主要检验项目有哪些？

6-19 齿轮传动的基本要求有哪些？

6-20 对于速度和载荷不同的齿轮如何选择材料和热处理工序。

6-21 比较滚齿和插齿的工艺特点及适用场合。

6-22 在滚削直、斜齿圆柱齿轮时，滚刀安装角度大小、方向有何不同？

6-23 分析滚齿、插齿加工所需运动有何不同。

6-24 比较剃齿与珩齿、珩齿与磨齿工艺特点及适用范围。

6-25 确定齿轮加工的定位基准有哪几种方案？

6-26 齿轮的典型加工工艺过程有哪几个阶段？对于不同精度的齿轮，其齿形加工方案应如何选择？

6-27 如何安排齿轮加工过程中的两个热处理工序？

第七章　机械加工精度

任何机械产品都是由各零件装配而成的，零件的质量将直接影响机械产品的工作性能和使用寿命。因此，在加工制造零件时必须保证其质量，而零件的加工质量是由加工精度和表面质量两方面所决定的，只有这两方面都达到设计要求，才能认为该零件是合格的。

第一节　机械加工精度概述

一、加工精度与加工误差

加工精度是指零件加工后的实际几何参数（尺寸、形状和相互位置）与理想几何参数的符合程度。而加工误差则是指零件加工后的的实际几何参数与理想几何参数的偏离程度。其符合程度越高，加工精度就越高；偏离程度越大，加工误差就越大。

二、获得加工精度的方法

1. 获得尺寸精度的方法

（1）试切法　即通过试切—测量—调整—再试切的反复过程来获得尺寸精度的方法。这种方法的效率低，对操作者的技术水平要求较高，在单件小批量生产中常用此法。

（2）调整法　按工件规定的尺寸预先调整机床、夹具、刀具与工件的相对位置，再进行加工。工件尺寸在加工中自动获得，加工精度很大程度上取决于调整精度。此法广泛用于各类自动生产线、自动机床和半自动机床上，适用于成批及大量生产。

（3）定尺寸刀具法　直接靠刀具的尺寸来保证工件的加工尺寸，如钻孔、铰孔，工件的孔径靠钻头、铰刀的直径来保证。此法的加工精度主要取决于刀具的制造、安装精度及磨损程度，该方法生产效率高，应用广泛。

（4）自动控制法　用测量装置、进给装置和控制系统构成一个自动加工系统，使加工过程中的测量、补偿调整和切削等一系列工作自动完成。早期的自动控制多采用凸轮控制、机械—液压控制等，目前，广泛采用计算机数字控制，控制精度更高，适应性更好，使用更方便。

2. 获得形状精度的方法

（1）轨迹法　是利用机床运动使刀尖与工件的相对运动符合加工表面形状的方法。例如利用车床的主轴回转和刀架的进给运动车削外圆柱面、内圆柱表面。轨迹法的精度主要取决于轨迹运动的精度。

（2）成形法　是利用成形刀具对工件进行加工的方法。例如用齿轮铣刀铣削齿轮，该方法获得形状精度的高低，主要取决于切削刃的制造精度及刀具的安装精度。

（3）展成法　滚齿、插齿等齿轮加工都是用展成法来获得齿形的。展成法的精度主要取决于展成运动的精度和切削刃的形状精度。

3. 获得相互位置精度的方法

(1) 一次安装法　是指零件在同一次安装中，加工有相互位置要求的各个表面，从而保证其相互位置精度。精度的高低取决于机床的运动精度。

(2) 多次安装法　是指零件有关表面的相互位置精度由加工表面与定位基准面之间的位置精度来保证。精度取决于机床运动之间、机床运动与工件装夹后的位置之间或机床的各工位之间的相互位置的正确性。

第二节　影响加工精度的主要因素

在机械加工中，由机床、夹具、刀具和工件组成工艺系统，零件在实际加工中，除了受工艺系统中机床、夹具、刀具制造精度影响外，工艺系统还受到力和热的作用而产生加工误差。另外在加工方法上还可能有原理上的误差，所以，影响加工精度的因素主要有以下几个方面：加工原理误差；工艺系统的几何误差；工艺系统的受力变形；工艺系统的受热变形；加工过程中的其他误差。

一、加工原理误差

加工原理误差是指采用了近似的表面成形运动或者近似的刀刃轮廓进行加工而产生的误差。例如，滚齿加工常常存在两种原理误差：一是刀刃轮廓近似造成误差，由于制造上的困难，常采用阿基米德蜗杆或法向直廓蜗杆滚刀代替渐开线蜗杆滚刀；二是由于滚刀刀齿数有限，所切成的齿轮的齿形实际上是一条折线，与理论上的渐开线比较，存在“齿形误差”。

在实际生产中，采用近似的表面成形运动或近似的刀刃轮廓进行加工，可以简化机床的结构和刀具的形状，降低生产成本，提高生产率，因此，将原理误差控制在允许的范围内是完全可行的。

二、工艺系统的几何误差

1. 机床误差

机床误差包括机床制造误差、安装误差和磨损等。机床误差中的主轴回转误差、导轨误差和传动链误差对加工精度影响较大。

(1) 主轴回转误差　主轴回转精度是机床的主要运动精度之一，主轴回转误差直接影响到工件的圆度以及端面对轴线的垂直度。在理想状态下，主轴回转轴线的空间位置是固定不变的。但由于各种误差因素的影响，实际上主轴回转轴线在每一瞬时的空间位置都是变化的。所谓主轴回转误差，就是主轴的实际回转轴线与理论回转轴线的变动量。

主轴回转误差可分解为图 7-1 所示的三种基本形式。

1) 轴向窜动（轴向漂移）　轴向窜动是指回转轴线在轴向的位置变化，如图 7-1a 所示。加工端面时，轴向窜动会产生工件端面与内、外圆的垂直度误差。加工螺纹时，轴向窜动会使螺纹导程产生周期误差。

2) 径向跳动（径向漂移）　径向跳动是指回转轴线绕平均轴线作平行的公转运动，所谓平均轴线是回转中心线不正确时的平均中心线，如图 7-1b 所示。车削外圆时，会产生圆柱度误差。

3）角度摆动（角度漂移）　角度摆动是指回转轴线绕平均轴线作不平行的公转运动，如图 7-1c 所示。它主要影响工件的形状精度，如车削外圆时的圆度和圆柱度误差。

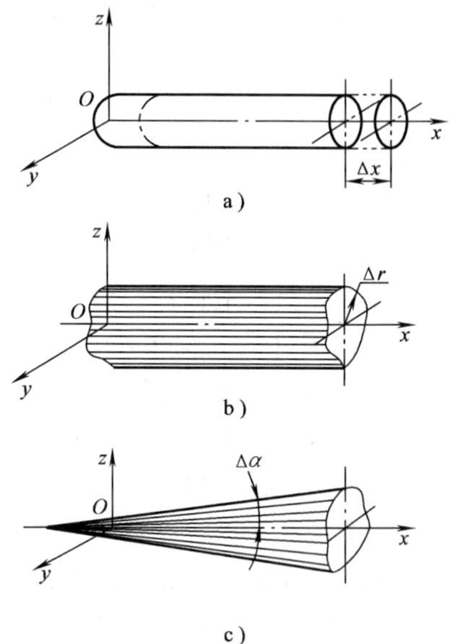

图 7-1　主轴回转误差的基本形式
a）轴向窜动　b）径向跳动　c）角度摆动

应该指出：实际上的主轴回转误差是上述三种漂移运动的合成。

主轴回转误差产生的原因主要有主轴的制造误差、轴承的误差与轴承配合件的误差及配合间隙、主轴系统的径向不等刚度和热变形等。

为提高主轴的回转精度，可提高主轴部件的制造精度；采用高精度的滚动轴承或高精度的多油楔动压轴承和静压轴承，或对轴承进行预紧，以消除间隙；提高箱体支承孔、主轴轴颈的加工精度；使主轴的回转误差不反映到工件上去，如在外圆磨床上，采用定位与回转运动分开，即前后顶尖都不转动只起定位作用，这样就可避免头架主轴回转误差对加工精度的影响。

在生产现场，对于一般精度的主轴是用检验棒及千分表来测量主轴径向跳动和轴向窜动的，如图 7-2 所示。对于精度比较高的主轴，则多用位移传感器和高圆度的圆球来进行测量。

（2）导轨误差　导轨是机床中确定主要部件相对位置的基准，也是运动的基准，它的各项误差直接影响被加工工件的精度。导轨精度主要包括三个方面：

1）导轨在垂直平面内的直线度　如图 7-3 所示。由于导轨在垂直方向上存在误差，使刀尖位置下降了 ΔZ，工件在半径上的尺寸增大了 ΔR，造成工件半径方向的误差 $\Delta R \approx \dfrac{\Delta Z^2}{2R}$，对零件的形状精度影响甚小。但对平面磨床、龙门刨床及铣床等，导轨在垂直面的直线度误差，会引起工件相对砂轮（刀具）的法向位移，其误差将直接反映到被加工零件上，造成形状误差。

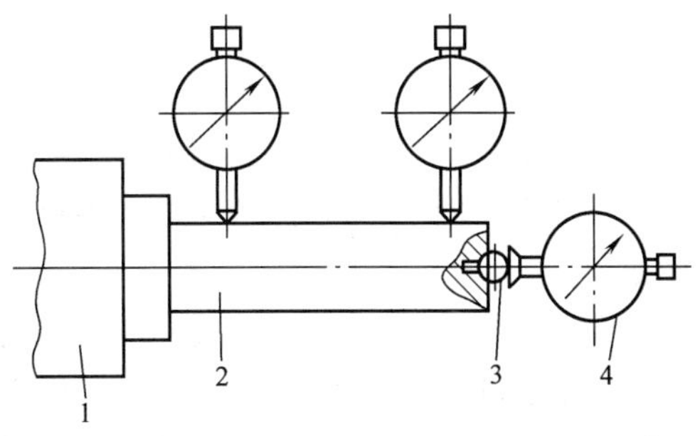

图 7-2　主轴回转精度的表测法
1—主轴　2—心棒　3—钢球　4—千分表

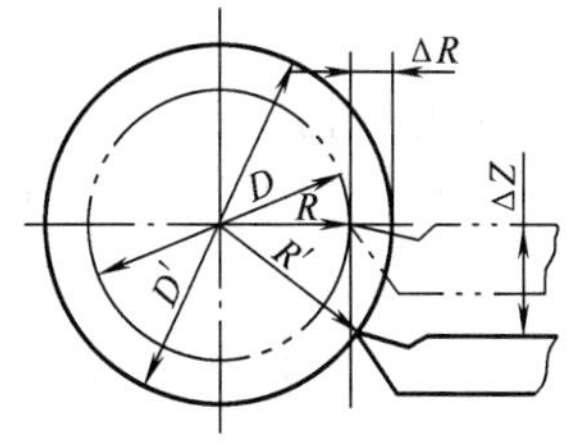

图 7-3　导轨在垂直平面内的直线度对车削外圆的影响

2）导轨在水平面内的直线度　如图 7-4 所示，车床导轨在水平面内的直线度误差，将使刀尖在水平面内产生位移 ΔY，造成工件在该处半径方向上产生误差 $\Delta R'$，$\Delta R' = \Delta Y$。当导轨向后凸出时，工件就产生鞍形加工误差。而当导轨向前凸出时，就产生鼓形加工误差。

3）导轨面间平行度　车床两导轨平行度产生误差（扭曲），使大溜板产生横向倾斜，刀具产生位移，因而引起工件的形状误差。

4）导轨对主轴轴心线平行度　在车床类或磨床类机床上加工工件时，如果导轨与主轴轴心线不平行，则会引起工件的几何形状误差。例如车床导轨与主轴轴心线在水平面内不平行，会使工件的外圆柱表面产生锥度；在垂直平面内不平行时会产生马鞍形。

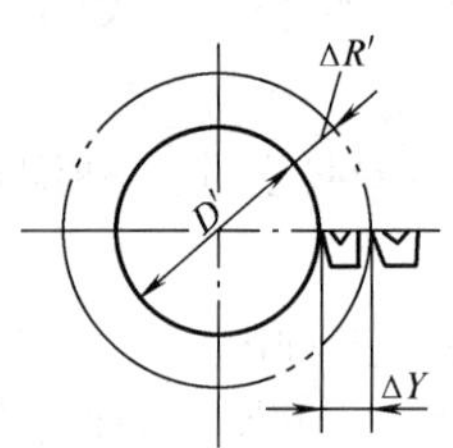

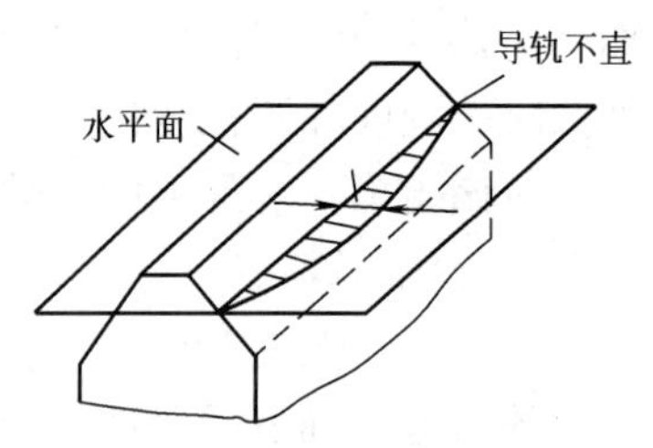

图 7-4　导轨在水平面内的直线度误差对车削外圆的影响

机床导轨精度与机床制造、安装、使用有关。机床安装时，若水平调整不好，会使床身产生扭曲，破坏导轨原有制造精度。使用过程中，由于导轨磨损不均匀，会使导轨产生直线度、扭曲度误差。因此，在设计时应从结构、材料、润滑方式、保护装置等方面采取相应的措施。在制造中应对床身毛坯充分时效处理，采取先进的加工工艺。在使用中要保证安装质量，细心维护，注意润滑，严格遵守操作规程。

（3）传动链误差　对于某些加工方式，例如车螺纹（磨螺纹）、滚齿（磨齿）等，为了保证工件的加工精度，除了前述的因素外，还要求刀具和工件之间具有准确的传动比关系。例如车削螺纹时，要求工件每转一转刀具走一个导程；在用单头滚刀滚齿时，要求滚刀每转一转工件转过一个齿等。这些成形运动间的传动比关系，是由机床本身的传动链来保证的。若传动链存在误差，在上述情况下，它是影响加工精度的主要因素。

2. 刀具误差

机械加工中常用的刀具有：一般刀具、定尺寸刀具和成形刀具。

一般刀具（如普通车刀、单刃镗刀和平面铣刀等）的制造误差，对加工精度没有直接影响。

定尺寸刀具（如钻头、铰刀、拉刀等）的尺寸误差直接影响工件的尺寸精度。刀具的安装和使用不当，产生跳动，也将影响加工精度；成形刀具（如成形车刀、成形铣刀及齿轮刀具等）的制造和磨损误差主要影响工件的形状精度。

3. 夹具误差

夹具误差主要包括：定位元件、刀具引导元件、分度机构、夹具体等的制造误差；夹具装配后，以上各种元件工作面间的位置误差；夹具在使用过程中工作表面的磨损；夹具使用中工件定位基面与定位元件工作表面间的位置误差。

夹具误差将直接影响加工表面的位置精度和尺寸精度。例如各定位支承板或支承钉的等高度误差将直接影响加工表面的位置精度；钻模上各钻套间的尺寸误差和平行度（或垂直度）误差将直接影响所加工孔系的尺寸精度和位置精度；镗模导向套的形状误差直接影响所加工孔的形状精度等。

夹具误差引起的加工误差在设计夹具时可以进行分析计算。对已制成的夹具可以进行检测误差的大小。一般来说，夹具误差对加工表面的位置误差影响最大。

4. 测量误差

在加工过程中，要使用各种量具、量仪进行检验测量，再根据测量结果对工件进行试切和调整机床。量具本身的制造误差、测量时的接触力、温度、目测正确程度等都直接影响加工精度。因此，要正确地选择和使用量具，以保证测量精度。

5. 调整误差

在机械加工的每一工序中，应对机床、夹具和刀具进行调整。调整误差的来源，视不同的加工方法而定。

（1）试切法加工　单件小批生产中，通常采用试切法加工。方法为：试切—测量—调整—再试切，直到加工合格为止。引起调整误差的因素有：

1）测量误差。

2）进给机构的位移误差。在试切中，总要微量调整进给量。在低速微量进给中，常出现“爬行”现象，从而造成加工误差。

3）试切与正式切削时，切削层厚度不同而产生误差。精加工时，试切的最后一刀很薄，切削刃只起挤压作用。但正式切削时的深度较大，切削刃不打滑，就会多切下一点，产生尺寸误差。

（2）调整法加工　影响调整法加工精度的因素有：测量精度、调整精度、重复定位精度等。用定程机构调整时，调整精度取决于行程挡块、靠模及凸轮等机构的制造精度、刚度及其配合使用离合器、控制阀等的灵敏度。用样件或样板调整时，调整精度取决于样件或样板的制造、安装和对刀精度。

三、工艺系统的受力变形

机械加工中，工艺系统在切削力、夹紧力、传动力、惯性力等外力的作用下，会发生变形（弹性和塑性变形），破坏了刀具与工件间已调整好的相对位置，从而产生加工误差。

1. 切削力作用点位置变化引起的加工误差

切削过程中，工艺系统的刚度随切削力作用点位置的变化而变化，引起系统变形的差异，使零件产生加工误差。

1）在两顶尖间车削粗而短的光轴时，由于工件刚度较大，其变形比机床、夹具和刀具的变形小得多，可忽略不计。此时，工艺系统的总变形完全取决于机床头、尾架（包括顶尖）和刀架（包括刀具）的变形，加工中工件将产生马鞍形圆柱度误差。

2）在两顶尖间车削细长轴时，工件的变形大大超过机床夹具和刀具的受力变形，此时工艺系统的变形完全取决于工件的变形，加工出的工件将产生腰鼓形圆柱度误差，如图 7-5 所示。

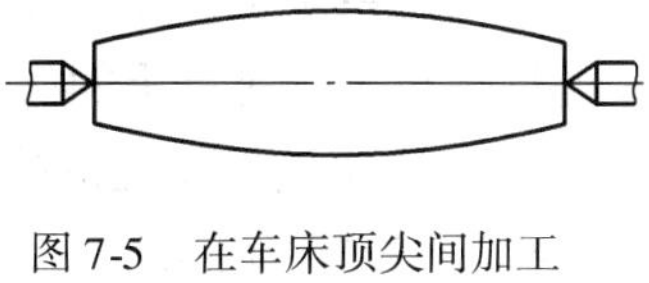

3）工件装夹在卡盘上加工，这种装夹方式近似悬臂梁，工件末端变形最大，加工后的形状如图 7-6 所示。

图 7-5　在车床顶尖间加工

4）工件装夹在卡盘上并用后顶尖支承，加工后的形状如图 7-7 所示。

2. 切削力变化引起的加工误差

工件的毛坯外形虽然具有粗略的零件形状，但它的尺寸、形状以及表面层材料硬度均匀性都有较大的误差。毛坯的这些误差在加工时使切削深度不断发生变化，从而导致切削力的变化，进而引起工艺系统产生相应的变形，使得零件在加工后还保留与毛坯表面类似的形状或尺寸误差。当然工件表面残留的误差比毛坯表面误差小得多，这种现象称为“误差复映规律”，所引起的加工误差称为“复映误差”。

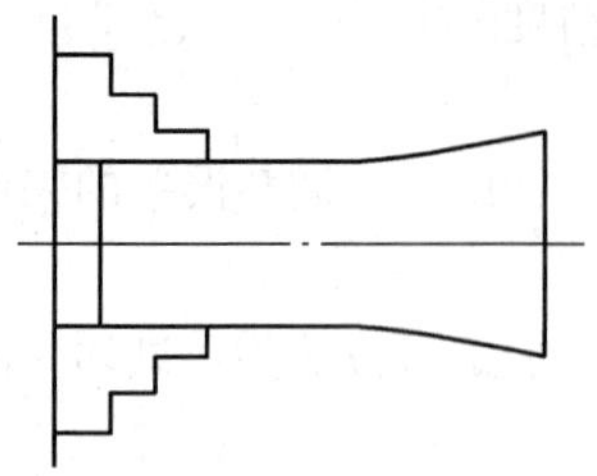
图 7-6 在车床卡盘上加工

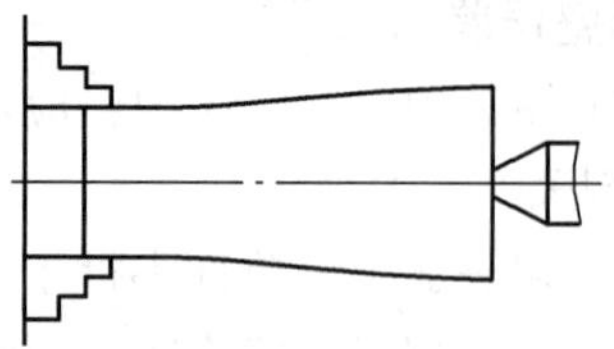
图 7-7 前端夹在卡盘上，后端用顶尖支承

3. 惯性力和传动力引起的加工误差

高速旋转切削质量不平衡工件时，离心力 F_Q 和背向力 F_p 的方向，有时相同，有时相反，使工件产生圆度误差 ρ，如图 7-8 所示。

在车床或磨床上加工轴类零件时，常采用单爪拨盘带动工件旋转。传动力 F 在拨盘的每一转中，经常改变方向，与背向力有时相同，有时相反，造成工件的圆度误差，如图 7-9 所示。

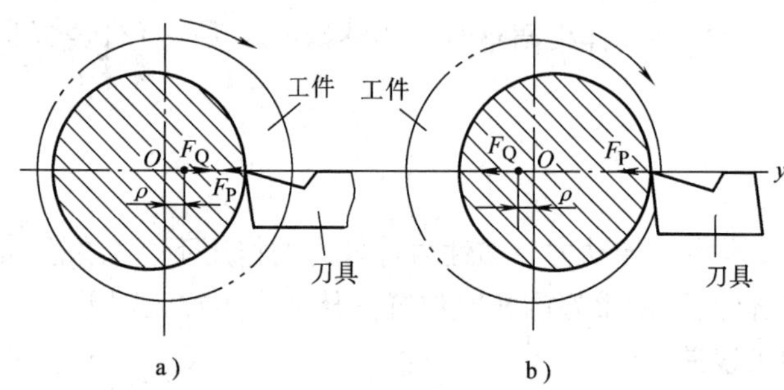

图 7-8 惯性力引起的加工误差

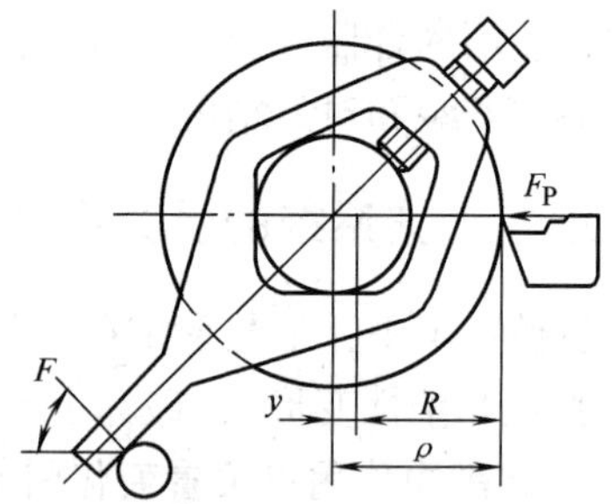

图 7-9 单爪拨盘传动力的影响

4. 夹紧力和重力引起的加工误差

刚性较差的工件安装时，由于夹紧力方向和作用点不当，都会引起工件的相应变形，从而造成加工误差，如图 7-10 所示。图 7-10a 中，连杆的夹紧变形将使钻出的孔与端面不垂直；图 7-10b 中，夹紧力作用点处的变形较大，造成“多切”，松开后因工件弹性恢复而使镗出的孔不圆；图 7-10c 中，夹紧力使工件底面抬起，造成加工后的顶面与底面不平行。

在工艺系统中，因零部件自重也会引起变形，造成加工误差。如图 7-11 所示为摇臂钻床的摇臂在主轴箱自重的作用下，所产生的变形。

5. 减少工艺系统变形的途径

提高工艺系统刚度，减少受力变形，是保证加工质量的有效措施，一般有如下几个途径：

1）提高工艺系统中零件的配合质量，以提高接触刚度。

2）设置辅助支承以提高机床部件刚度。

3）缩小切削力作用点到支承面之间的距离，以提高工件刚度。

6. 工件残余应力引起的变形

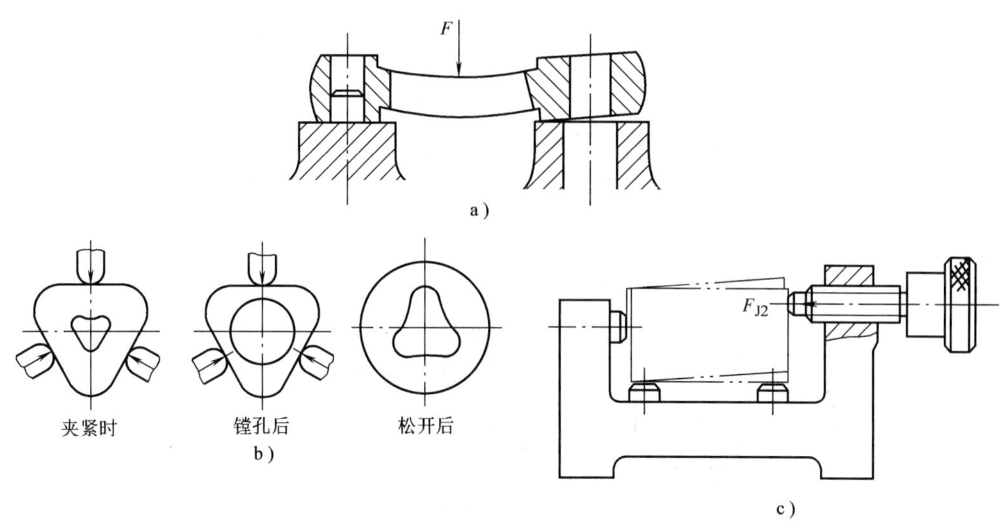

图 7-10　夹紧力引起的误差
a）钻连杆两头孔　b）镗薄壁套孔　c）铣顶平面

残余应力是指当外部载荷去除后，仍残留在工件内部的应力。存在残余应力的工件处于一种不稳定的状态中，其内部组织在逐渐变化而使残余应力减小，在残余应力的变化过程中，会使零件发生变形，使原有的加工精度丧失，严重影响工件的精度。

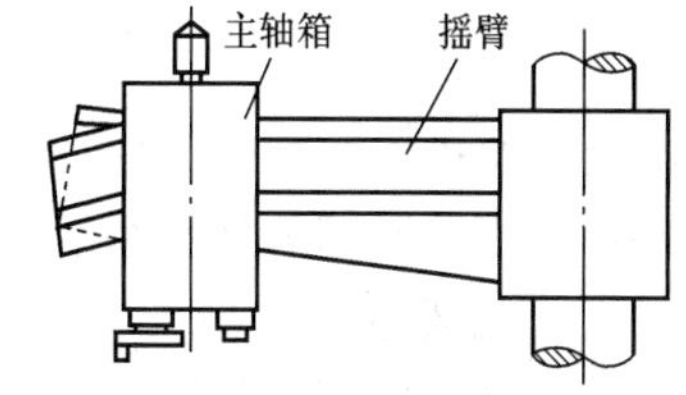

图 7-11　自重引起的加工误差

残余应力的产生原因：铸、锻、焊等毛坯制造过程中及热处理时，由于工件各部分热胀冷缩不均匀以及金相组织变化时发生体积变化使工件毛坯产生很大的残余应力；切削加工中由于切削力和切削热的作用，使工件表面产生冷热塑性变形和金相组织的变化，从而使工件表面产生残余应力；工件在冷校直时产生残余应力。

为减少残余应力对加工精度的影响，可在毛坯制造及零件粗加工后进行时效处理来消除残余应力，常用的方法有人工时效、振动时效和自然时效等方法。

四、工艺系统的热变形

在机械加工过程中，工艺系统因受热引起的变形称为热变形。工艺系统的热变形破坏了工件与刀具相对位置的准确性，造成加工误差。在精密加工中，热变形引起的加工误差约占总加工误差的 40% ~70% 。

引起工艺系统热变形的热源有：切削热、机床运动部件的摩擦热和外界热源的辐射和传导。

1. 机床的热变形

在工作中，机床受各种热源的影响，各部件将产生不同程度的热变形，这样不仅破坏了机床的几何关系而且还影响各成形运动的位置关系和速比关系，从而降低了机床的加工精度。图 7-12 是几种机床在工作状态下热变形的趋势。

对于车、铣、镗床类机床，其主要热源是主轴箱轴承和齿轮的摩擦热与主轴箱中油池的

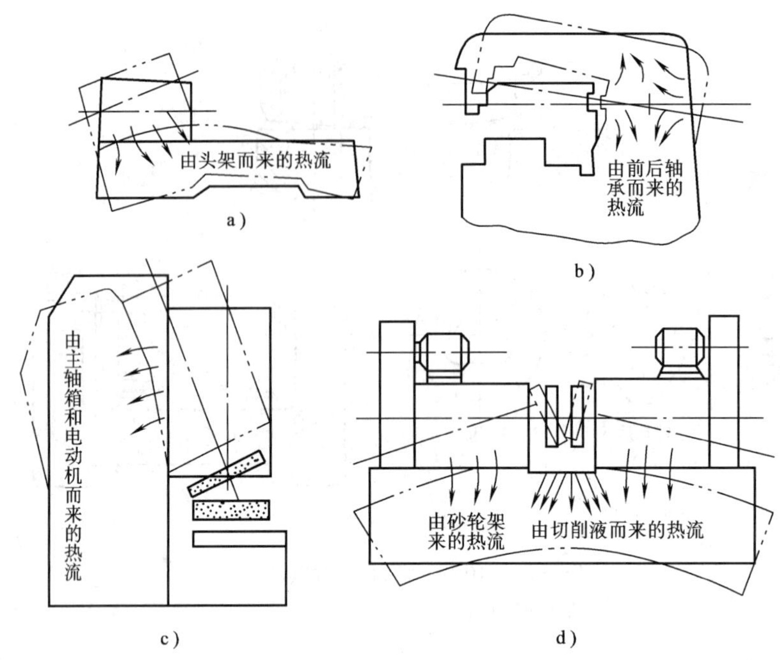

图 7-12 几种机床热变形的趋势
a) 车床 b) 铣床 c) 平面磨床 d) 双端面磨床

发热，使箱体和床身产生变形和翘曲，从而造成主轴的位移和倾斜；磨床类机床的主要热源为砂轮主轴轴承和液压系统的发热，引起砂轮架位移、工件头架位移和导轨的变形。

2. 工件的热变形

工件受切削热的影响会产生热变形。有些大型精密零件还受环境温度的影响。在热膨胀下达到的加工尺寸，冷却收缩后会变小，甚至超差。工件受切削热影响，各部分温度不同，且随时间变化，切削区附近温度最高。开始切削时工件温度低，变形小；随着切削过程的进行，工件的温度逐渐升高，变形也就逐渐增大。

工件的热变形有两种情况：一种是均匀受热，如车、铣、镗、外圆磨等加工方法，它主要影响尺寸精度；另一种是不均匀受热，如平面铣、磨、刨等工序，工件单面受热，上下表面之间形成温差产生弯曲变形，这时主要影响几何形状精度。

3. 刀具的热变形

切削时产生的切削热大部分被切屑带走，传给刀具的热量不多，但因刀具工作部分质量小、热容量小，所以热变形也较大，从而影响工件的加工精度。

刀具的热变形，一般影响工件的尺寸精度。但在加工某些工件时，也会影响工件的几何形状精度，如车削长轴外圆，或在立式车床上车削大型平面。

一般情况下，在合理选择切削用量或刀具的几何角度、并给予充分冷却和润滑时，刀具的热变形对加工精度的影响并不明显。

五、工件内应力

1. 毛坯制造中产生的内应力

在铸、锻、焊及热处理等热加工过程中，由于各部分热胀冷缩不均匀以及金相组织转变时的体积变化，使毛坯内部产生了相当大的内应力。毛坯的结构越复杂、各部分的厚度越不均匀，散热的条件差别越大，毛坯内部产生的内应力也就越大。具有内应力的毛坯在短时间内还显示不出来，内应力暂时处于相对平衡状态。但当切去一层金属后，就打破了这种平衡，内应力重新分布，工件就明显地出现了变形。

图 7-13a 表示一个内外壁厚相差较大的铸件，在浇涛后的冷却过程中产生内应力的情况。当铸件冷却后，由于壁 1 和壁 2 比较薄，散热容易，所以冷却较快；壁 3 较厚，所以冷却较慢。当壁 1 和壁 2 由塑性状态冷却到弹性状态时（约在 620℃），壁 3 的温度还比较高，尚处于塑性状态。所以壁 1 和壁 2 收缩时壁 3 不起阻挡变形的作用，铸件内部不产生应力。但当壁 3 也冷却到弹性状态时，壁 1 和壁 2 的温度已降低很多，收缩速度变得很慢，而这时壁 3 收缩较快，就受到壁 1 和壁 2 的阻碍。因此壁 3 就受到了拉应力。壁 1 和壁 2 受到压应力，形成了互相平衡的状态。如果在该铸件壁 2 上开一个缺口，如图所示，则壁 2 的压应力消失。铸件在壁 3 和壁 1 的作用下，3 收缩，1 伸长，发生弯曲变形，直到内应力重新分布达到新的平衡为止。推广到一般情况，各铸件都难免产生冷却不均匀而产生的内应力。铸件的外表面总比中心部分冷却得快。例如机床床身，为了提高导轨面的耐磨性，常采用局部激冷工艺，使它冷却更快一些，以获得较高的硬度，这样在床身内部所形成的内应力就更大，当粗加工刨去一层金属后，就像图 7-13b 中的铸件壁 2 上的开口一样，引起内应力的重新分布，产生弯曲变形，如图 7-14 所示。由于这个新的平衡过程需要较长的时间才能完成，因此尽管导轨经过精加工去除了这种变形的大部分，但床身内部组织还在继续转变，合格的导轨面渐渐地就失去了原有的精度。

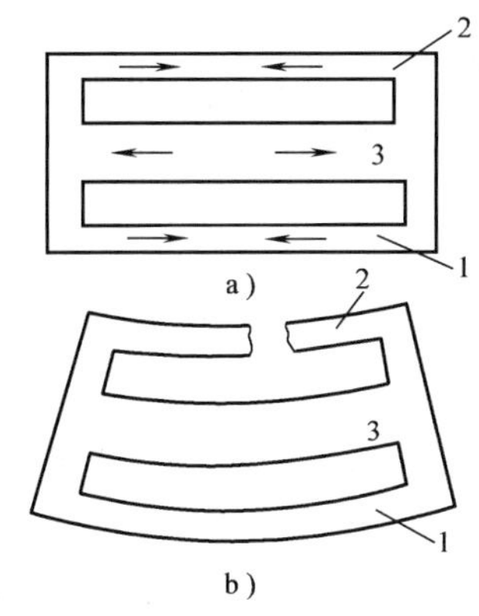

图 7-13　铸件内应力引起的变化

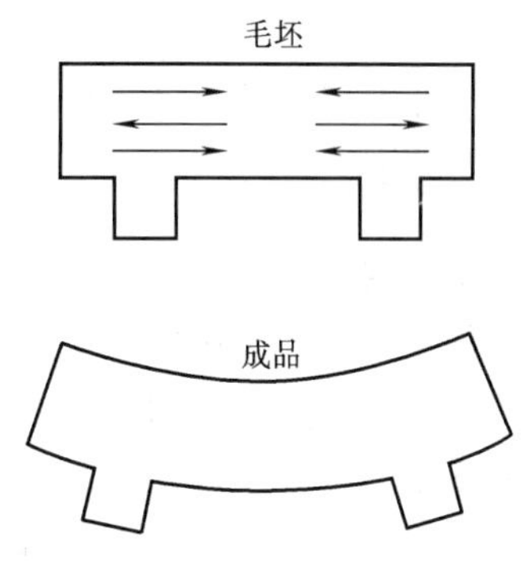

图 7-14　床身内应力引起的变形

2. 冷校直产生的内应力

丝杆一类的细长轴车削后，棒料在轧制中产生的内应力会重新分布，使轴产生弯曲变形。为了纠正这种弯曲变形，常采用冷校直。校直的方法是在弯曲的反方向加外力 F（如图 7-15a 所示），在外力的作用下，工件内部的应力分布如图 7-15b 所示。在轴心线以上产生压应力（用负号表示），在轴心线以下产生拉应力（用正号表示）。在轴线和两条虚线之间，是弹性变形区域，在虚线以外是塑性变形区域。当外力 F 去除后，外层的塑性变形部分阻止内部弹性变形的恢复，使内应力重新分布，如图 7-15c 所示。所以说，冷校直虽减少了弯曲，但工件仍处于不稳定状态，如再次加工，又将产生新的弯曲变形。因此高精度丝杆的加工，不允许校直，而是用多次人工时效来消除内应力。

3. 切削（磨削）加工产生的内应力

切削（磨削）加工过程中，形成的力和热，可使被加工表面产生热塑性变形、冷塑性变形和金相组织发生变化，因而被加工工件的表面层便产生了内应力，进而影响工件的形状和尺寸精度。

4. 减少或消除内应力的方法

在零件的结构设计中，应尽量减少零件各部分厚度尺寸间的差异，以减少铸、锻件毛坯在制造过程中产生的内应力。

为消除工件的内应力，应根据工件的精度要求，采用不同数量的消除内应力的专门工序，通常采用自然时效处理、人工时效处理和振动时效处理。

合理安排工艺过程也是消除和减少工件内应力的一种有效措施。例如粗精加工在不同的工序中进行，使粗加工后的工件有一定的时间让残余应力重新分布，以减少对加工精度的影响。对于精密零件，在加工过程中不允许进行冷校直等方法。

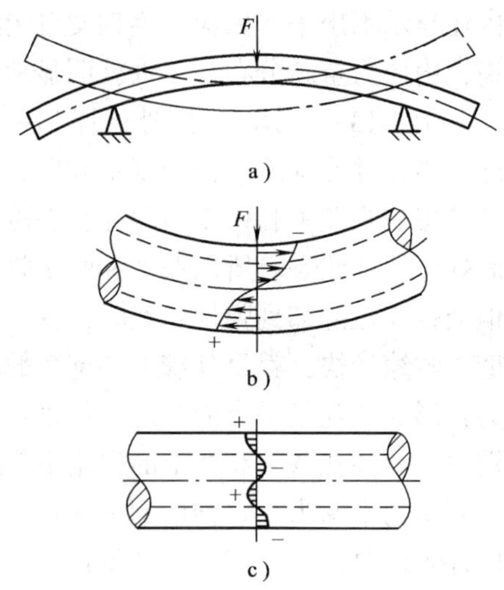

图 7-15 冷校直引起的内应力

第三节 保证和提高加工精度的途径

提高零件加工精度的最终目标是保证产品的精度和质量，因此，从毛坯制造到产品装配的整个生产过程中，都应当注意提高精度问题。提高零件加工精度的方法和途径主要有以下几种：

1. 减少误差法

这种方法是生产中应用较广的一种基本方法，它是在查明产生加工误差的主要原因后，设法对其进行直接消除或减弱。

例如细长轴的车削，现在采用了“大走刀反向切削法”，基本上消除了轴向切削力引起的弯曲变形，若辅之以弹簧顶尖，可进一步消除热变形引起的热伸长的危害。

2. 误差补偿法

误差补偿法是人为地造成一种新的误差，去抵消原来工艺系统中固有的原始误差。当原始误差是负值时，人为误差取正值，反之取负值，尽量使两者大小相等方向相反。或者利用一种原始误差去抵消另一种原始误差，同样要尽量使两者大小相等，方向相反，从而达到减少加工误差，提高加工精度的目的。如在精加工磨床床身导轨时采用预加载荷法，借以补偿装配后受部件自重而产生的变形。磨床床身是一个狭长结构，刚度比较差。虽然在加工时，床身导轨的三项精度都能达到要求，但在装上横向进给机构、操纵箱等部件后，导轨精度往往超差。这是因为这些部件的自重引起床身变形的缘故。为此可以考虑在加工床身导轨时采用“配重”法代替部件重量，或者将相关部件装配好后再加工的方法，如图 7-16 所示，使加工、装配和使用条件一致，就可以使导轨长期保持较高的加工精度。

3. 误差分组法

成批生产条件下，对于配合精度要求很高的配偶件，当不可能用提高加工精度办法来经济地合理地获得时，则可以利用误差分组法，事先将互配零件测量分组，装配时按对应级进行装配，以达到很高的配合精度。

4. "就地加工"法

在加工和装配中，有些精度问题牵涉到零、部件间的相互关系，相当复杂，如果一味地强调零、部件本身的精度，有时不仅困难甚至不可行。若采用"就地加工"的方法，就可能很快地解决看起来非常困难的精度问题。如六角车床制造中，转塔上六个安装刀架的大孔，其轴心线必须保持和主轴旋转中心线的重合，而六个面又必须和主轴中心线垂直。如果将转塔作为单独零件，加工出这些表面后再装配，要想达到上述两项要求是十分困难的，因为其中包含了很复杂的尺寸链关系，在实际生产中多采用"就地加工"法。

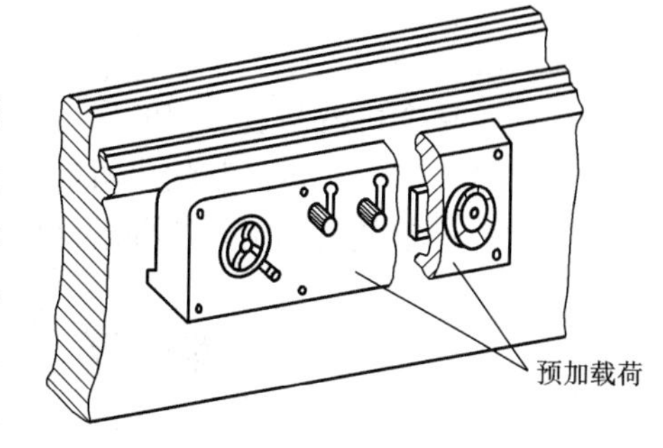

图 7-16　磨床床身导轨加工时预加载荷

5. 误差平均法

对配合精度要求很高的轴和孔，常采用研磨方法，研具本身并不要求具有高精度，但它却能在和工件作相对运动中对工件进行微量切削，最终达到很高的精度。这种表面间相对研磨和磨损的过程，也就是误差相互比较和相互消除的过程，因此称为"误差平均法"。

思考与练习题

7-1　何谓加工精度、加工误差？获得加工精度的方法有哪些？

7-2　什么叫加工原理误差？它包括哪些内容？

7-3　什么叫主轴回转误差？它可分解成哪三种基本形式？其产生原因是什么？对加工精度有何影响？采取哪些措施可提高主轴的回转精度？

7-4　工艺系统的几何误差包括哪些？

7-5　工艺系统主要受哪些外力作用？它们将引起哪些加工误差？何谓"复映误差"？

7-6　工件产生残余应力的主要原因有哪几个方面？为减小残余应力的影响，在工艺方面采取哪些措施？

7-7　产生内应力的因素有哪些？

7-8　提高加工精度的主要措施有哪些？举例说明。

第八章　装配工艺基础

装配是整个机械制造过程的后期工作。各种零部件只有经过合理的装配，才能形成符合要求的产品。如何从零件装配成机器，零件精度和产品精度的关系，以及达到装配精度的方法和手段等，都是装配工艺所要解决的问题。

第一节　装配工作的基本内容

一、装配的概念

零件是构成机器（或产品）的最小单元，将若干个零件结合在一起，成为机器的某一部分，称为部件，把零件装配成部件的过程称为部装。把零件和部件装配成最终产品的过程称为总装。

装配时（无论是部装还是总装）必须要有基准零件或基准部件，其作用是连接需要装在一起的零件或部件，并决定这些零部件的正确位置。

二、装配工作的基本内容

1. 清洗

为了去除零件表面或部件中的油污及机械杂质，保证产品的质量和延长使用寿命，装配前要进行零、部件的清洗。常用的方法有擦洗、浸洗、喷洗和超声波清洗等，常用的清洗液有煤油、汽油、碱液及各种化学清洗液等。

2. 联接

将两个或两个以上的零件结合在一起的工作称为联接，联接的方式一般有两种：可拆卸联接和不可拆卸联接。

可拆卸联接是指相互联结的零件拆卸时不受任何损坏，而且拆卸后能够重新装配。常见的有螺纹联接、键联接、销钉联接等。

不可拆卸联接是指相互联接的零件在使用过程中不可拆卸，若要拆卸则会损坏某些零件。常见的有焊接、铆接和过盈联接等。过盈联接大多应用于轴、孔的配合，可使用压入法、热胀法和冷缩配合法实现。

3. 校正、调整与配作

在产品装配过程中，特别是在单件小批生产条件下，为了保证装配精度，常需进行一些校正、调整和配作工作，这是因为完全靠零件精度来保证装配精度往往是不经济的，有时甚至是不可能的。

校正是指产品中相关零、部件相互位置的找正、找平，并通过各种调整方法达到装配精度。

调整是指调节相关零部件的相互位置，除配合校正所作的调整外，还有各运动副间隙，如轴承间隙、导轨间隙、齿轮齿条间隙的调整等。

配作是指配钻、配铰、配刮和配磨等在装配过程中所附加的一些钳工和机械加工工作，如联接两零件的销钉孔，就必须待两零件的相互位置找正后再一起钻销钉孔，然后打入定位销钉，这样才能确保其相互位置准确。

配刮是指将配合面涂上红丹油，然后使运动副作相对运动，根据配合表面的接触情况将高点刮去，如此反复，直至达到要求。配刮可提高两结合面之间的接触精度和运动副的运动精度，有利于润滑油的储存，提高零件的耐磨性。因此在机器的装配和修理中常用到配刮，但生产率低，劳动强度大，应尽量“以刨代刮、以磨代刮”。

必须指出，配作是在校正、调整的基础上进行的，只有经过认真的校正调整后才能进行配作。调整、校正、配作虽有利于保证装配精度，但会影响生产率，不利于流水装配作业。

4. 平衡

对于转速高、运转平稳性要求较高的机器，为了防止使用中出现振动，装配时必须对有关旋转的零件进行平衡，必要时还要对整机进行平衡。

平衡有静平衡和动平衡两种方法。对于直径较大、长度较小的零件（如带轮和飞轮），一般只需进行静平衡；对于长度较大的零件（如电动机转子和机床主轴），则需进行动平衡。不平衡的质量可用以下方法实现平衡：

（1）加重法　用补焊、铆接、胶接或螺纹联接等方法加配质量。

（2）减重法　用钻、锉、铣、磨等加工方法去除部分质量。

（3）调节法　在预制的槽内改变平衡块的位置和数量（如砂轮的静平衡）。

5. 验收试验

机械产品装配完成后应根据其质量验收标准进行全面的验收试验，各项验收指标合格后才可涂装、包装、出厂。各类机械产品不同，其验收技术标准也不同，验收试验的方法也就不同。

第二节　装配的组织形式

装配工作组织得好坏对装配效率的高低、装配周期的长短均有很大影响，应根据产品结构特点、装配要求、批量大小等因素合理确定装配的组织形式。就装配的组织形式而言，有固定式装配和移动式装配两类。

一、固定式装配

固定式装配是将产品或部件的全部装配工作安排在一固定的工作地上进行装配，装配过程中产品位置不变，装配所需的零、部件都汇集在工作地附近。

1. 集中装配

部装和总装均由一个工人或一组工人在一个工作地点上完成。此类装配对工人技术水平要求高，装配周期长，适于装配精度较高的单件小批量产品或新产品试制。

2. 分散装配

即把产品分为部装和总装，分配给个人或各小组以平行作业方式完成。此类装配工人密度大、生产周期短、效率高，多用于成批生产或较复杂的大型机器的装配。

固定式装配的特点是产品装配周期长，占用生产面积大，要求工人技术水平较高，固定式装配适用于中小批以下生产，以及装配时不便移动的大型产品或装配时移动会影响装配精度的产品。

二、移动式装配

移动式装配是将产品或部件置于装配线上，通过连续或间歇的移动使其顺次经过各装配工作地以完成全部装配工作的一种组织形式。

1. 自由移动装配

装配时产品以自由节奏、间歇移动进行装配。适于修配、调整量较多的装配。

2. 强制移动装配

装配时产品以一定的速度连续移动进行装配。每道工序都必须在规定的时间内完成，否则整个装配工作将无法正常进行，如汽车自动装配线等。

移动式装配的特点是较细地划分装配工序，广泛采用专用设备及工装，生产效率高，对工人技术水平要求较低，工人劳动强度大，适于大批量生产。

第三节　装 配 精 度

一、装配精度的概念

装配精度是指机械产品装配后的实际几何参数、工作性能与理想几何参数、工作性能的符合程度。产品的装配精度一般包括：零部件间的距离精度、相互位置精度、相对运动精度和接触精度。

1. 零部件间的距离精度

距离精度指相关零部件间的距离尺寸精度。如卧式车床主轴和尾座两顶尖中心的等高度、钻模夹具中钻套孔中心到定位元件工作面的距离尺寸等属此精度。此外，距离精度还包括配合面间的间隙或过盈量、运动副的间隙要求等。

2. 零部件间的相对运动精度

相对运动精度是指产品中有相对运动的零部件间在运动方向和相对速度上的精度。运动方向上的精度主要是相对运动部件之间的平行、垂直等，如床鞍移动对车床主轴轴线的平行度等；相对速度上的精度是指内联系传动链的传动精度，如车螺纹时主轴和刀架的相对运动精度等。

3. 零部件间的相互位置精度

相互位置精度是指相关零部件间的平行度、垂直度、同轴度及各种跳动等。如卧式车床主轴轴线对床身导轨的平行度等，就属于相互位置精度。

4. 接触精度

接触精度是指相互配合表面、接触表面间接触面积的大小和接触点的分布情况。如齿轮啮合、锥体配合及导轨之间的接触精度要求等。

二、装配精度与零件精度间的关系

机器及其部件是由零件组成，装配精度与相关零、部件制造误差的积累有关。显然装配精度取决于零件，特别是关键零件的加工精度。例如普通车床尾座移动对床鞍移动的平行度，就主要取决床身导轨 A 与 B 的平行度，如图 8-1 所示；又如车床主轴锥孔轴心线和尾座套筒锥孔轴心线对溜板移动的等高度 A_0，即取决于主轴箱、尾座及底板的 A_1、A_2、A_3 的尺寸精度，如图 8-2 所示。

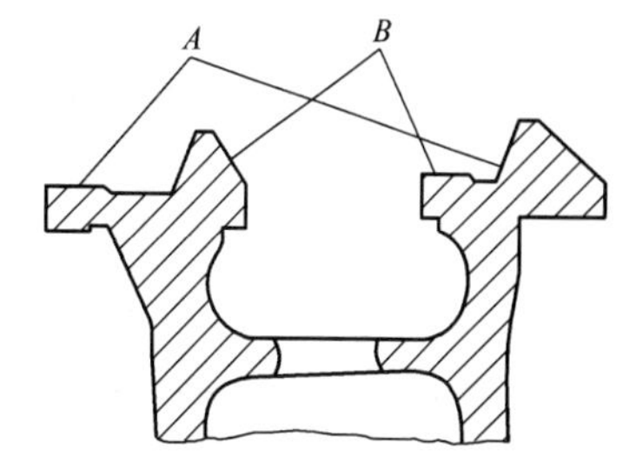

图 8-1 床身导轨简图

A—床鞍移动导轨 B—尾座移动导轨

另一方面，装配精度又取决于装配方法，在单件小批生产及装配精度要求较高时装配方法尤为重要。例如图 8-2 中所示的等高度的要求很高，若靠提高尺寸 A_1、A_2 及 A_3 的精度来保证是不经济的，甚至在技术上也是很困难的。比较合理的方法是装配中通过检测，对某个零件进行适当的修配来保证装配精度。

综上所述，机械产品的装配精度不但取决于零件的精度，而且取决于装配方法。零件精度是保证装配精度的基础，但有了合格的零件，若装配方法不当也不能装配出合格的机械产品，反之当零件制造精度不高时，若采用恰当的装配方法，也可能装配出较高装配精度的产品。所以，为保证机械产品的装配精度，应从产品结构、机械加工及装配等方面进行综合考虑，选择适当的装配方案并合理地确定零件的加工精度。

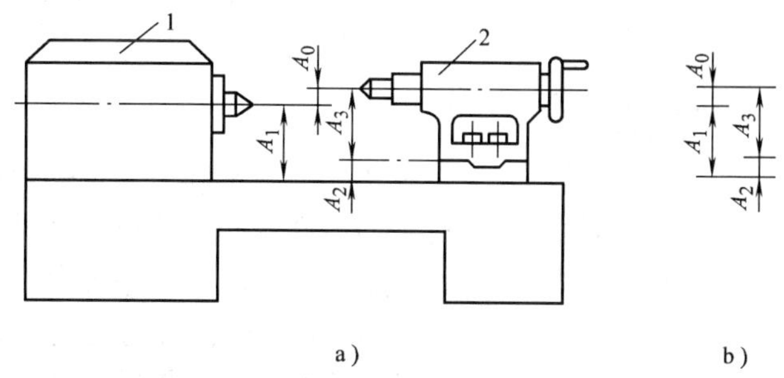

图 8-2 主轴箱主轴中心与尾座套筒中心等高示意图

1—主轴箱 2—尾座

第四节 装配尺寸链

一、装配尺寸链

在产品或部件的装配关系中，由相关零件的有关尺寸或相互位置关系组成的尺寸链，称为装配尺寸链。如图 8-3 所示，孔轴配合关系中，孔径、轴径和配合间隙三者就构成了一条装配尺寸链。

装配尺寸链可分为三种：

1. 线性尺寸链

由相互平行的长度尺寸组成的尺寸链，所涉及的问题一般是距离尺寸的精度问题，如图 8-3 所示。

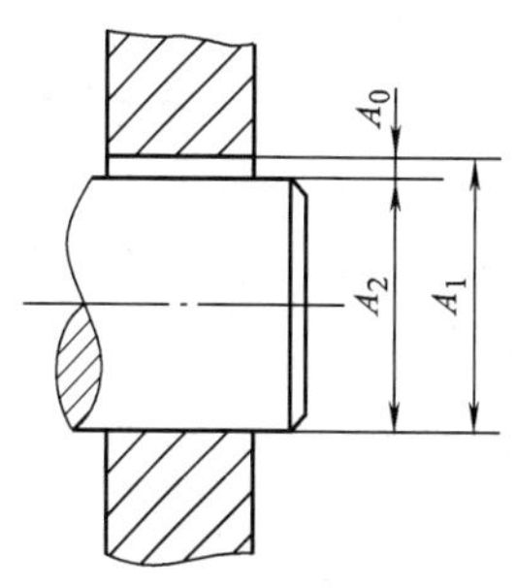

图 8-3 孔和轴的配合尺寸链

2. 角度尺寸链

由角度（含平行度、垂直度）尺寸组成的尺寸链，如图 8-4 所示。

3. 平面尺寸链

由处于同一平面或相互平行的平面内，成一定角度关系的长度尺寸组成的尺寸链。

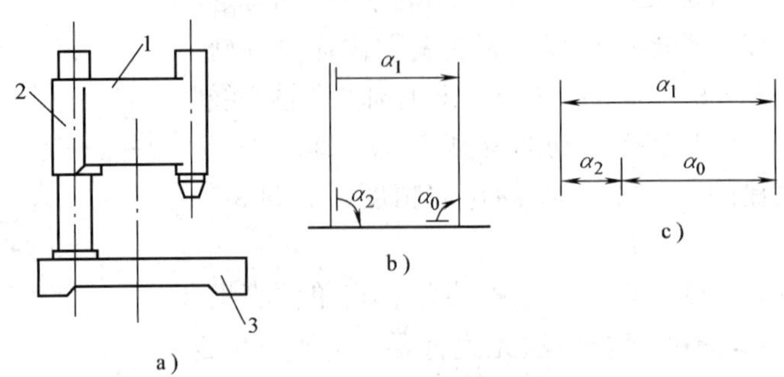

图 8-4 台式钻床和角度尺寸链

a）结构图 b）角度尺寸链 c）转化后的尺寸链

1—主轴箱 2—立柱 3—工作台

二、装配尺寸链的建立

装配尺寸链的建立是在装配图的基础上，根据装配精度要求，找出与该项精度有关的零件及相应的有关尺寸，并画出尺寸链图。如图 8-5 所示是一个传动箱的一部分，齿轮轴在两个滑动轴承中转动，因此两个轴承的端面处应留有间隙。为了保证获得规定的轴向间隙，在齿轮轴上装有一个垫圈，这是一个线性装配尺寸链，它的建立一般可按下列步骤进行。

1. 判断封闭环

装配精度即封闭环。为了正确地判断封闭环，必须明确设计人员对整机及部件所提出的装配技术要求，图中轴向间隙是装配精度要求的项目（是由其他零件尺寸来决定的），即为封闭环（A_0）。

2. 确定组成环

装配尺寸链的组成环是对机械或部件装配精度有直接影响的环节。一般查找方法是取封闭环两端为起点，沿着相邻零件由近及远地查找与封闭环有关的零件，直至找到同一个基准零件或同一个基准表面为止。这样，所有相关零件上直接影响封闭大小的尺寸或位置关系，便是装配尺寸链的全部组成环，并且整个尺寸链系统要正确封闭。如图 8-5a 所示的传动箱中，沿间隙 A_0 的两端可以找到相关的六个零件，影响封闭环大小的相关尺寸为 A_1、A_2、A_3、A_4、A_5 和 A_6。

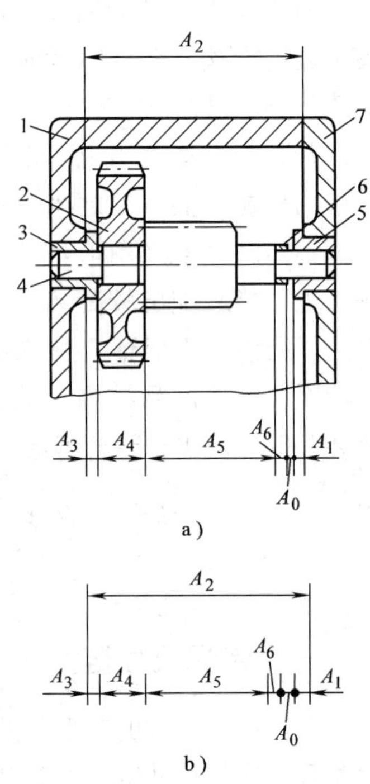

图 8-5 传动轴轴向装配尺寸链的建立

a）结构简图 b）尺寸链图

1—传动箱体 2—大齿轮 3—左轴承 4—齿轮轴 5—右轴承 6—垫圈 7—箱盖

3. 画出尺寸链图

图 8-5b 所示即为尺寸链图，从中可清楚地判断出增环和减环，便于进行求解。

建立装配尺寸链时，应遵守组成环数最少的原则，这样可使封闭环公差一定时，分配到各有关组成环的公差值大些，便于加工和降低成本。

三、装配尺寸链的计算

装配尺寸链计算方法有两种：极值法和概率法。

1. 极值法

极值法是在各组成环误差处于极值的情况下，确定封闭环与组成环关系的一种计算方法。其特点是简单可靠，但在封闭环公差较小且组成环数较多时，各组成环的公差将会更小，使加工困难，制造成本增加，此处不再讲述。

2. 概率法

当装配精度高，组成环的数目较多，生产批量较大时，应按概率论的原理来计算尺寸链，即概率法。

（1）计算公式　由概率论可知，若各组成环尺寸符合正态分布，则装配后形成的封闭环也符合正态分布。在各环均是正态分布的前提下，则有：

1）封闭环的公差等于各组成环公差的平方和的平方根，即

$$T_0 = \sqrt{\sum_{i=1}^{m} T_i^2} \tag{8-1}$$

式中　m——组成环的环数；

T_0——封闭环的公差；

T_i——组成环的公差。

若各组成环公差相等，均等于平均公差 T_m，则

$$T_m = \frac{T_0}{\sqrt{m}} = \frac{\sqrt{m}}{m} T_0 \tag{8-2}$$

由此可知，各组成环的公差比极值法放大了$\sqrt{m}$倍。m 值越大，T_m 越大。可见，概率法适用于环数较多的尺寸链。

2）封闭环的平均偏差为：

$$\Delta A_0 = \sum_{i=1}^{n} \Delta \overrightarrow{A}_i - \sum_{i=n+1}^{m} \Delta \overleftarrow{A}_i \tag{8-3}$$

式中　ΔA_0—— 封闭环的公差；

$\Delta \overrightarrow{A}_i$—— 增环的公差；

$\Delta \overleftarrow{A}_i$—— 减环的公差；

n—— 增环的环数。

3）封闭环的上下偏差为：

$$ES_0 = \Delta A_0 + \frac{T_0}{2} \tag{8-4}$$

$$EI_0 = \Delta A_0 - \frac{T_0}{2} \tag{8-5}$$

（2）计算方法　下面举例说明其计算方法和步骤。

例 8-1　用概率法求解图 8-6a 所示尺寸链中封闭环的尺寸、公差及上下偏差。已知 $A_1 = 60^{+0.2}_{0}$mm，$A_2 = 57^{0}_{-0.2}$mm，$A_3 = 3^{0}_{-0.1}$mm，各组成环均呈正态分布且分布中心与公差带中心重合。

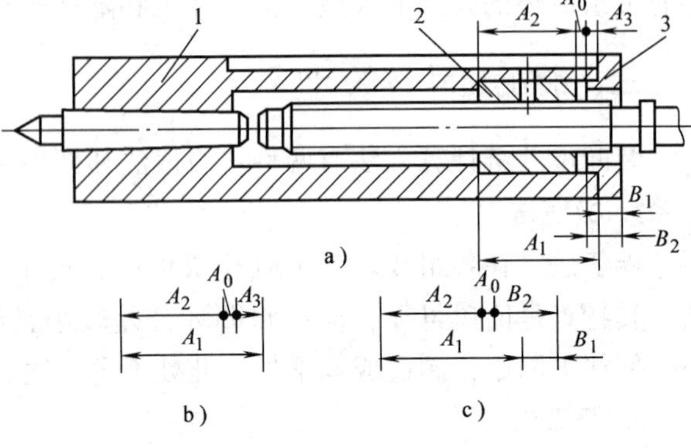

图 8-6　车床尾座顶尖套装配图

1—锥套筒　2—螺母　3—后盖

解　（1）画尺寸链图（如图 8-6b 所示）

其中，A_0 为封闭环，A_1 为增环，A_2、A_3 为减环。

（2）计算封闭环尺寸

$A_0 = A_1 - A_2 - A_3 = (60 - 57 - 3)\text{mm} = 0\text{mm}$

（3）封闭环公差

$$T_0 = \sqrt{\sum_{i=1}^{m} T_i^2} = \sqrt{0.2^2 + 0.2^2 + 0.1^2}\text{mm} = 0.3\text{mm}$$

（4）封闭环平均偏差

$$\Delta A_0 = \Delta A_1 - (\Delta A_2 + \Delta A_3) = [0.1 - (-0.1 - 0.05)]\text{mm} = 0.25\text{mm}$$

（5）封闭环上下偏差

$$ES_0 = \Delta A_0 + \frac{T_0}{2} = \left(0.25 + \frac{0.3}{2}\right)\text{mm} = 0.40\text{mm}$$

$$EI_0 = \Delta A_0 - \frac{T_0}{2} = \left(0.25 - \frac{0.3}{2}\right)\text{mm} = 0.10\text{mm}$$

（6）封闭环尺寸

$$A_0 = 0^{+0.40}_{+0.10}\text{ mm}$$

概率法解尺寸链可将组成环的平均公差扩大 $\sqrt{m}$ 倍，且 m 值越大，平均公差越大，因而有利于降低零件的加工成本。概率法只能保证 99.73% 的产品合格率，这就是说在装配后有 0.27% 产品不合格，但这样做在生产中是比较经济的。

第五节　装配方法及其选择

一、装配方法

在生产中能确保装配精度的方法有互换法、选配法、修配法和调整法。

1. 互换法

互换法即零件具有互换性，装配时各相关零件不用经过任何选择、调整和选配，装上后就能达到装配精度要求。零件磨损或损坏后，再买一个新的同类零件更换即可正常使用。实质上是直接靠零件的制造质量来保证装配精度。根据装配尺寸链的计算方法不同，互换法又分为完全互换法和不完全互换法。

(1) 完全互换法　用极值法解尺寸链确定各相关零件尺寸公差和偏差，就能保证每个零件装上后达到装配精度要求，称为完全互换法。其特点为，装配过程简单，生产率高，易于组织流水作业及自动化装配，也便于企业间的协作和用户维修。但对零件的加工精度要求高，提高了加工成本。当组成环较多时，零件难以按经济精度加工。此方法适于“高精度、少环数或低精度、多环数尺寸链的”大批量生产中。

(2) 不完全互换法　用概率法解尺寸链确定各相关零件的尺寸公差和偏差，就能保证绝大部分零件装上后达到装配精度要求，只有 0.27% 的可能出现不合格的情况，称为不完全互换法。此方法使零件加工容易，降低了成本，特别适用于装配节拍不严格的大批量生产中。

2. 选配法

当装配精度很高，用互换法装配无法满足要求时，即组成环的公差很小难于加工，可用选配法。该方法将组成环的公差放大到经济可行的程度，然后选择合适的零件进行装配，以保证规定的装配精度要求。

(1) 直接选配法　由工人凭经验从待装配的零件中选择合适的零件进行装配的方法。该方法的优点是简单，装配不事先分组，装配质量取决于工人的技术水平，但装配效率低，装配时间不固定，不宜用于节拍要求较严的大批量生产。

(2) 分组选配法　分组选配法又称分组互换法，即将组成环的公差放大 n 倍，然后将加工后的零件按实测尺寸大小分成 n 组，按对应组进行装配，以达到装配精度要求。

例如图 8-7 所示活塞销与活塞的装配关系，配合要求过盈量为 0.0025 ~ 0.0075mm，与此相应的配合公差仅为 0.005mm。若用极值法计算，公差制造是很不经济的。实际生产中

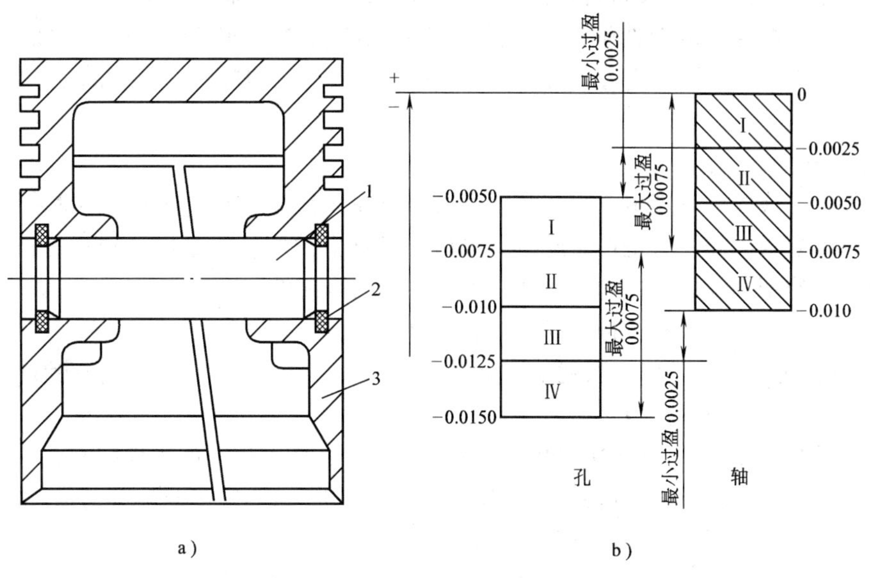

图 8-7　活塞与活塞销的装配

1—活塞销　2—挡圈　3—活塞

将轴、孔的公差放大4倍（$D=\phi28_{-0.015}^{-0.005}$mm，$d=\phi28_{-0.01}^{0}$mm），这样可用无心磨床磨外圆、金刚镗床镗孔等高效方法。加工后用精密仪器测量、分组并涂以不同的颜色便于装配，详见表8-1。

表8-1 活塞销与活塞销孔直径分组尺寸 （单位：mm）

组　别	标志颜色	活塞销直径 d $\phi28_{-0.01}^{0}$	活塞销孔直径 D $\phi28_{-0.015}^{-0.005}$	配合情况	
				最小过盈	最大过盈
Ⅰ	红	$\phi28_{-0.0025}^{0}$	$\phi28_{-0.0075}^{-0.0050}$	0.0025	0.0075
Ⅱ	白	$\phi28_{-0.0050}^{-0.0025}$	$\phi28_{-0.0100}^{-0.0075}$		
Ⅲ	黄	$\phi28_{-0.0075}^{-0.0050}$	$\phi28_{-0.0125}^{-0.0100}$		
Ⅳ	绿	$\phi28_{-0.0100}^{-0.0075}$	$\phi28_{-0.0150}^{-0.0125}$		

采用分组选配法，需要具备以下几点：

1）配合件的公差应相等，公差增大的方向应相同，放大的倍数就是分组数。

2）只能放大尺寸公差，形位公差和表面粗糙度值不能一同放大。

3）分组数不宜太多，一般分3～5组即可，否则会增加测量、分组、储运工作量，不便于管理。

4）分组后各组内相配合零件的数量要相等，形成配套，否则会出现某些尺寸零件的积压浪费现象。

分组选配法虽然增加了测量、分组的工作量，但降低了零件的加工精度要求，从而降低了成本。适用于大批量生产的高精度、少环尺寸链，多用于孔轴配合的情况。

（3）复合选配法　复合选配法是上述两种方法的结合，即零件先分组，然后在组内选配。这样配合件的公差可以不等，装配质量较高，装配速度也较快，也能满足一定的节拍要求。

3. 修配法

在单件生产或成批生产中，当装配精度要求较高而且组成零件较多时，常采用修配法来保证装配精度要求。修配法是在装配时修去指定零件上预留修配量以达到装配精度的方法。在装配中，被修配的组成环称为修配环，其零件称为修配件。

（1）修配方法　主要有三种形式。

1）单件修配法　单件修配法就是选定某一个固定的零件作为修配件，在装配过程中进行修配，以保证装配精度。

2）合并加工修配法　合并加工修配法就是将两个或两个以上的零件装配在一起，之后，再进行合并的一种修配方式。这样，可以减少积累误差，从而减少修配劳动量。但该方法由于零件要对号入座，不便于生产管理，因此多用于单件小批生产中。

3）自身加工修配法　自身加工修配法就是利用机床自身的加工能力“自己加工自己”的方法来达到装配精度。例如牛头刨床总装时，用自刨工作台面来达到滑枕运动方向对工作台面的平行度要求。

修配法在生产中广泛应用，主要用于成批或单件生产、装配精度要求高的情况下。

(2) 修配环选择　修配环选择一般应满足下列要求：

1) 修配零件应便于装卸，形状应简单。

2) 欲留修配余量的表面应易于加工。

3) 修配零件不应选影响两项或两项以上装配精度的零件。

4. 调整法

调整法是在装配时改变产品中可调件的相对位置或选用合适的调整件以达到装配精度的方法，常见的调整法有三种。

(1) 可动调整法　可动调整法就是通过移动、转动或移动转动同时进行，使零件的位置发生改变，从而达到装配精度要求的方法。此方法调整时，不需要拆卸零件，比较方便，可获得较高的装配精度，而且可以通过调整件来补偿由于磨损、热变形所引起的误差，使设备恢复原有精度，所以应用十分广泛，例如CA6140普通车床主轴前轴承的调整使用了此方法。

(2) 固定调整法　固定调整法是在装配前，选择某一个零件作为调整件，这个调整件在某一长度上具有多种不同的尺寸，装配时根据各相配零件形成的尺寸积累误差，来确定采用哪一个尺寸的调整件进行装配，才能保证装配精度的要求。常用的调节件有垫圈、垫片、轴套等。在产量大、装配精度要求高的生产中，固定调整件可以用各种不同厚度的金属薄片(0.01mm、0.02mm、0.05mm、0.10mm等)，和一定厚度的垫片(1mm、2mm、5mm、10mm等)，这样就可组成需要的各种不同的尺寸，使装配调整更方便。该方法在汽车、拖拉机生产中广泛应用。

(3) 误差抵消调整法　误差抵消调整法就是在产品或部件装配时，通过调整有关零件的相互位置，使其加工误差相互抵消一部分，以提高装配的精度。如安装车床主轴时，可先分别确定主轴前、后轴承引起主轴前端定位面的径向跳动大小和方向，然后调整轴承安装方向，使各自产生的径向跳动方向相反而抵消一部分，从而控制主轴的径向跳动。

二、装配方法的选择

上述各种方法各有优缺点，选择哪一种要看产品的结构特点、装配精度要求和生产纲领等具体情况而定，选择装配方法的一般原则是：

(1) 组成环的加工精度可行时，优先考虑完全互换法。

(2) 产量大、组成环数多时，采用不完全互换法。

(3) 装配精度要求较高、成批大量生产、组成环数较少时，采用分组选配法、复合选配法；组成环数较多时，采用调整法。

(4) 装配精度要求较高，单件、中小批量生产时，采用修配法、可动调整法和误差抵消调整法。

第六节　典型部件装配

一、螺纹联接

螺纹联接装配时应满足如下要求：

1）螺栓杆部不产生弯曲变形，头部、螺母底部应与被联结件接触良好。

2）被联接件应均匀受压，互相紧密结合，联接牢固。

3）在多点螺纹联接中，应按一定的顺序逐次（一般为2~3次）拧紧螺母，如图8-8所示，若有定位销，拧紧要从定位销附近开始。

螺纹联接可分为一般紧固螺纹联接和规定预紧力的螺纹联接，控制螺纹的预紧力可采用定力矩扳手。

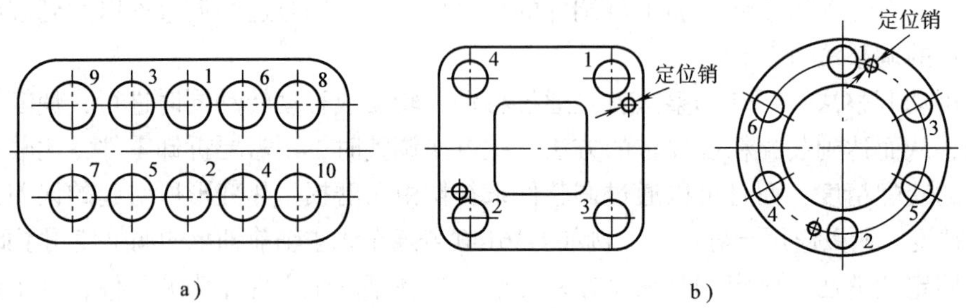

图8-8 螺母拧紧顺序示例

二、过盈联接

过盈联接是利用相互配合的零件间的过盈量来实现联接的，一般属于不可拆卸的固定联接，近年来由于液压套合理的应用，其可拆性日益增加。主要有以下三种装配方法：

(1) 压入配合法　通常采用冲击压入，即用手锤或重物冲击；工具压入，即用螺旋式、杠杆式或气动式工具压入；压力机压入，即采用螺旋式、杠杆式或液压式压力机压入。

(2) 热胀配合法　通常采用火焰、介质、电阻或感应等加热方法将包容件加热再自由套入被包容件。

(3) 冷缩配合法　通常采用干冰、低温箱、液氮等冷缩方法将被包容件冷缩再自由装入包容件中。

(4) 液压套装　液压套装是利用高压油使包容件胀大并将被包容件压入的方法。此法适用于过盈量较大的大中型零件联接，具有可拆性。

三、轴承装配

1. 滑动轴承装配

滑动轴承按结构可分为整体式（如图8-9所示）和剖分式（如图8-10所示）两种。

(1) 整体式滑动轴承的装配　整个装配过程包括压入轴套、固定轴套和修整轴套孔。

1）压入轴套时，应根据轴套的尺寸和过盈量的大小，按过盈配合装配法进行。压入时，必须加油润滑，以免轴套外圈拉毛或咬死，并使轴套上的油孔与基体上的油孔对准。

2）为了防止压入后的轴套发生转动，常用紧定螺钉（如图8-11a、图8-11b所示）和销（如图8-11c所示）等将轴套固定。

3）轴套压入后可能产生变形，另外工作表面可能局部损坏，因而必须对轴套内孔的形状和尺寸进行修整，使它与轴颈配合时获得正确的间隙。一般常采用铰削、刮削等方法进行修整。

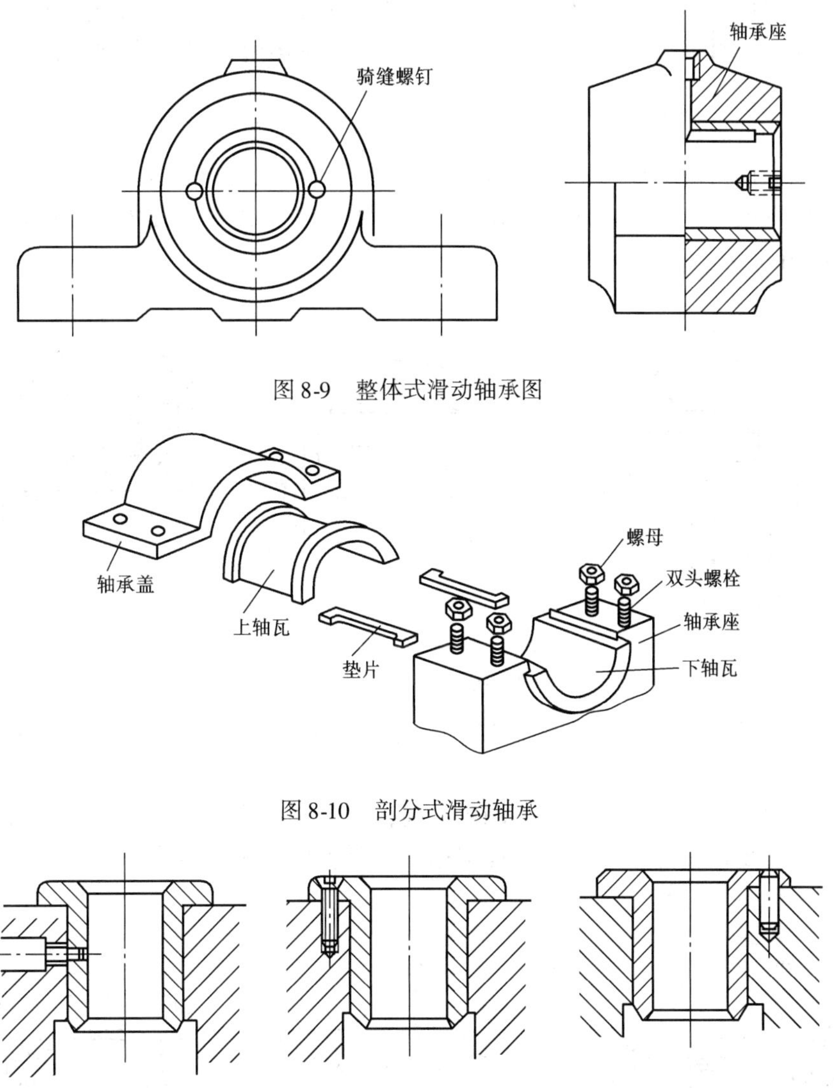

图 8-9　整体式滑动轴承图

图 8-10　剖分式滑动轴承

图 8-11　轴套定位方式

（2）剖分式滑动轴承的装配

整个过程包括将轴瓦装入轴承座（盖）内，固定轴瓦和修刮轴瓦。

1）轴瓦装入轴承座（盖）之前要做好清理和洗涤工作。安装时，使轴瓦和轴承盖上油孔位置对准；在轴瓦的两个平面上垫有软垫铁的情况下，确保轴瓦外表面与轴承座的相应表面紧密配合。

2）为防止轴瓦在轴承座中转动或移动，常采用定位销或轴瓦上的凸台固定轴瓦。

3）刮削轴瓦孔，剖分式轴瓦一般都用与其相配的轴研点，通常先刮下瓦再刮上瓦。

4）清洗轴瓦，重新装入。

2. 滚动轴承的装配

滚动轴承的装配方法主要取决于轴承结构、尺寸及相配件的配合性质，装配时的应力应直接作用在待配合的套圈上，绝不允许轴承的滚子传递压力；轴承标记应装在可见部位，便于更换；装配时应注意零件的清洗及清洁，装配后应运转灵活，无噪声，工作温度小于50℃。

（1）圆柱孔轴承装配

1）当轴承与轴的配合较紧而与座孔的配合较松时，应先将轴承装在轴上，压装时在轴承端面上垫软钢或铜套，如图 8-12a 所示，然后再装入座孔内；反之应先将轴承压在座孔内，如图 8-12b 所示。

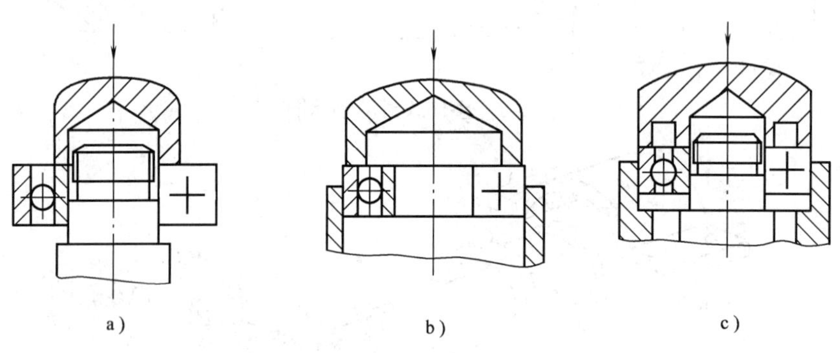

图 8-12 用压力法安装圆柱孔轴承

2）当轴承与轴和座孔均是紧配合时，应同时将轴承压入轴上和座孔中，如图 8-12c 所示。

3）对于圆锥滚子轴承，由于内外圈可分离，可分别将内外圈装在轴和座孔中，然后再调整间隙，如图 8-13 所示。压入方法可根据过盈量的大小来决定是采用锤击法、压力机压入法或温差法等。

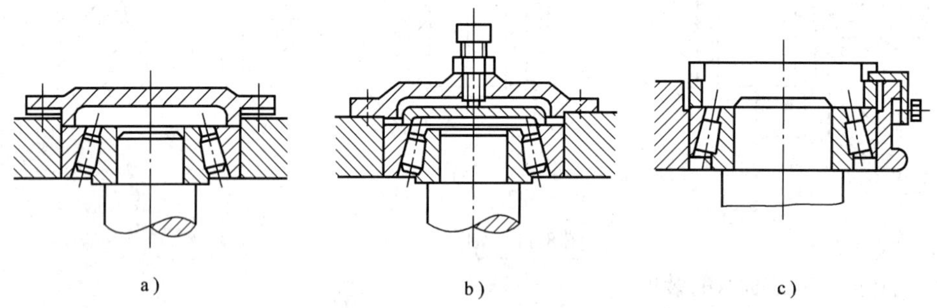

图 8-13 圆锥滚子轴承游隙的调整

（2）圆锥孔轴承的装配

圆锥孔轴承可直接装在有锥度的轴颈上，或装在锥套的锥面上，装配中应注意调整轴承的径向间隙，如图 8-14 所示。

（3）推力球轴承的装配

推力球轴承的装配，关键是区分紧环和松环，松环的内孔比紧环内孔大，紧环与轴一起转动，松环相对静止。如图 8-15 所示，右端轴承的紧环应靠在轴肩上，左端轴承的紧环靠在圆螺母端面上与轴一起转动，否则使滚动体失去作用，加速磨损，轴承的间隙用圆螺母调整。

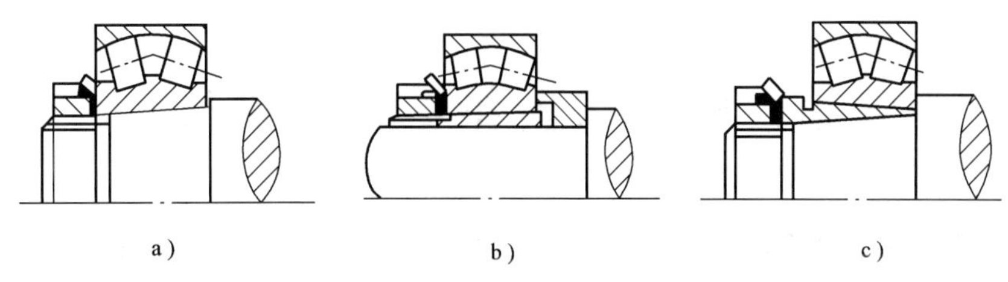

图 8-14　圆锥孔轴承的安装

四、密封件装配

1. 油封装配

油封广泛用于低压润滑系统和旋转密封结构中。安装时注意合理的过盈量，过小会降低密封性能，过大会降低油封使用寿命。安装时要注意以下几点。

(1) 安装时注意唇口方向不能搞错，否则不能形成密封。

(2) 安装时，切忌划伤唇口，当轴上倒角很小或有键槽时，可使用导向套杆，如图 8-16 所示。

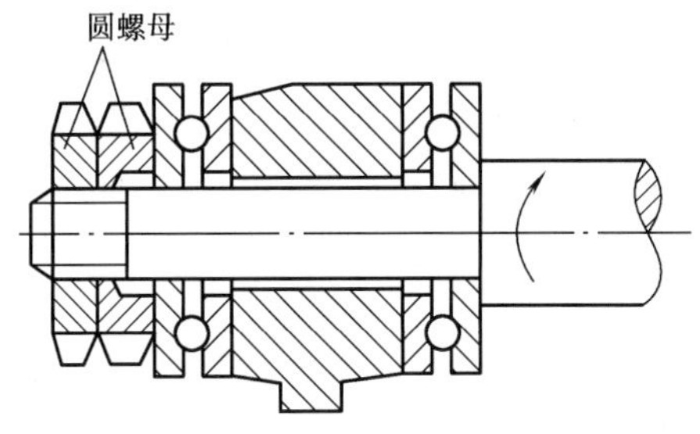

图 8-15　推力球轴承的装配和调整

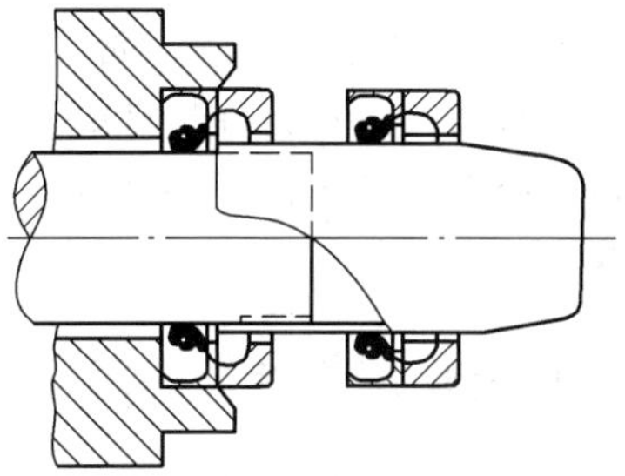

图 8-16　锥形轴套导向

(3) 油封装配定位后，不得随轴转动。

(4) 轴上安装油封处表面粗糙度要小，且此处轴线倾角不应大于 2°。

2. 成形填料密封装配

成形填料密封一般是靠内部的流体压力将填料压向活动的轴和填料室实现密封的，常用的成型填料有唇形型和挤压型，唇形型主要有 U 形环和 V 形环，挤压型主要是 O 形环。

对于唇形填料的装配要注意唇口的方向性，对于 O 型环的装配，要防止划伤。

思考与练习题

8-1　什么叫装配？装配的基本内容有哪些？

8-2　装配的组织形式有哪几种？有何特点？

8-3　何谓装配精度？包括哪些内容？说明装配精度与零件精度的关系。

8-4　生产中确保装配精度的方法有哪几种？采用分组装配法需要具备哪些条件？

8-5　试述选择装配方法的一般原则。

8-6　螺纹联接应注意哪些问题？过盈联接的装配方法有哪几种？

8-7　简述滑动轴承、滚动轴承如何进行装配。

第九章　设备维修工艺基础

设备维修是设备维护和修理两类作业的总称。维护是一种保持设备规定的技术性能的日常活动；修理是一种排除故障恢复设备技术性能的活动。设备维修就是通过对设备进行维护和修理，降低劣化速度，延长使用寿命，保持或恢复设备规定功能而采取的一种技术活动。具体包括日常维护、设备检查、检修和大修理等作业。

第一节　设备使用与维护的任务和工作内容

一、设备使用与维护的任务

加强对机床的保养，首先要合理地使用机床。操作者对所使用的机床，应按“三好”（管理好、使用好、维修好）、“四会”（会使用、会保养、会检查、会排除故障）的要求，使其经常处于“整齐、清洁、润滑、安全”的状态，保证为生产建设提供最优技术装备，保证企业的机器设备经常处于良好的技术状态，并充分发挥其生产能力，不断地搞好设备的技术改造，使企业的生产活动经常建立在最佳物质基础上，提高企业经济效益和促进工业生产现代化。

二、设备使用与维护的工作内容

设备的使用与维护工作包括：制定设备技术状态的完好标准，设备使用基本要求，设备操作维护规程，设备的日常维护与定期维护，设备点检，设备润滑，设备的状态监测和故障诊断，区域维护责任制，开展群众性设备维护竞赛和评比活动，设备故障和事故处理等。

第二节　设备使用与维护的要求、规程及管理制度

一、设备使用维护的基本要求

1. 设备使用前的准备工作

1）设备投入使用前应编制的技术资料：设备操作维护规程、设备润滑卡片、设备日常检查和定期检查卡片。

2）对操作工人进行技术培训，使他们掌握设备的结构性能，使用维护等知识，并明确各自岗位责任。

3）配备必需的检查及维护仪器和工具。

4）全面检查设备安装、调试情况。

2. 对操作工人的教育

（1）技术教育　技术教育包括应知应会教育和安全教育。

应知应会教育内容：包括设备结构、性能，使用维护等方面的技术知识和实际操作，使工人具备“三好”、“四会”的基本要求。

安全教育：操作工人使用设备前，必须经厂部、车间、工段三级安全教育，主要内容包括工厂安全的基本知识，本工种及本设备的安全操作规程，企业的安全管理制度等。

（2）业务管理教育 主要内容包括经济责任制及岗位经济责任制；设备管理的分类；设备使用及维护制度；设备事故管理制度等。

操作工人经过一定程序的教育训练后，要进行理论知识与实践的考核，考核合格获操作证后方可独立使用设备。

3. 设备操作纪律和维护要求

（1）设备操作五项纪律

1）实行定人定机，凭操作证操作设备。

2）经常保持设备整洁，按规定加（换）油。

3）遵守安全操作规程和交接班制度。

4）管好工具和附件，避免损坏和丢失。

5）发现故障应停机检查，自己不能处理的，通知检修人员。

（2）设备维护四项要求

1）整齐。工具、工件、附件放置整齐，设备零件以及安全防护装置齐全，线路管道完整。

2）清洁。设备内外清洁，各滑动面、丝杠、齿轮、齿条无黑油垢，无泄漏，渣物除净。

3）润滑。按时加（换）油，油质符合要求，油壶、油杯、油嘴齐全，油毡、油线清洁齐全，油标明亮，油路畅通。

4）安全。实行定人定机和交接班制度，熟悉设备结构，遵守操作规程；合理使用，精心保养，防止事故。

对于大型、精密设备，还应实行四定：定人使用、定人检修、定操作规程和定维护保养细则，对其使用维护应有更加严格具体的要求。

4. 严格贯彻岗位责任制

设备使用维护的各项工作是岗位责任制的主要组成部分，必须在岗位责任制中得到落实。一般来讲操作工人岗位责任制的内容包括四大部分，即基本职责、应知应会、权利和考核办法。严格贯彻岗位责任制，保证设备使用维护的各项规章制度得以贯彻执行，从而保证设备处于良好的技术状态，为完成生产任务创造条件。

随着企业的发展，不少企业将岗位责任制与企业经济指标及效益挂钩，并落实分解到个人，进行逐项计奖，形成岗位责任制，这样使个人责权利与企业、国家利益紧密结合，增强了企业活力。

二、设备使用维护规程

操作人员认真执行设备使用维护规程，可保证设备正常运行，减少故障，防止事故发生。

1. 设备使用维护规程的编制原则

1）力求内容精炼，重点突出，全面实用。一般应按操作顺序及班前、中、后的注意事项，分条排列。属于“三好”、“四会”的项目不再列入。

2）各类设备具有共性的项目，可统一编制通用规程。

3）一般应按设备型别将设备的主要规范、特点、操作注意事项与维护要求分别列出，便于操作者掌握要点，贯彻执行。

4）重点、高精度、关键设备的使用维护规程，要用醒目的板牌显示在设备旁，并注上重点标记，要求操作者特别注意。

2. 设备操作维护规程内容

1）开动设备前应清理好工作现场，并仔细检查各种手柄位置是否正确、灵活，安全装置是否齐全可靠。

2）开动机床前首先检查油池、油箱中油量是否充足，油路是否畅通，并按润滑图表进行润滑工作。

3）操纵变速器、进给箱及传动机构时，必须按说明书规定顺序和方法进行。

4）有离合器的设备，开动时应将离合器脱开，使电动机轻负荷起动。

5）变速时，各变速手柄必须转换到指定位置。

6）操纵反车时，要先停车再反向，变速时一定要停车变速，以免打伤齿轮及机件。

7）工件必须装夹牢固，以免松动甩出造成事故。

8）已卡紧的工件，不得再行敲打校正，以免损伤机床精度。

9）发现手柄失灵或不能移至所需位置时，应先检查，不得强力搬动。

10）开动机床时必须盖好电器箱盖，不允许有污物、水、油进入电动机或电器装置内。

11）要经常保持润滑工具及润滑系统的清洁，不得敞开油箱、油眼盖，以免灰尘、铁屑等异物进入。

12）设备外露基准面或滑动面上不准堆放工具、产品等，以免碰伤而影响设备精度。

13）严禁超性能、超负荷使用设备。

14）采取自动走刀时，要首先调整好限位器，以免超越行程造成事故。

15）设备运转时操作者不得离开工作岗位，并应经常注意各部位有无异声、异味、发热和振动，发现故障应立即停止操作，及时排除故障，操作者不能排除的故障应及时通知维修人员。

16）操作者在离开设备或更换工装、装卸工件时，以及对设备进行调整、清洗或润滑时，都应停车，必要时应切断电源。

17）设备上一切安全防护装置不得随意拆除，以免发生设备和人身事故。

18）维修或调整设备时，要正确使用拆装工具，严禁乱敲乱拆。

19）做好交接班工作，交接班时一定要向接班人交待清楚设备的运转使用情况。

3. 数控机床的使用与维护

使用数控机床，首先应认真学习数控机床知识，熟悉并掌握使用说明书的内容，严格按其要求操作。接通数控机床的电源以前，应仔细检查各开关的工作位置是否正确，以及线路的接触情况。对于经济型数控机床，还应仔细检查功放开关是否置于断电位置，然后才能通电。接通电源后，切忌用手直接触摸集成电路，并严禁拔、插控制箱内的印刷电路板和其中的芯片。需要使用电烙铁进行检修时，必须断开设备和电烙铁的电源，利用电烙铁的余热进行焊接，以防损坏芯片。如果电源电压值超过规定的波动范围，应设置稳压设备。经初步检查无误后，即可按操作方法试运行程序，检查各功能是否正常，然后输入加工程序进行正式加工。

在维护工作中，要经常注意机床的运转情况，保持控制箱内的清洁，保证通风良好，要定期维护和保养。

各类设备使用和维护规程可查阅《设备管理与维修手册》。

三、设备使用维护管理制度

1. 定人、定机和凭证操作制度

为了保证设备正常运转，提高工人操作技术水平，防止设备非正常损坏，必须实行定人、定机和凭证使用设备的制度。

（1）定人、定机的规定　严格实行定人、定机和凭证使用设备，不允许无证人员单独使用设备。定机的机种型号应根据工人的技术水平和工作责任心，并经考试合格后确定。原则上既要管好、用好设备，又不束缚生产力。

主要生产设备的操作工人由车间提出定人、定机名单，经考试合格，设备动力科同意后执行。精、大、稀设备和部、局管设备的操作者经考核合格后，设备动力科同意并经企业有关部门会同审查后，报技术副厂长批准后执行。定人、定机名单应保持相对稳定，有变动时，按规定呈报审批，批准后方能变更。原则上，每个操作工人每班只能操作一台设备，多人操作的设备，必须由值班机长负责。

（2）操作证的签发　学徒工（或实习生）必须经过技术理论学习和一定时期的有师傅在现场指导下的操作实习，师傅认为该学徒工已懂得正确使用和维护保养设备时，可进行理论及操作考试，合格后由设备动力科签发操作证，方能独立操作设备。

对个别工龄长且长期操作设备，并会调整、维护保养的工人，若文化水平低，可免笔试而进行口试及实际操作考试，合格后签发操作证。

公用设备的使用者，应熟悉设备结构、性能，车间必须明确使用小组或指定专人保管，并将名单报送设备动力科备案。

2. 设备的三级保养制

（1）设备的日常维护保养　设备的日常维护保养，一般有日保养和周保养，又称日例保和周例保。

1）日保　日保由设备操作工人当班进行，认真做到班前四件事、班中五注意和班后四件事。

班前四件事：消化图样资料，检查交接班记录。擦拭设备，按规定润滑加油，检查手柄位置和手动运转部位是否正确、灵活，安全装置是否可靠。低速运转检查传动是否正常，润滑、冷却是否畅通。

班中五注意：注意运转声音，注意设备的温度、压力、液位，注意电气、液压、气压系统、注意仪表信号，注意安全。

班后四件事：关闭开关，所有手柄置零位。清除铁屑、脏物，擦净设备导轨面和滑动面上的油污，并加油、清扫工作场地，整理附件、工具。填写交接班记录和运转台时记录，办理交接班手续。

2）周保　周保由设备操作工人在周末进行，保养时间为：一般设备 2 小时，精、大、稀设备 4 小时。

外观：擦净设备导轨、各传动部位及外露部分，清扫工作场地。达到内洁外净无死角、无锈蚀，周围环境整洁。

操纵传动：检查部位的技术状况，紧固松动部位，调整配合间隙。检查互锁、保险装置。达到传动声音正常、安全可靠。

液压润滑：清洗油线，防尘毛毡、滤油器，油箱添油或换油，检查液压系统。达到油质清洁，油路畅通，无渗漏，无研伤。

电气系统：擦拭电动机、蛇皮管表面，检查绝缘、接地，达到完整、清洁、可靠。

（2）一级保养　一级保养是以操作工人为主，维修工人协助，按计划对设备局部和重点部位进行拆卸、检查并彻底清洗，疏通油路，清洗或更换油线、毛毡、滤油器，调整设备各部位的间隙，紧固设备的各个部位。一级保养所用时间为 4 ~ 8 小时。

（3）二级保养　二级保养以维修工人为主，操作工人参加来完成。二级保养列入设备的检修计划，有针对性地小修，进行局部解体，更换磨损零件，恢复精度，并以完好设备条件作为质量验收标准。一般部位只进行检查、修整。二级保养所用时间为 7 天左右。

日常维护保养、一级保养和二级保养称为“三级保养制”，实行“三级保养制”，必须使操作工人对设备做到“三好”、“四会”，牢记“四项要求”，遵守“五项纪律”。

第三节　设备维修的修理类别

设备的修理是修复由于正常的或非正常原因而造成的设备损坏和精度劣化，通过修理更换已经磨损、老化、腐蚀的零件，使设备性能得到恢复。设备修理工作有事后修理和预防性的计划修理两种。设备的计划修理，按修理的程度和工作量大小，可分为小修、中修、项修和大修等，如表 9-1 所示。

表 9-1　设备修理的内容

<table>
<tr><th colspan="2">修理名称</th><th>修 理 内 容</th></tr>
<tr><td rowspan="6">定期性计划修理</td><td>大修</td><td>1. 将设备全部解体，修换全部磨损件，全面消除缺陷，恢复设备原有精度、性能和效率，达到出厂标准
2. 对一些陈旧设备的部分零部件作适当改装，以满足某些工艺上的要求</td></tr>
<tr><td>中修</td><td>有针对性地对设备作局部解体，修换磨损件，恢复并保持设备的精度、性能和效率</td></tr>
<tr><td>小修</td><td>消除设备在使用中造成的局部故障和零件的损伤，保证设备工艺上的要求</td></tr>
<tr><td>二级保养</td><td>以维修工人为主，操作工人为辅对设备进行局部解体，检查和修换磨损件，恢复局部精度，达到工艺要求</td></tr>
<tr><td>项修</td><td>针对精、大、稀设备的特点而进行的，针对不同设备存在的主要问题实施部分修理，以满足工艺要求</td></tr>
<tr><td>定期性的工艺检查</td><td>对于重点设备在计划检修和间隔检修中，应进行定期性的精度检查</td></tr>
<tr><td rowspan="2">计划外修　理</td><td>故障修理</td><td>设备临时损坏的修理</td></tr>
<tr><td>事故修理</td><td>因设备发生事故而进行的修理</td></tr>
</table>

第四节　设备的日常检查和状态监测

一、设备的日常检查

设备日常检查是由操作工人和维修工人每日执行的例行维护作业。日常检查按其内容可分为班前检查和巡回检查。

1. 班前检查

班前检查由操作工人进行，检查对象为所有开动的设备，检查的内容或依据是：

1）开车前检查操作手柄，变速手柄位置、刀具、夹具、模具等位置有无变动及固定情况，检查油标，并对各润滑点加油。

2）检查安全、防护装置是否完好、可靠。

3）开空车检查自动润滑来油情况，运转声音、液压、气压系统的动作、压力等是否正常。

4）确认一切正常后，开始运行、生产。

2. 巡回检查

巡回检查由维修钳工、维修电工、润滑工进行，检查对象为维修区域内分管的设备。检查内容或依据是：

1）听取操作工人发现问题的反映，经复查后及时排除缺陷。

2）通过五官感觉，对重要部位进行监视。

3）查看油位，补充油量，检查油温温升。

4）监督正确使用设备。

日常检查是设备管理和维修工作的基础内容，如果忽视这一工作，使日常检查停留于形式或检查不认真，会使设备受到损失，甚至造成设备事故。

二、设备的状态监测

为掌握设备的使用状况，传统的方法常采用停机解体检查或感官诊断的方法。随着科学技术的发展，现代设备的状态监测是通过对运行设备信号的采集、处理、分析及识别的判断，并结合故障机理做出判断，实现了对设备的不解体诊断，并可对设备的未来做出预测，目前已取得实际应用的主要状态监测方法见表9-2。

随着计算机网络的发展，将利用因特网进行远程设备状态监测、故障诊断，这样便于充分利用科研院所的实力为企业服务。

表9-2　状态检测方法

方　法	停机或不停机	故障部位	操作人员技术水平	说　明
目测	停及不停	限于外表面	主要靠经验	定期轮回检查
振动监测	停及不停	任意运动零部件	要求一定技术	从设备上取得振动参数，经过对这些参数的分析，找出设备故障原因
温度监测	不停机	外表面或内部	多数不用什么技术	直读温度计或用红外扫描仪测温度

（续）

方法		停机或不停机	故障部位	操作人员技术水平	说明
润滑液监测		不停机	润滑系统的任何元件	需一定技术	光谱和铁谱分析装置，可用来测定润滑液内所含的元素成分
裂缝检查	染色法	停及不停	在清洁表面上	需要一定技术	只能查出表面裂纹
	磁力线	停及不停	靠近清洁光滑的表面	要求一定技术	限于磁性材料，对裂纹取向敏感
	电阻法	停及不停	在清洁光滑表面上	要求一定技术	对裂纹取向敏感，可估计裂纹深度
	涡流法	停及不停	靠近表面	需掌握基本技术	可查处多种形式的材料不连续性
	超声法	停及不停	在零部件的任意位置	掌握基本技术	对方向性敏感，寻找时间长，通常作为其他诊断技术的后备方法
腐蚀监测	腐蚀检查仪	不停机	管内及容器内	要求一定技术	能查出1微米的腐蚀量
	极化电阻及腐蚀电位	不停机		要求一定技术	只能指出有没有腐蚀现象
	氢探极	不停机		不需技术	氢气扩散入薄壁探极管内，引起压力增加
	探极指示孔	不停机		为使孔打至正确深度，需相当技术	能指出什么时候到达了预定的腐蚀量

思考与练习题

9-1 设备使用和维护的任务及工作内容是什么？

9-2 “三好”、“四会”的具体内容是什么？

9-3 设备操作五项纪律和维护四项要求的内容是什么？

9-4 设备操作维护规程内容是什么？数控机床使用和维护应注意哪些问题？

9-5 设备使用维护管理制度包括哪些内容？

9-6 设备维修的修理分哪些几类？

9-7 设备的日常检查内容是什么？

第十章　现代制造技术简介*

随着计算机和微电子技术的发展，其技术成果不断地渗透到机械制造领域的各个方面，包括市场调研、产品设计、产品制造、生产管理、售后服务等环节，传统的机械制造工业正在发生一场巨大的变革。本章就现代制造技术的发展状况作简单介绍，以达到抛砖引玉的作用。

第一节　绪　　论

一、机械制造技术的发展过程

机械制造业是一个古老的产业，它自 18 世纪初工业革命形成以来，经历了一个漫长的发展过程。微电子技术和计算机技术的发展，使机械制造这个传统工业焕发了活力，增加了新的内涵。计算机辅助设计（CAD）、计算机辅助制造（CAM）、成组技术（GT）、计算机数字控制技术（CNC）、计算机直接控制技术（DNC）、柔性制造系统（FMS）、工业机器人（ROBOT）、计算机集成制造系统（CIMS）等新技术已广泛地被人们了解和熟悉，这些新技术在加工自动化、生产组织、制造精度、制造工艺、方法等方面得到广泛应用。

1952 年美国麻省理工学院研制了第一台数控机床，随着电子技术和计算机技术的发展，数控系统经历了从电子管、晶体管、小规模集成电路到大规模集成电路直至计算机控制的发展过程。为了满足柔性自动化的需要，工业机器人和自动上下料机构、交换工作台、自动换刀装置都有了很大发展，于是出现了自动化程度更高、柔性更强的具有自动换刀及自动更换工件的柔性制造单元（FMS）。20 世纪 70 年代末 80 年代初，由于计算机控制的物料系统、刀具管理系统，以及 CAD/CAM 的成熟，出现了柔性制造系统（FMS）。CIMS 将企业中的人、生产经营系统和工程技术系统有机地结合起来，使整个企业范围内的工作流程、物质流和信息流畅通无阻。随着 CIMS 技术的发展，其内容不断扩张，其形式也出现多样化。相继提出了并行工程（CE）、精良生产（LP）、敏捷制造（AM）、虚拟公司（VC）等涉及工程技术、企业管理体制的新概念和新哲理，这些新概念是当前乃至今后一段时间内机械制造业发展的导向性模式，展示出机械制造业辉煌灿烂的未来。

二、我国机械制造业的现状和目标

我国的机械制造业是在 1949 年建国以后逐步建立和发展起来的。50 多年来，我国的机械制造工业发展迅速，已成为一个规模宏大、门类齐全的工业部门，现拥有机床 370 万台，从业人员 2000 多万，虽然近年来我国机械制造业有了突飞猛进的发展，但与先进的工业国家相比，还有明显差距，主要表现在：产品品种少，档次低；制造工艺较落后、装备陈旧；生产专业水平低；管理技术落后；应用现代制造技术的能力较差。面对差距，我国政府极为重视，对全国机械工业组织实施三大战役，即质量翻身战役、结构优化战役和产品开发能力提高战役。在产品质量、产业结构、产品开发等方面挖掘潜力，改变机械产品的市场形象，树立市场信誉，提高市场竞争力。围绕发展先进制造技术，制定了“九五”以及至2010年的机械工业发展目标：

1）到2000年，产品设计、精密和超精密加工、激光加工、表面改性、制膜和涂层、制造业和过程工业综合自动化以及系统管理技术，总体上达到发达国家20世纪80年代末90年代初的水平。

2）到2000年我国的优质、高效、低耗、少污染的先进制造技术的普及率达20%，2010年达50%。

3）形成一批高技术产业：四个加工产业——精密成形加工、精密加工、激光加工、表面处理加工；三个自动化硬件产业——CAD、CAM、MIS。

4）到2000年大型企业普遍采用CAD技术，重点骨干企业普遍采用计算机辅助管理技术；到2010年，大型企业普遍采用CAD，25%大中型企业采用CAM，大中型企业主要产品的关键工序实现柔性化生产。

三、现代制造技术的特征

现代制造技术是传统制造技术不断吸收机械、电子、信息、材料、能源及现代管理等技术成果，将其综合应用于产品设计、制造、检验、管理、售后服务等机械制造全过程，实现优质、高效、低耗、清洁、灵活生产，取得理想技术经济效果的制造技术的总称，现代制造技术具有以下特征：

1）计算机技术、传感技术、自动化技术、新材料技术以及管理技术等与传统制造技术相结合，使制造技术成为一个能驾驭生产过程的物质流、信息流和能量流的系统工程。

2）传统制造技术一般单指加工制造过程的工艺方法，而现代制造技术则贯穿了从产品设计、加工制造到产品销售及使用维护等全过程，成为“市场—产品设计—制造—市场”的大系统。

3）传统制造技术的学科、专业单一，界限分明，而现代制造技术的各专业、学科间不断交叉、融合，其界限逐渐淡化甚至消失。

4）生产规模的扩大以及最佳技术经济效果的追求，使现代制造技术比传统技术更加重视工程技术与经营管理的结合，更加重视制造过程组织和管理体制的简化及合理化，产生一系列技术与管理相结合的新的生产方式。

5）发展现代制造技术的目的在于能够实现优质、高效、低耗、清洁、灵活生产并取得理想的技术经济效果。

第二节　计算机辅助设计与制造（CAD/CAM）技术

一、CAD/CAM技术的定义

CAD/CAM（Computer Aided Design and Computer Aided Manufacturing 英文缩写）是利用计算机帮助人完成设计与制造任务的新技术，它将传统的设计与制造彼此相对分离的任务作为一个整体来规划和开发，实现信息处理的高度一体化。

1. 计算机辅助设计（CAD）的定义

计算机辅助设计是在计算机硬件与软件的支撑下，通过对产品的描述、造型、系统分析、优化、仿真和图形处理的研究，使计算机辅助设计完成产品的全部设计过程，最终输出满意的设计结果和产品图形。

2. CAD 的作业过程

所谓 CAD 的作业过程实质上是对大量的设计信息进行加工、管理和交换的过程，也就是说在设计人员初步构想、判断和决策的基础上，由计算机对数据库中大量设计资料进行检索，根据设计要求进行计算、分析及优化，将初步设计结果显示在图形显示器上，以人机交互的方式反复加以修改，经设计人员确认后，输出设计结果，如图 10-1 所示。

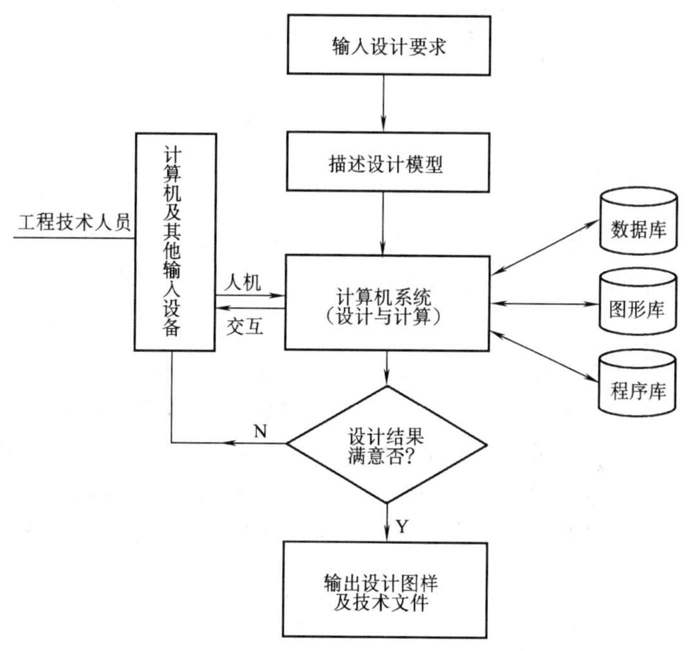

图 10-1 CAD 作业过程

3. 计算机辅助制造（CAM）的定义

计算机辅助制造（CAM）有两种不同的定义，即狭义 CAM 和广义 CAM。

所谓广义 CAM，一般是指利用计算机辅助完成从毛坯到产品制造过程中的直接和间接的各种活动，包括工艺装备、生产作业计划、物流过程的运行控制、生产控制、质量控制等主要方面，如图 10-2 所示，其中，工艺装备包括计算机辅助工艺过程设计（CAPP—Computer aided process planning）、计算机辅助工装设计与制造、计算机辅助数控编程、计算机辅助工时定额的编制等内容；物流过程的运行控制包括加工、装配、检验、输送、储存等物流的控制。

狭义的 CAM 通常指工艺装备，或者是其中某些活动应用计算机。

在 CAD/CAM 系统中，CAM 通常指数控程序的编制。

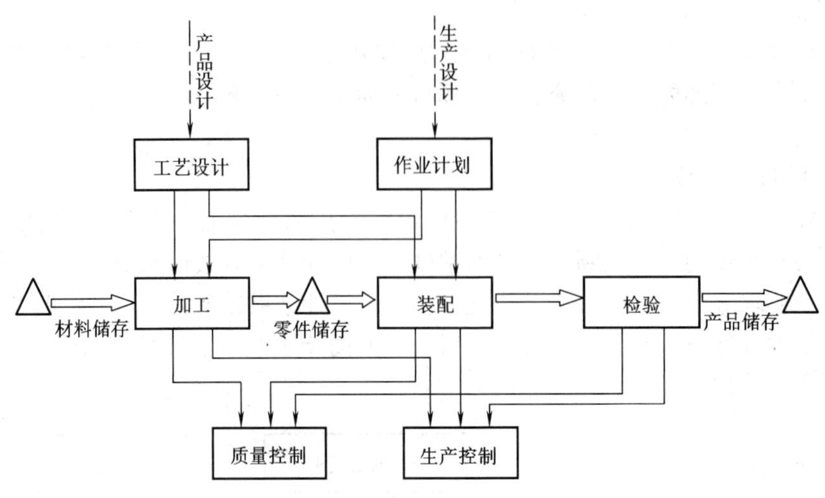

图 10-2 广义 CAM

二、CAD/CAM 集成技术

自 20 世纪 60 年代开始，CAD 和 CAM 技术各自独立地发展，在国内外研究开发了一批性能优良的相互独立的商品化 CAD、CAPP、CAM 系统。这些独立的系统分别在设计自动化、工艺过程设计自动化和数控编程自动化方面起到了重要作用。采用这些系统，提高了生产效率，缩短了产品设计和制造周期，使企业能够比过去以更快的速度和更新的产品响应市场的需求。然而，未经集成的 CAD、CAPP、CAM 系统，也就是各个自动化“孤岛”之间的信息传输仍然依赖工程图样和工艺规程等有关技术文档，由手工将这些文档通过键盘输入各个“孤岛”的计算机。采用此方法，“孤岛”之间的信息传递效率较低，因数据量不能过多而造成信息不完整，因靠人工传递信息而使得准确度差，无法进行实时控制，仍存在着不少缺点和不足。

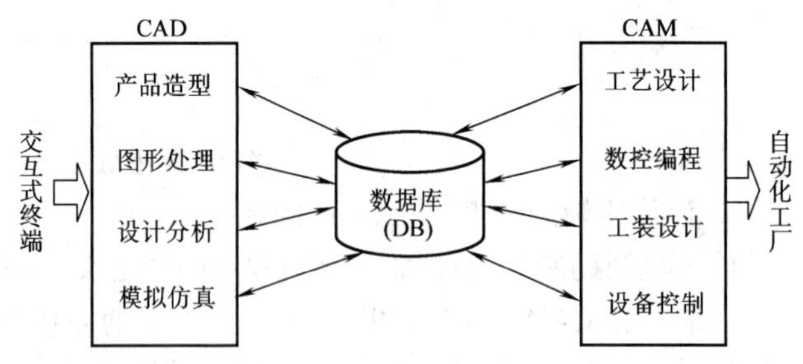

图 10-3 CAD/CAM 集成系统模式

CAD/CAM 集成系统就是将 CAD 和 CAM 作为一个整体来规划和开发，使这两个不同的功能模块的数据和信息相互传递和共享，用电子信息代替传统的工程图样连接设计和制造这两个生产部门。在此系统支持下，CAD、CAE、CAPP、CAM 之间的数据和信息能够自动传递和转换，保证了系统内信息畅通无阻，使各个子系统协调高效地运行，如图 10-3 所示，所有的 CAD/CAM 功能都与一个公共数据库相连接，用户利用图形终端与计算机交互从事 CAD 作业，完成产品造型、设计分析、模拟仿真和图形处理等工作，其结果存放于公共数据库；CAM 作业时，从公共数据库中提取 CAD 的设计结果，从事工艺设计、数控编程、工装设计和设备控制等各项生产准备和生产作业。

CAD/CAM 集成技术是解决多品种、小批量、高效率生产的最有效途径，是实现自动化生产的基本要素，也是提高设计制造质量和生产率的最佳方法，是当今世界最引人注目的重要技术。

第三节　现代生产管理技术

所谓生产管理是指产品生产过程中的计划和管理，在机械制造企业中它是一个重要的职能领域，通常包括的任务为：生产计划的合理制定；成本的有效控制；设备的充分利用；作业的均衡安排；库存的合理管理；财务状况的及时分析等等。

一、传统的生产管理系统及存在的问题

1. 传统的生产管理系统的组成

传统的生产管理系统是由若干独立部分组成，主要包括：预测、决策和估算，生产规划和主生产计划，供应计划、采购计划和库存控制，生产作业计划和生产调度，质量管理等内容。

2. 传统的生产管理系统存在的问题

传统的生产管理系统面对目前企业生产的日益复杂性和市场的多变性，暴露出许多问题，主要表现在：难以适应市场和用户需求的多变和快速的形势；生产能力落后于生产计划，生产能力调节跟不上市场多变的需求；欠缺的主生产计划；低效的库存控制；生产周期长，劳动效率下降；资金积压严重，周转期长；管理人员无力抓好生产中关键问题。只有建立一套崭新的生产管理体系，才能解决现有问题，使企业在竞争中立于不败之地。

二、计算机集成生产管理系统

随着计算机技术和现代管理技术的发展，目前，机械制造企业正在逐步放弃传统的生产管理模式，转而采用由计算机支持的先进的现代生产管理系统。这种管理系统将原生产管理体系中的若干功能活动用计算机软件来实现，并用集成技术将各功能模块连接起来，建成一个计算机集成生产管理系统（MIS）。MIS 能够快速响应市场的变化和生产中的特殊要求，受到企业界广泛的重视和关注，发展较为迅速。目前较有影响的 MIS 有物料需求计划（MRP）以及进一步演变而成的制造资源计划（MRPⅡ），如图 10-4 所示。

1. 物料需求计划（MRP）

物料需求计划 MRP（Material Requirments Planning）是 20 世纪 60 ~ 70 年代发展起来的一种新型的管理技术和方法，是现代生产管理系统中重要的组成部分。MRP 的基本功能如图 10-5 所示，它从最终产品的时间和数量出发，按照产品结构进行展开，推算出所有零部件和原材料的需求量，并按照生产和采购过程所需的提前期推算出生产投放时间和物料采购时间。

2. 从 MRP 到 MRPⅡ

MRP 仅局限于物料需求计划方面，是以库存控制为核心的计算机辅助管理系统。随着 MRP 在生产实际中的应用不断深入，人们提出了闭环 MRP 的概念，所谓闭环有两层含义：一是指把生产能力需求计划、车间作业计划和采购计划纳入 MRP，形成一个闭环系统；二

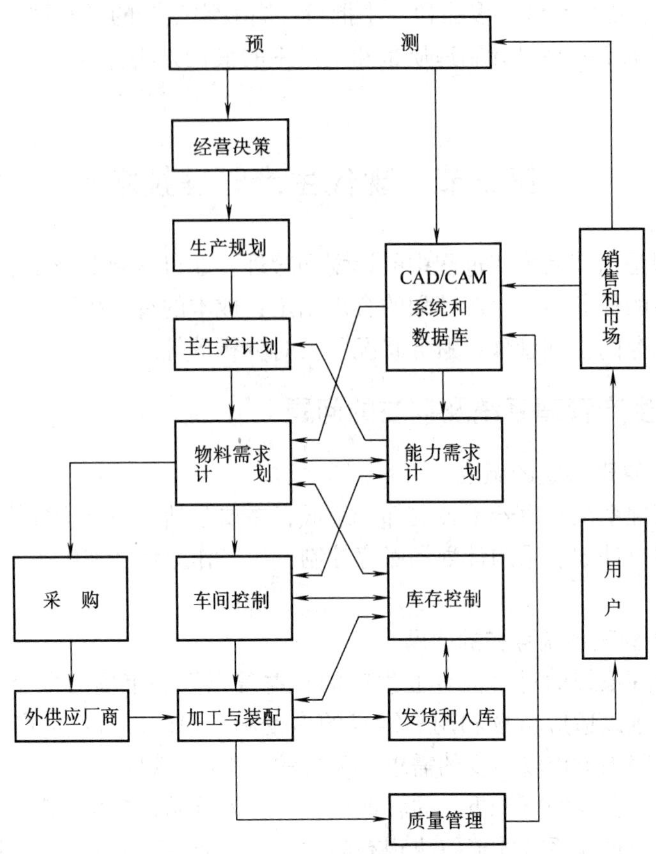

图 10-4 计算机集成生产管理系统

是指在计划执行过程中，必须有来自车间、供应商和计划人员的反馈信息，利用这些反馈信息进行生产计划的调整和平衡，从而使生产过程中各个方面能够得到协调和统一，该系统的作业过程是“计划—实施—评价—反馈—计划”，是一个不断反馈和调整的过程，如图 10-6 所示。

闭环 MRP 只是企业管理的一个方面，它所涉及的仅仅是物流部分，而与物流密切相关的还有企业生产的资金流，它是由企业财务人员另行管理的。因而 MRPⅡ是将闭环 MRP 和企业的财务系统连接起来，形成一个集生产、财务、销售、工程技术、采购等各子系统为一体的生产管理信息系统，被称之为制造资源计划（Manufacturing Resource Planing），英文缩写也是 MRP，为了区别上述 MRP 被称为 MRPⅡ。

综上所述，MRPⅡ系统包含了销售、制造和财务三大部分。这三部分中又包括了销售、订单、预测、生产计划、库存、制造标准、物料需求计划、能力需求计划、车间控制、采购、成本、总账、应收账、应付账、工资和固定资产等组成模块，因此 MRPⅡ是一个集成度相当高的管理信息系统。

3. 及时生产（JIT）

机械制造企业计划和管理的不合理主要表现为库存和在制品的过多，针对这一问题日本丰田汽车公司在 20 世纪 70 年代初提出了及时生产 JIT（Just In Time）的哲理和管理方法，并且在实际应用中取得显著效益，受到了世界工业界的高度重视。

及时生产的要点是“及时”，其基本含义为：“在必要的时候，按必要的数量，生产必要的产品（零部件或成品）”，即“三及时”的要求。其理想目标是杜绝生产窝工、生产过量、多余操作、不必要搬运、库存及不良次品的返修等方面的浪费，以达到降低生产成本，实现零故障、零缺陷、零库存的目的。

及时生产特别适用于少品种重复生产和标准产品大批量生产的企业，如汽车制造业等。

此外，在现代生产管理中，还使用车间生产作业管理软件、计算机辅助生产调度和仿真软件，并积极探索将上述先进的管理系统进行高度集中，以适应社会发展的需要。

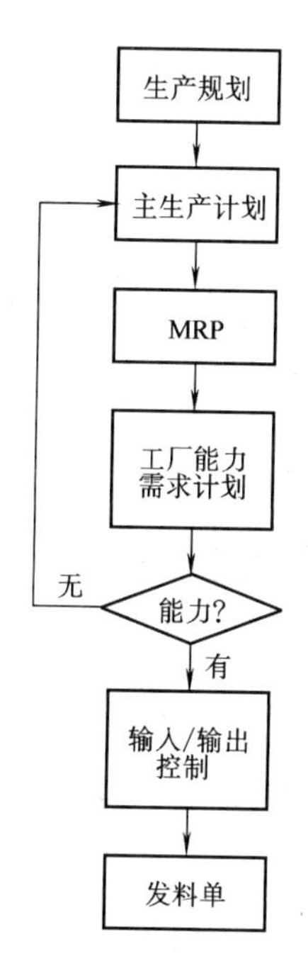

图 10-5 MRP 系统框图

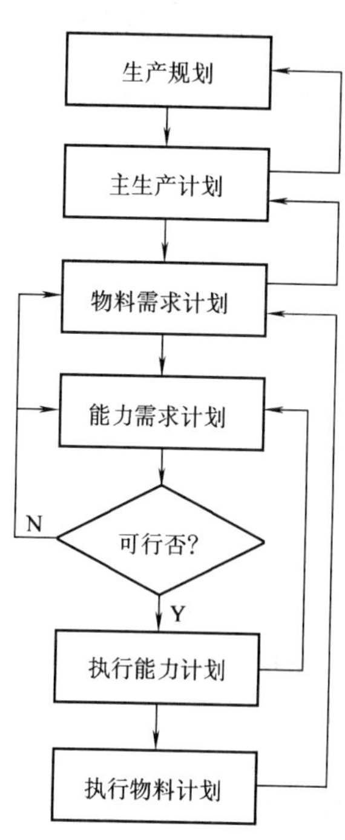

图 10-6 闭环 MRP 系统

第四节 工业机器人

一、工业机器人的定义和发展

工业机器人是一种可重复编程的多自由度的自动控制操作机。虽然外表看起来与人完全不一样，但它具有人的手和脚的运动功能，能够完成人所做的某些工作。机器人技术是在控制工程、计算机科学、人工智能和机构学等多种学科基础上发展起来的一种综合性技术。

20 世纪 60 年代初，美国 Unination 公司研制成功第一台数控机械手，标志着工业机器人的诞生。它是一种具有记忆存储能力的示教再现式机器人，被称为第一代机器人。20 世纪 70 年代，出现了配备感觉传感器的第二代工业机器人。它能对环境和作业对象进行判断、修正和选择，具有一定的适应能力。20 世纪 80 年代研制的第三代工业机器人不仅具有感知功能和简单的自适应能力，而且还具有灵活的思维功能，能完成部分脑力劳动。随着计算机

自动上下料机构立即将工件送上机床加工；当每道工序加工完毕后，物料传送系统便将该机床加工完毕的半成品取出，并送至下一道工序机床等候。如此不停地运行，直至完成最后一道工序。在整个运作过程中，除进行切削加工外，还需进行清洗、检验等工序，最后将加工结束的零件入库储存。

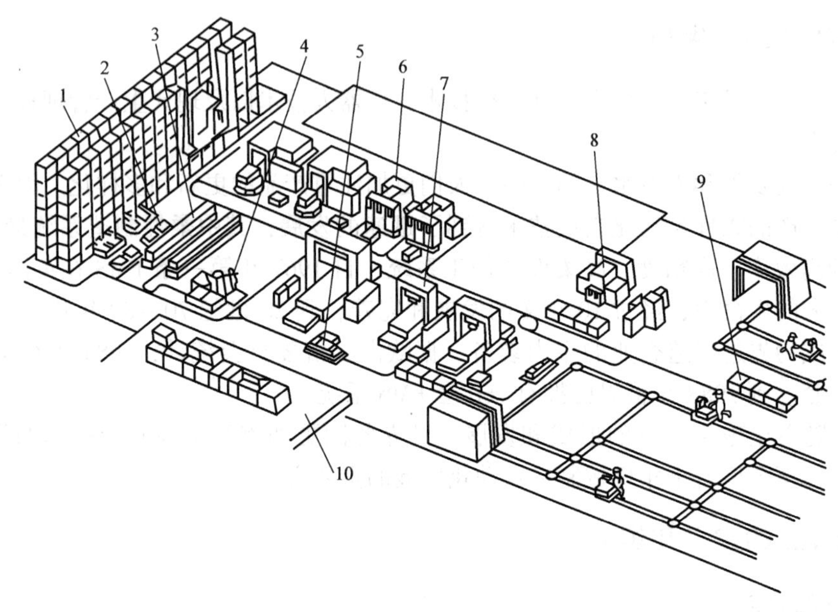

图 10-8 典型的柔性制造系统

1—自动仓库 2—装卸站 3—托盘站 4—检验机器人 5—自动小车 6—卧式加工中心 7—立式加工中心 8—磨床 9—组装交付站 10—计算机控制室

第六节 现代生产制造系统

随着电子技术、信息技术及自动化技术的普及和应用，社会生产得到了快速的发展，市场竞争也更加激烈。企业要在竞争中求得生存和发展，就必须缩短产品生产周期，扩大产品品种，降低产品成本，缩短产品交货期。因此，企业必须努力使自已的产品上市快、质量好、成本低、服务好，成为一个具有 TQCS（Time Quality Cost Service）功能的综合竞争者。

1. 计算机集成制造（CIM）

CIM（Computer Integrated Manufacturing）是一种组织、管理、企业生产的新哲理，它借助计算机软硬件，综合应用现代管理技术、制造技术、信息技术、自动化技术、系统技术，将企业生产全部过程中有关人员、技术、经营管理三要素及其信息流与物质流有机地集成并优化运行，以实现产品高质、低耗、上市快、服务好，从而使企业在市场竞争中取胜。

2. 计算机集成制造系统（CIMS）

CIMS（Computer Integrated Manufacturing System）是应用现代管理技术、制造技术、信息技术、自动化技术、系统工程技术于一体的系统工程。它综合并发展了企业生产各环节有关的计算机辅助技术，即：计算机辅助经营决策与生产管理（MIS、OA、MRP Ⅱ）、计算机辅助分析和设计技术（CAD、CAE、CAPP、CAM）、计算机辅助制造技术（CNC、DNC、

FMC、FMS)、计算机信息辅助技术（网络、数据库)、计算机辅助质量管理与控制等。

CIMS 的核心在于企业内的人、生产经营和技术这三者之间的信息集成，以便在信息集成的基础上使企业组成一个统一的整体，保证企业内的工作流程、物质流和信息流畅通无阻。

3. 并行工程（CE)

长期以来，人们一直采用串行工程的方法从事产品的研制和开发。所谓串行工程，即在前一工作环节完成之后才开始后一工作环节的工作，各个工作环节的作业在时序上没有重叠和反馈，即使有反馈，也是事后的反馈，如图 10-9a 所示。此方法不能在产品设计阶段及早考虑后续的工艺设计、制造、装配和质量保证问题，致使各个环节前后脱节，设计改动量大，产品的开发周期长、成本高。

为了提高市场竞争能力，以最快的速度设计生产出高质量的产品，20 世纪 80 年代末在美国和西方的一些国家出现了一种叫并行工程（Concurent Engineering）的生产方式（如图 10-9b 所示)。所谓并行工程，即将时间上先后的处理和作业实施过程转变为同时考虑和尽可能的同时处理的一种作业方式。

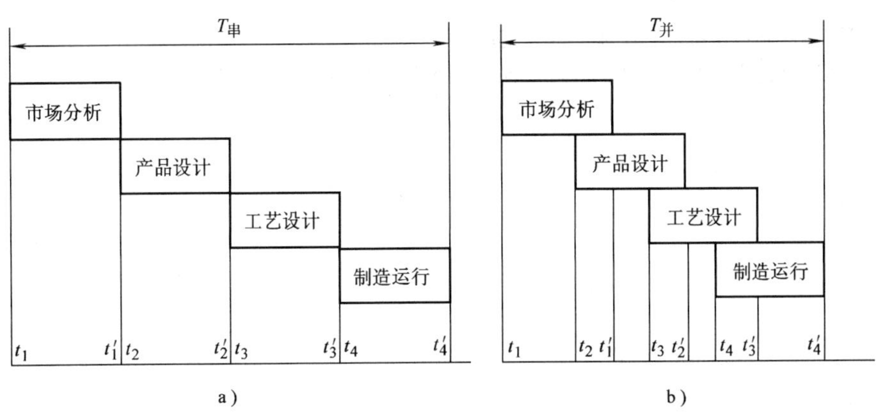

图 10-9　串、并行工程时序的比较

a）串行工程时序　b）并行工程时序

关于并行工程的定义目前国际上有多种提法，较为普遍的是美国防务研究所在 1988 年 12 月给出的定义："并行工程是一种对产品及其相关过程（包括制造过程和支持过程）进行并行的、一体化的工作模式。这种工作模式可使产品开发人员一开始就能考虑到产品概念设计到消亡的整个产品生命周期的所有因素，包括质量、成本、进度和用户要求。"

4. 精良生产（LP—Lean production)

精良制造是通过系统结构、人员组织、运行方式和市场供求等方面的变革，使生产系统能很快适应用户需求，并能使生产过程中一切无用、多余的东西被精简，最终达到包括市场供应在内的生产的各方面的最好结果。精良生产的特点有：面向用户需求，以人为主体，以精简为手段，强调团队精神和并行设计，实现及时供货和"零缺陷"目标。

5. 敏捷制造（AM—Agile manufacturing)

敏捷制造是将柔性的、先进的、实用的制造技术，熟练掌握生产技能的高素质的劳动者和企业间、企业内部灵活的管理三者有机地集成起来，实现总体最佳化，对市场能作出快速响应。敏捷制造的特点为：发挥人的作用，良好的工作环境，柔性的、并行的组织管理机构，先进的技术系统，用户的参与等。

6. 智能制造系统（IMS—Intelligent manufacturing system）

智能制造系统是将人工智能融和进制造系统的各环节，通过模拟专家的智能活动，取代或延伸制造环境中本应由专家进行的活动。它具有自适应能力、自学习能力和自组织能力。能够做到：自动监视自身的运动状态；发现错误进行改正或预测错误进行预防；应付外界突发事件；自动调整自身参数来适应外部环境。当前的研究领域主要有：智能设计、智能机器人、智能调度、智能办公、智能诊断、智能控制等。它是未来机械制造系统的发展模式。

另外，还有全面质量管理（TQM）、制造系统工程（MSE）等方式，这里不在赘述。

思考与练习题

10-1 现代制造技术具备哪些特点？

10-2 何谓 CAD、CAM、CAD/CAM 集成系统？

10-3 何谓制造资源计划？何谓及时生产？

10-4 工业机器人由哪几部分组成？它有何特点？

10-5 何谓柔性制造系统？它由哪三部分组成？

10-6 何谓计算机集成制造系统、并行工程、精良生产、敏捷制造、智能制造系统？

参考文献

1　魏康民主编．机械制造技术．北京：机械工业出版社，2002

2　袁绩乾，李文贵主编．机械制造技术基础．北京：机械工业出版社，2001

3　唐宗军主编．机械制造基础．北京：机械工业出版社，1996

4　黄鹤汀，吴善元主编．机械制造技术．北京：机械工业出版社，1997

5　朱焕池主编．机械制造工艺学．北京：机械工业出版社，1998

6　郭溪茗，宁晓波主编．机械加工技术．北京：高等教育出版社，2002

7　朱正心主编．机械制造技术．北京：机械工业出版社，1999

8　吉卫喜主编．机械制造技术．北京：机械工业出版社，2001

9　冯之敬主编．机械制造工程原理．北京：清华大学出版社，1999

10　顾京主编．现代机床设备．北京：化学工业出版社，2001

11　李华主编．机械制造技术．北京：机械工业出版社，1997

12　盛善权主编．机械制造基础．北京：机械工业出版社，1989

13　庞怀玉主编．机械制造工程学．北京：机械工业出版社，1997

14　薛源顺主编．机床夹具设计．北京：机械工业出版社，1999

15　肖继德，陈宁平主编．机床夹具设计：北京：机械工业出版社，2002

16　张晋礼主编．机械加工工艺装备．南京：东南大学出版社，1995

17　蔡光耀主编．机床夹具设计．北京：机械工业出版社，1988

18　韩秋实主编．机械制造技术基础．北京：机械工业出版社，1998

19　孙学强主编．机械加工技术．北京：机械工业出版社，1999

20　赵元吉主编．机械制造工艺学．北京：机械工业出版社，1989

21　贾恒旦主编．车工技能．北京：航空工业出版社，中国劳动出版社，1999

22　余能真主编．车工．北京：中国劳动出版社，2003

23　王太隆主编．现代制造技术．北京：机械工业出版社，2000